面向新工科专业建设计算机系列教材

工程概论

（下册）

栾英姿　赵　江◎编著

清華大学出版社
北京

内 容 简 介

本书是《工程概论(上册)》的续篇，涵盖工程经济分析和成本管理、系统工程方法论两部分内容，基于大学三年级和四年级开设的本科生通识基础课程“工程概论 3 和 4”编写。上篇工程经济分析和成本管理包括经济管理概述、项目成本和收入的估算、资本结构与资金成本、资金时间价值的分析计算、项目的经济可行性分析、项目敏感度和风险分析、项目的经济评价和项目成本管理。下篇系统工程方法论包括系统工程概述、系统工程方法论概述、系统分析、系统仿真、系统建模、基于工程全生命周期的工程方法论、工程美学和数学、工程综合案例分析。

本书的写作注重系统性和整体性。与《工程概论(上册)》连接，完整揭示了工程项目的全流程全周期管理内容。

本书适合本科高年级学生和研究生阅读，同时也可作为对工程设计感兴趣的相关人员的参考书。

图书在版编目(CIP)数据

工程概论. 下册/栾英姿，赵江编著. —北京：清华大学出版社，2024.2
面向新工科专业建设计算机系列教材
ISBN 978-7-302-64034-9

Ⅰ. ①工… Ⅱ. ①栾… ②赵… Ⅲ. ①工业工程－高等学校－教材 Ⅳ. ①TB

中国国家版本馆 CIP 数据核字(2023)第 128933 号

责任编辑：白立军 薛 阳
封面设计：刘 乾
责任校对：郝美丽
责任印制：丛怀宇

出版发行：清华大学出版社
网 址：https://www.tup.com.cn，https://www.wqxuetang.com
地 址：北京清华大学学研大厦 A 座 **邮 编**：100084
社 总 机：010-83470000 **邮 购**：010-62786544
投稿与读者服务：010-62776969，c-service@tup.tsinghua.edu.cn
质量反馈：010-62772015，zhiliang@tup.tsinghua.edu.cn
课件下载：https://www.tup.com.cn，010-83470236
印 装 者：三河市龙大印装有限公司
经 销：全国新华书店
开 本：185mm×260mm **印 张**：16.25 **字 数**：394 千字
版 次：2024 年 2 月第 1 版 **印 次**：2024 年 2 月第1 次印刷
定 价：59.00 元

产品编号：100322-01

出版说明

一、系列教材背景

人类已经进入智能时代，云计算、大数据、物联网、人工智能、机器人、量子计算等是这个时代最重要的技术热点。为了适应和满足时代发展对人才培养的需要，2017年2月以来，教育部积极推进新工科建设，先后形成了“复旦共识”“天大行动”和“北京指南”，并发布了《教育部高等教育司关于开展新工科研究与实践的通知》《教育部办公厅关于推荐新工科研究与实践项目的通知》，全力探索形成领跑全球工程教育的中国模式、中国经验，助力高等教育强国建设。新工科有两个内涵：一是新的工科专业；二是传统工科专业的新需求。新工科建设将促进一批新专业的发展，这批新专业有的是依托于现有计算机类专业派生、扩展而成的，有的是多个专业有机整合而成的。由计算机类专业派生、扩展形成的新工科专业有计算机科学与技术、软件工程、网络工程、物联网工程、信息管理与信息系统、数据科学与大数据技术等。由计算机类学科交叉融合形成的新工科专业有网络空间安全、人工智能、机器人工程、数字媒体技术、智能科学与技术等。

在新工科建设的“九个一批”中，明确提出“建设一批体现产业和技术最新发展的新课程”“建设一批产业急需的新兴工科专业”。新课程和新专业的持续建设，都需要以适应新工科教育的教材作为支撑。由于各个专业之间的课程相互交叉，但是又不能相互包含，所以在选题方向上，既考虑由计算机类专业派生、扩展形成的新工科专业的选题，又考虑由计算机类专业交叉融合形成的新工科专业的选题，特别是网络空间安全专业、智能科学与技术专业的选题。基于此，清华大学出版社计划出版“面向新工科专业建设计算机系列教材”。

二、教材定位

教材使用对象为“211工程”高校或同等水平及以上高校计算机类专业及相关专业学生。

三、教材编写原则

(1) 借鉴 *Computer Science Curricula* 2013(以下简称CS2013)。CS2013

的核心知识领域包括算法与复杂度、体系结构与组织、计算科学、离散结构、图形学与可视化、人机交互、信息保障与安全、信息管理、智能系统、网络与通信、操作系统、基于平台的开发、并行与分布式计算、程序设计语言、软件开发基础、软件工程、系统基础、社会问题与专业实践等内容。

(2) 处理好理论与技能培养的关系,注重理论与实践相结合,加强对学生思维方式的训练和计算思维的培养。计算机专业学生能力的培养特别强调理论学习、计算思维培养和实践训练。本系列教材以“重视理论,加强计算思维培养,突出案例和实践应用”为主要目标。

(3) 为便于教学,在纸质教材的基础上,融合多种形式的教学辅助材料。每本教材可以有主教材、教师用书、习题解答、实验指导等。特别是在数字资源建设方面,可以结合当前出版融合的趋势,做好立体化教材建设,可考虑加上微课、微视频、二维码、MOOC 等扩展资源。

四、教材特点

1. 满足新工科专业建设的需要

系列教材涵盖计算机科学与技术、软件工程、物联网工程、数据科学与大数据技术、网络空间安全、人工智能等专业的课程。

2. 案例体现传统工科专业的新需求

编写时,以案例驱动,任务引导,特别是有一些新应用场景的案例。

3. 循序渐进,内容全面

讲解基础知识和实用案例时,由简单到复杂,循序渐进,系统讲解。

4. 资源丰富,立体化建设

除了教学课件外,还可以提供教学大纲、教学计划、微视频等扩展资源,以方便教学。

五、优先出版

1. 精品课程配套教材

主要包括国家级或省级的精品课程和精品资源共享课的配套教材。

2. 传统优秀改版教材

对于已经出版、得到市场认可的优秀教材,由于新技术的发展,计划给图书配上新的教学形式、教学资源的改版教材。

3. 前沿技术与热点教材

反映计算机前沿和当前热点的相关教材,例如云计算、大数据、人工智能、物联网、网络空间安全等方面的教材。

六、联系方式

联系人：白立军

联系电话：010-83470179

联系和投稿邮箱：bailj@tup.tsinghua.edu.cn

面向新工科专业建设计算机系列教材编委会

2019 年 6 月

面向新工科专业建设计算机系列教材编委会

FOREWORD

前言

工程概论于2019年在西安电子科技大学各理工科专业首次开设，分成四部分、四学期，贯穿整个本科教育。其中，工程概论1——行业规范和工程伦理，工程概论2——项目管理和产品开发，工程概论3——经济管理与成本核算，工程概论4——工程方法论与实践，分别于第2,3,5,7学期授课。

《工程概论(上册)》涵盖了工程概论1和2的内容，《工程概论(下册)》涵盖了工程概论3和4的内容。

这门课程是工程基础教育，在教学过程中，不再采用"照本宣科""满堂灌"的方式，而是让学生积极参与到课程建设中来。

本课程基于工程认证中的产出导向教育(Outcome Based Education,OBE)理念。我国高等教育认同并接受这一国际趋势。OBE要求学校和教师应该先明确学习成果，配合多元弹性的个性化学习要求，让学生通过学习过程完成自我实现的挑战，再将成果反馈来改进原有的课程设计与课程教学。

学生通过习题模拟大致了解整个工程项目全流程和系统理念，全周期的工程开发能力得到培养，系统工程方法论思维能力增强，项目管理能力、经济规划能力增强，为未来就业与社会快捷接轨打下良好基础。目前，我国本科课程大多划分过细，知识面覆盖方向过窄，课程结构单一，尤其较少见到跨学科组合课程，不利于学生获得综合性学习能力，急需一种新的课程结构，以提升应用技术型本科理工科专业学生的跨学科知识结构的深度和广度，预测学生未来职业特点，据此强化相应专业技能训练，以适应新时代背景下对跨学科和通专结合型人才的需求。

因此，《工程概论(下册)》在上册基础上继续对传统教材进行梳理、修订和增广，以适应新时代教学的需求。

希望读者通过学习本书，能够提前更好地完成职业规划，成长为新时代需要的优秀人才。

作　者

2023年12月

CONTENTS

目录

上篇　工程经济分析和成本管理

下篇 系统工程方法论

上篇　工程经济分析和成本管理

第1章

经济管理概述

在21世纪的今天，每个人都处身于高度国际化的现代市场经济之中。面对纷繁复杂的经济、政治和社会现象，如果能有意识地从经济和管理角度去思考、分析错综复杂的表象，无疑是具备了高屋建瓴的理念高度；余下无非就是在实践中磨炼技术、积累经验。既有理念高度又有技术能力，那么做到望表知里、切中肯綮，就可以达到庖丁解牛式的精准处理。

从事工程技术工作的人员也越来越有必要从经济角度看待问题。现实情境中，大量发明停留在专利层面，很多工程设计被叫停在图纸阶段，往往就是因为仅在技术上解决了问题，而在经济上不具备可行性。所以，对理工科等技术领域的专业人才来说，学习一定的经济管理知识和技能，培养必要的经济管理思维方式，无疑是一件收益大于成本的应有之事。这也是我们编写这本面向工程领域技术人员的经济管理教材的主要目的。

1.1 经济学的极简史

人类文明最早也是最基础的活动之一就是经济活动，而经济活动的根本目的，就是提供产品和劳务，以更好地满足人类自身生存和发展的需求。但是，自然资源都是有限的，无法生产出人们想要的所有的产品和服务。资源的这种有限性，在经济学上被称为稀缺。稀缺并不是资源的绝对数量意义上的稀少，而是一个相对概念；相对于人的无限需求，再丰富的资源也是有限的、稀缺的。而且，历史上很多被视为丰富到几乎被认为是“无限”的资源，如清新的空气、洁净的水资源等都已经变得越来越稀缺了。

既然稀缺的资源无法满足人类所有的需求，那么退而求其次，人们用经济学研究如何最大限度上满足人类的需求，通俗地说，就是研究如何有效配置和利用有限的资源以期得到最大的产出。这是经济学的本质问题，也是经济学的一个被普遍接受的定义①。

经济学这个名词，起源于希腊文oikonomos，意思是“管理一个家庭”，是由古希腊苏格拉底的学生色诺芬在其著作《经济论》中提出的。色诺芬在书中论述了

① 经济学是研究人和社会对有不同用途的稀缺资源的利用加以选择的科学；其目标是有效配置稀缺资源以生产商品和劳务，并在现在或将来把它们合理地分配给社会成员或集团以供消费之用。

奴隶主如何管理家庭农庄,如何使具有实用价值的财富得以增加。古希腊的柏拉图、亚里士多德在其著作中也对经济思想发展做出了贡献。以此为开端,希腊文明之后的罗马文明、大航海时代的欧洲各国以及16—17世纪西欧的重商主义、重农主义等,经济思想经历了其早期萌芽发展阶段。

1776年,苏格兰人亚当·斯密发表了其著作《国民财富的性质和原因的研究》,简称《国富论》。《国富论》的问世,标志着经济学作为一门近现代社会科学诞生了。亚当·斯密也因此被称为经济学之父。亚当·斯密批判了重商主义只把对外贸易作为财富源泉的错误观点,并把经济研究从流通领域转到生产领域。他克服了重农学派认为只有农业才能创造财富的片面观点,指出一切物质生产部门都能创造财富。他分析了国民财富增长的条件及促进或阻碍国民财富增长的原因,分析了自由竞争的市场机制,把它看作一只"看不见的手"支配着社会经济活动,他反对国家干预经济生活,提出自由放任原则。现代经济学将以亚当·斯密为代表的、包括大卫·李嘉图、约翰·穆勒等的经济学家的思想和理论称为古典经济学(Classical Economics)。

19世纪70年代初,在西欧几个国家出现了一个学派——边际效用学派,倡导边际效用价值论和边际分析在经济学中的应用。边际学派在其发展过程中形成了两大支派:奥地利学派和洛桑学派。当代经济学家把边际效用论的出现称为"边际主义革命",即对古典经济学的革命。这个学派运用的边际分析方法,后来成为西方经济学新古典经济学的重要基础。

新古典经济学主要代表人物是英国剑桥大学的马歇尔,他在1890年出版的《经济学原理》一书中,以折中主义手法把供求论、生产费用论、边际效用论、边际生产力论等融合在一起,建立了一个以完全竞争为前提、以均衡价格论为核心的,相当完整的、综合的、折中的经济学体系。马歇尔颂扬自由竞争,主张自由放任,认为资本主义制度可以通过市场机制的自动调节达到充分就业的均衡。新古典经济学从19世纪末至20世纪30年代,一直被西方经济学界奉为典范。

然而,20世纪30年代,西方资本主义世界迎来了有史以来最严重的一次经济危机。这次被称为"大萧条"的经济危机,相当程度上影响了经济学的理论体系变革。历经长达10年的大萧条反映出市场无法有效解决经济问题,比如最重要的一个问题,西方各国普遍、长期存在的大量的失业现象。失业问题的本质就是劳动力资源没有被有效配置,简单地说,就是市场这个"万能的手"没有能力完成有效配置资源这个经济学的根本任务,因此亚当·斯密宣扬的市场万能就一度失去了人们的信仰。当旧有的经济学理论无法解释经济实际,就需要、也会催生新的经济学思想。

1936年,英国经济学家梅纳德·凯恩斯出版了其著作《就业、利息和货币通论》,简称《通论》。《通论》的出版标志着现代经济学形成的开端。凯恩斯主张政府应该积极介入经济活动,创造有效需求以解决资本主义经济危机。这种从根本上有别于亚当·斯密的自由市场经济理论的学说,被称为"凯恩斯革命"或"凯恩斯主义"。西方经济学也从此被划分为两大分支:以凯恩斯主义为基础和核心的"宏观经济学",和传统的以价格理论、市场结构理论、一般均衡理论等为基础的"微观经济学"。

凯恩斯主义的出现,一度使得西方国家认为资本主义经济危机是可以避免或者有效解决的。但是,作为凯恩斯主义的核心思想——政府创造有效需求——是以政府大笔花钱为前提的。政府开始放弃量入为出的财政理念,转向了赤字财政。这就带来了长期的通货膨胀。西方各国经过多年的通胀积累，终于，在 20 世纪 70 年代后，新的问题即滞胀给政府以及凯恩斯主义经济学带来了新的挑战。

所谓滞涨就是经济停止(意味着失业)与通货膨胀并存。当政府运用凯恩斯经济理论创造需求以拉动经济增长时，发现会使得政府支出进一步扩大从而加剧通货膨胀；而政府如果打算控制通货膨胀，则会使得经济进一步萧条加剧失业。这种两难困境给凯恩斯主义宏观经济理论以沉重打击。在这个背景下，非凯恩斯主义的宏观经济学派，如货币主义、供给学派、理性预期学派逐渐出现了。同时，博弈论、信息论和制度论等新理论的融入不断促进着现代经济学的发展，以及宏观经济学与微观经济学越来越紧密的结合，现代经济学逐渐成为一个经济问题研究和社会问题研究相结合的混合理论体系。

1.2 管理与经济的关系

经济管理可以认为是经济与管理两个学科的结合。用最简单的话来说，经济学定义什么是"好的"经济或经济"应该"是怎样的；而管理学研究如何有效率、低成本地实现这个目的。

管理是指在特定的环境条件下，对组织所拥有的人力、物力、财力、信息等资源进行有效的决策、计划、组织、领导、控制，以期高效地达到既定组织目标的过程。人们把研究管理活动所形成的管理基本原理和方法，统称为管理学。

管理学完全是现代工业化大生产的产物。1885 年，被现代人称为"科学管理之父"的美国工程师泰勒，对一个名叫施密特的铲装工的工作进行严格测试：泰勒用秒表测量了施密特的每个步骤的操作时间，然后对铲装货物的每一个动作技术进行改进，剔除其中无效的部分。同时，泰勒还具体研究了铲子的大小和重量、货物堆码的高低、每一铲装货的重量、走动距离、手臂摆动幅度等对装卸货工作效率的影响，最终发现每一铲 21 磅(约 10kg)时装卸效率最高，工人的装卸货效率由每天 12.5t 增至 48t。这种以具体的工作行为方式、工作过程和使用工具为研究对象，发现每一个工种最有效率的工作方式并将这种方式作为标准过程推行的管理，被称为"科学管理"。在此之后，管理实践和理论不断发展，理论体系迅速丰满起来。最终，现代管理逐渐形成了 4 种基本的职能，即计划、组织、领导、控制。

现代管理学虽然起源、发展都在西方，但实际上我国早在两千多年前就有相关生产活动的管理的思想了。春秋战国时期的科学技术著作《考工记》就有关于水利工程建设的规定：凡修筑沟渠堤防，一定要先以匠人一天修筑的进度为参照，再以一里工程所需的匠人人数和天数来预算这个工程的劳动量，然后方可调配人力，进行施工。

管理科学从其产生之始，就对企业经营和经济的发展起到了巨大的推动作用。管理对经济的贡献早已被广泛认同。管理作为生产要素的一种，它既是一种投入要素，又是决定劳动、资本与技术、自然资源等其他三个要素的组合效率高低的重要因素。完全相同的劳动、资本与技术、自然资源要素组合，交由不同的管理者用于生产，往往带来不同的产出；这种产出上的差别，只能是这三种要素以外的因素带来的，经济学家将其命名为企业家才能。企业家才能，主要就是企业家的管理能力和创新能力，是一般劳动无法替代的。

经济学对企业行为的研究，往往是在假设企业内外环境的全部信息为已知的前提下进行的，而管理学则主要是在信息不确定的复杂情况下选择最优的方案或进行最佳决策。这就给管理带来了估算和预测的前提要求,这一点在后文中有明显体现。

1.3 企业管理与项目管理

对于任何一个经济主体来说,利润最大化都是其极为重要甚至唯一的目标。以企业为例,企业在短期可能会有销售额最大化、市场份额最大化等非利润最大化的目标,但是中长期终究还是要回归到利润最大化这个目标上的。

“企业的目标是利润最大化”,这是经济学给出的一个被广为接受的假定。在这个假定下,经济学继续给出“利润=总收入-总成本”的利润计算公式并定义了各种收入、成本的概念。这个简单的公式,使得几乎所有人凭直觉都能推导出增加收入、减少成本这两种增加利润的途径。然而在现实经济活动中,提高收入往往伴随着成本的增加;如何让新增的每一元成本支出都能带来大于一元的收入,甚至是在降低总成本的同时让总收入提高,就是企业管理要面对的最强挑战了。

企业管理是一个庞杂的体系,根据不同的标准可以有丰富的种类划分。例如,按资源要素划分,有资金管理、人力资源管理、客户管理、政策与政府资源管理等;按职能划分,有生产管理、营销管理、财务管理、质量管理、信息管理、项目管理等。企业管理在学术上是一个内容宽泛的研究领域,在实践上是一个包罗万象的决策活动;高层次的企业管理甚至被称为管理艺术,是仅从课堂或书本中难以学到的能力,只能在长期、大量的实践积累中领悟。作为面向工程设计和建设人员的教科书,本书主要围绕项目管理这个具体领域学习如何实现项目利润最大化的目标。

项目是在既定的资源和要求的约束下,为实现某种目的而相互联系的一次性工作任务。生活中,项目和工程是一对关系略显混乱的概念。一个工程可以包含多个项目,一个项目内也可以有多个工程,这主要是因为工程概念具有一个可大可小的弹性外延。现实中,这两个词汇往往是等同的。一个企业可成立多个项目,每个项目管理一个工程建设和运作。这样的一个项目可以也往往被视为相对独立于企业的经济主体,有自己的成本、收入和利润。项目管理也被定义为运用专门的知识、技能、工具和方法,使项目能够在有限资源的约束下,实现或超过设定的目标和期望的过程。

项目管理最早应用于航天、建筑等特定领域的管理,尤其是以美国国家航空航天局(NASA)的登月计划为代表。但是,在人类历史上很早就有具备项目管理本质的经济管理活动了。北宋沈括所著的《梦溪笔谈》有载:“祥符(公元1015年)中禁火,时丁晋公(丁谓)主营复宫室,患取土远,公乃令凿通衢取土,不日皆成巨堑;乃决汴水入堑中,引诸道竹木排筏及船运杂材,尽自堑中入至宫门。事毕,却以斥弃瓦砾灰壤实于堑中,复为街衢。一举而三役济,计省费以亿万计。”这项工程计划15年建成,但由于“工程项目经理”丁谓合理统筹计划,实际只用了7年就完成了。这个工程项目中,丁谓运用了典型的现代系统工程的管理方法,体现了中国古人领先西方的管理实践。

一般把项目管理分为三个大类,即工程项目管理、信息项目管理和投资项目管理。每个项目管理又具有多个纬度:范围管理、进度管理、成本管理、资金管理、风险管理、质量管理、人力资源管理、组织管理、采购与合同管理等。如果我们把对人的管理先放到一边不谈,那么项目管理的主要工作就是平衡相互竞争的项目制约因素,如范围、质量、进度、预算、资源、风险等方面。这些管理活动贯穿整个项目生命周期，在周期内的不同阶段，它们相互重叠；但是，不同阶段管理的重点是不一样的。

项目生命周期是指一个项目，从项目设想立项，直到竣工投产，达到预期目标并收回资金的过程。通常一个项目包括概念阶段、开发（规划）阶段、实施阶段和收尾阶段四个组成部分。一般情况下，项目开始时风险和不确定性是最高的。本书的上篇主要学习项目开发阶段的投资可行性分析的基础知识和方法。

需要强调的是，项目管理发展到现在，不再仅局限于对一个项目的管理，项目管理作为一种管理方式，已经成为企业管理的必要的、普遍运用的管理工具。当前企业管理日益出现明显的项目管理化特征，并且对企业的组织形式产生了重大的影响。

习　　题

1. 简述现代西方经济学发展历史。
2. 为什么会产生经济学？
3. 管理对经济有什么影响？
4. 管理学科有哪些研究方法？
5. 管理学和经济学之间存在什么关系？
6. 经济活动的基本问题是什么？
7. 如何对管理进行分类？
8. 企业管理有哪些基本原理？
9. 经济管理的职能是什么？
10. 经济管理有哪些方法？
11. 经济管理者必须具备哪些素质？
12. 如何提高管理者道德素质？
13. 经济效益是如何定义的？
14. 经济效益有哪些评价标准？
15. 经济效益评价的基本原则是什么？
16. 工程项目的经济效果评价和经济效益评价有哪些异同？
17. 对应于短期作用和临时因素有哪些经济分析方法？

第2章

项目成本和收入的估算

2.1 项目成本

投资一个项目的根本目的还是盈利;而利润最大化和成本最小化本质上是一致的。对于一些工程建筑类项目来说尤其如此。企业在取得一个工程投标并成立一个项目来完成这个投标的时候,基本上这个项目的总收入已经被合同固定下来了。在不考虑合同金额追加、变动的前提下,很明显利润最大化目标就转换为成本最小。因此,项目成本管理就成为项目管理的核心内容之一。

成本是为达到一定目标而付出的、可用货币计量的代价。项目成本主要包含四部分:①项目决策和定义成本,指在项目初始,用于信息收集、可行性研究、项目选择等一系列的决策分析活动所发生的费用。②项目设计成本,是指用于项目设计工作所花费的成本费用。③项目获取成本,是指为了获取项目的各种资源所需花费的成本费用,但不包括所获资源的价格成本。如对于项目所需物资设备的询价、谈判与签约、合同履行等的管理所需发生的费用。④项目实施成本,是指为完成项目的目标而耗用的各种资源所发生的费用,是项目总成本的主要构成部分。本篇主要是以项目实施成本为分析对象的。

成本管理与进度管理一起,是早期项目管理的核心内容,后期才逐渐引进了质量管理、风险管理和人力资源管理等。项目成本管理是为实现项目目标而付出代价的组织与控制,它是项目管理的核心组成部分,高效、科学的项目成本管理对项目管理的成功起着关键作用。

项目成本管理可细分为项目资源计划、成本估算、成本预算和成本控制四个先后环节。项目资源计划根据项目范围说明书、项目工作分解结构、活动工期估算等资料数据分析和识别项目的资源需求,确定项目需要投入的资源(包括人力、设备、材料、资金等)的种类、数量和投入时间,从而为项目成本的估算提供信息。在编制项目资源计划时,对不同种类的资源必须进行不同的管理。对于可以无限制使用的资源,如无技术含量的普通劳动力,一般不做严密的跟踪管理,以免导致过高的管理成本;对于只能有限使用的资源,如进口设备等,对项目成本会有较大的影响,所以要对它进行全面的跟踪管理。常用的资源计划编制工具有资源计划矩阵、资源数据表、资源需求甘特图,如图2.1所示。资源计划的编制与项目所处的行业、项目范围、具体技术方案有密切联系,在此略过。

项目成本估算是指根据项目的资源需求和计划,以及各种项目资源的价格信

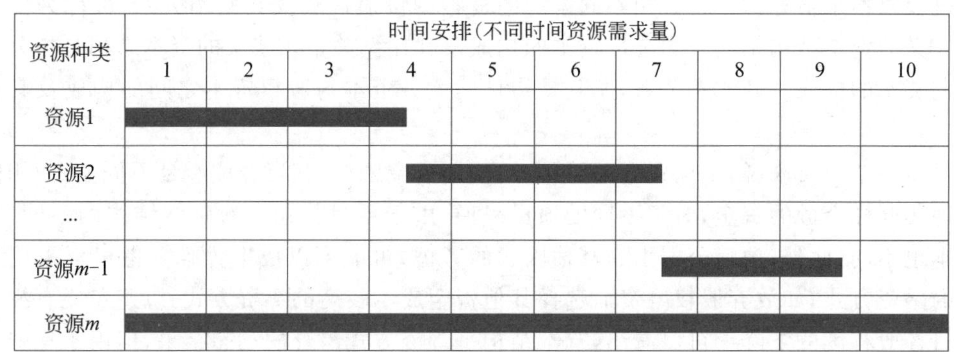

图 2.1　资源需求甘特图示例

息,估算和确定项目各种活动的成本和整个项目总成本。项目的成本必然与项目要求的完工时间和质量标准相关联。项目成本估算又分为初步估算、控制估算和最终估算三个阶段,其估算精度依次提高。

项目成本预算是将成本估算总费用尽量精确地分配到 WBS(Work Break down Structure)①的每一个组成部分,从而形成与 WBS 相同的系统结构。它是以成本估算为基础进行的优化、细化和精度的提高。项目成本预算的实质就是一种成本控制机制。

成本控制则是根据成本预算来监督项目成本的支出情况,发现实际成本和成本预算的偏差,并找出偏差的原因,以便采取纠正措施,并阻止不正确、不合理和未经批准的成本变更。成本控制中常用挣值分析法(Earned Value Analysis)进行量化评估。挣值分析法也称为已获取价值分析法,是利用成本会计的概念对项目的进度和成本状况进行绩效评估的一种有效方法。

项目成本管理应该是一个全生命周期成本管理(Life Cycle Costing,LCC),本书主要把项目开发阶段的成本估算作为主要学习对象;对项目成本管理环节中的成本预算、成本控制仅做基础学习。

2.2　资金成本和资本结构

项目为了开展特定的经济活动,必然需要各种各样、数量庞大的资源,而获取这些资源离不开资金支持。以新建项目为例,项目公司首先根据 WBS 确定项目需要投入的各种资源(如场地、设备、材料、人力、资金及通信等软环境需求等),编制项目资源计划;然后根据资源计划进行成本估算,获得项目投资的总金额;最终形成预算,将成本科学合理地分配到各项工作任务当中去,为成本管理提供基准。项目公司筹集资金的数量和结构主要通过成本估算确定。

项目的资金来源有多种形式,主要包括:①债权融资,如贷款或发行债券,其主要财务成本是利息;②股权融资,通过发行股票募集资金,其主要财务成本是分红;③自有资金,一

① WBS 即工作分解结构,如逐层分解为项目→任务→工作包。工作包应是特定的、可交付的独立单元,用来定义和描述工作内容、工作目标、工作结果、负责人、日期和持续时间、所需资源和费用。WBS 是项目制定进度计划、资源需求、成本预算、风险管理计划和采购计划等的重要基础。

般用机会成本来估算。项目公司不同来源的资本的价值构成及其比例关系,被称为资本结构。广义的资本结构是指公司全部资本的构成及其比例关系。狭义的资本结构是指公司各种长期资本的构成及其比例关系,尤其是指长期债务资本与股权资本之间的构成及其比例关系。

对于一个项目来说,不同资金的筹集方式(即资金来源)其资金成本是不同的;而用同一方式筹集同样金额的资金,对于不同的项目来说,由于项目公司既有资本结构的不同,其筹资成本也不同;此外,项目公司出于其他因素的考虑,可能不以成本为唯一考量而采用某种特定的融资方式,如放弃股权融资而选择其他资金成本较高的筹资方式,以避免原有投资者对项目控股程度的下降。可以看出,资本结构是筹资方式组合的动态结果,但由于融资成本与资本结构密切相关,造成资本结构也在一定程度上制约着筹资方式;资本结构与融资方式呈现相互影响相互制约的关系。在数学上,这种关系的一对变量,往往存在取极值的问题。这就引出了最佳资本结构的概念。所谓最佳资本结构,就是使公司资金成本最小的资本结构,亦即使股东财富最大或股价最大的资本结构。

为了实现利润最大化目标,或者在项目收入既定的前提下做到成本最小化,根据项目的具体实际选择适当的融资方式以控制或降低融资成本是十分重要的。而做到这个的前提,就是准确把握融资的资金成本。

2.2.1 资金成本

早期的项目管理中,成本管理对项目决策的影响很小,而随着资金成本概念的引进,投资者可以更为有效地对投资方案进行价值分析和效益评估,遂使成本管理对投资决策带来了决定性的影响。

资金成本就是企业筹集和使用资金而支付的各种费用,主要包括筹资费用和用资费用两部分。筹资费用是企业或项目筹措资金时一次性发生、支出的费用,如股票、债券的发行费用,银行借款的手续费等。筹资费用的数值比较容易获取,也相对客观准确,如金融机构的代理发行费用、宣传广告费、法律咨询支出等。筹资费用一般被视为筹资额的扣除项处理。

用资费用是指企业在占有、使用资金的过程中付出的费用,如支付给股东的股息、向债权人支付的利息等。用资费用一般与所筹集资金数额的大小、市场利息率以及所筹资金使用时间的长短有关。

资金成本的大小可以用绝对数表示,也可以用相对数即比率表示。现实中往往使用后者,即用资费用与实际筹得的可用资金的比率,其计算公式如下。

$$资金成本=\frac{用资费用}{筹资总额-筹资费用}\times 100\% \tag{2-1}$$

所以,当我们说资金成本的时候,往往指的是资金成本率或资金利息率。在上述公式中,筹资费用相对容易获取,用资费用主要取决于筹资总额的大小。因此资金成本的估算,是建立在对筹资总额估算的基础上的。

筹资费用一般与筹资金额的大小没有紧密关系,只与筹资活动的次数相关。理论上,一次筹集大量资金减少筹集次数是经济的方法。但是,由于用资费用的存在,一次性筹集较多资金时,可能会造成资金成本的增加。因此,一次筹资规模和筹资频度要具体考虑与资金运用计划相匹配，既保证现金流不会中断影响项目进展，又不会出现阶段性资金闲置徒增利息成本的问题。可见，估算出合理的筹资总额既是计算资金成本的条件，也是降低、控制资金成本的途径。

2.2.2　项目投资总额的估算

投资项目可行性分析要回答的一个重要问题，就是该项目需要多少资金且能否筹集到足够的资金。所以项目投资总额亦即筹资总额的估算是可行性分析非常重要的一环。

一个项目从建设前期的准备工作开始到全部建成投产、具备产生经济效益的能力为止所发生的全部投资费用称为项目总投资或建设投资。项目总投资的基本构成如图 2.2 所示。

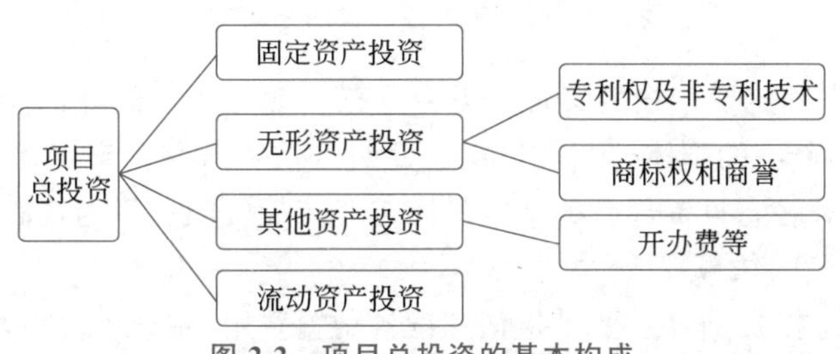

图 2.2　项目总投资的基本构成

对于不同类型的项目，项目总投资中各组成部分的比重具有很大差异。举例来说，对建设类工程项目，机器设备等固定资产的占比是非常大的；以固定资产支出为基础估算整个项目的投资是合乎逻辑的做法。而对于软件项目，软件系统或程序员等技术、人力资源领域的支出往往占主要部分；以固定资产支出为基础的、适用于建设工程项目的估算方法，自然无法应用于软件项目。

总投资中的流动资金是指生产经营性项目投产后，为进行正常生产运营，用于购买原材料、支付工资及其他经营费用等所需的周转资金。流动资金一般也应在项目投资前开始筹措。固定资产、无形资产、流动资产等基本的经济概念，在此不做解释，如有需要可参考相应的财会专业书籍。

项目总投资估算根据项目前期研究和准备阶段的不同，对投资估算精度的要求及相应的估算方法也不同。大体上，在估算—概算—预算三个阶段，分别存在这样的标准：资本总额的估算与未来实际资本额误差在 30%上下是合理的；进入概算阶段，误差应该小于 10%；而进入最后的预算编制阶段，如果没有外部环境的明显变化，3%～5%的误差则被视为精度良好的预算。当然，误差大小也受项目是否存在有效参考数据的影响。对于一个新兴行业、从未或只有很少已建项目存在的，估值总是困难的。

项目预算是工程招投标报价的主要依据，不仅要求的精度较高，而且还把项目总体工作划分阶段并将资金按阶段分配。项目预算是工程建设中资金投放、成本考核的重要依据，但是由于预算要求很强的专业技术，并且不同项目领域预算方法有较大的差别，所以本篇主要以固定资产投资和流动资产投资为主要学习对象，进行项目总投资的估算。

2.2.3　固定资产投资额的估算

先以工程项目为例学习如何估算固定资产投资额。固定资产通常是指使用期限在一年

(或多于一年的一个会计周期)以上、单位价值在国家规定的限额标准的、在使用过程中基本保持原有实物形态的资产;机器设备、运输设备、厂房及办公楼是固定资产的典型代表。工程项目的固定资产投资额主要由六部分构成,见图 2.3。

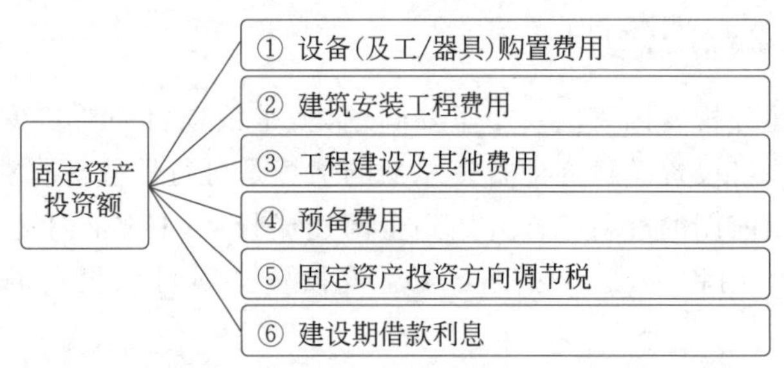

图 2.3 固定资产投资额的基本构成

图 2.3 中的六类固定资产投资又可归类为静态和动态两个部分:前三项构成静态投资部分,是固定资产投资额的主体;预备费用、建设期借款利息和固定资产投资方向调节税构成动态投资部分。对静态投资部分的估算是固定资产投资额估算的核心工作。

1. 静态投资部分的估算

固定资产的静态投资估算主要是指估算设备购置费用(用现场价格,即设备卖家及运送到安装现场的运输费用计算)和建筑、安装费用。常用的有以下四种方法。

1) 单位生产能力估算法

对于一个工程项目,如果存在已建的类似项目,则可用作拟建项目投资总额估算的参照对象,为估算提供一个参考基准。例如,拟建一个设计产能为 Q_1 的工厂,存在一个同一产业的可作为参照项目的工厂,其生产能力为 Q_0,对应静态投资额为 C_0,则有:

$$C_1 = C_0 \frac{Q_1}{Q_0} f \tag{2-2}$$

式中,C_1 是拟建工厂的静态投资额,是要估算的投资额;C_0/Q_0 是参照项目的单位生产能力对应的投资额;f 则为不同时期、不同地点的单价、费用变更的综合调整系数。

单位生产能力估算法含义简单,不需要详细的工程设计资料,C_0 及 Q_0 的数据相对容易获取,并且客观准确。在准确的历史数据上进行估算,有利于提高结果的精度。但是,单位生产能力估算法把项目投资多少与产能大小视为简单的线性关系,在产能相差不大时尚有较好的精度,而在产能相差较大时估算结果难以令人满意,一般误差可能达到±30%。这主要是因为单位生产能力估算法忽视了规模经济效应给投资额带来的影响。因此,实践应用中必须注意提高拟建项目与参照项目的可比性,同时全面考虑地域差别、物价水平变动和技术进步等因素以正确赋值 f,尽可能减小误差。

当现实中找不到类似的参照项目的时候,可以通过细分项目,如把工厂细分为若干车间、成套设备甚至主要设施和装置等,以便于找到具有可比性的参照物;然后应用上述方法分别估算拆分后各设备的投资额,最后加总求得项目静态投资总额。

一般来说,拟建项目中固定资产投资占总投资比重越大,且产能与生产硬件设备相关度越高,估算的误差就越小。

例 2-1:2021 年,某地拟建一座 3000 套客房的豪华旅馆。事前调研得知,2018 年该地有一家类似的豪华旅馆建成,拥有 2500 套客房及其他应有设施,总造价为 12 500 万元。假定 2018—2021 年期间平均工程造价每年递增 10%。试估算新建项目的总投资。

解：根据式(2-2)，代入参数 $C_0=12\,500$，$Q_1/Q_0=3000/2500$，$f=(1+10\%)^3$，可以算得 $C_1=12\,500\times3000/2500\times1.1^3$

$=19\,965$ 万元

2）生产能力指数法

与单位生产能力估算法类似，生产能力指数法仍然认为产能与固定资产投资具有强相关性，因而可以根据计划产能倒推出固定资产投资额。但是，生产能力指数法把规模经济因素纳入考虑，认为产能和固定资产投资额之间不再是简单的线性关系，而是存在某种指数关系。

沿用前文对变量的设定，生产能力指数法可用公式表达为

$$C_1=C_0\left(\frac{Q_1}{Q_0}\right)^x f \tag{2-3}$$

其中，x 被称为生产能力指数。

生产能力指数法可以看作考虑到规模经济效应而对单位生产能力估算法做出的修正，修正的途径就是引入了生产能力指数 x；而 x 的取值，是由规模经济效应决定的。

规模经济通常是用于解释生产上随着产量的增加，厂商的长期平均总成本下降的特性。当然，一旦企业生产规模超过一定的水平，也会引发规模不经济现象。可以用数学方式清晰地定义和解释规模经济。

假设一个企业的产量 Q 是由其投入的机器设备等资本品 K 的数量和劳动力的数量 L 决定的，我们就把其生产函数写作 $Q=f(K,L)$。若同时投入 n 倍的资本品和 n 倍劳动力时，有下列关系：①当 $f(nK,nL)>nf(K,L)$时，存在规模经济；②当 $f(nK,nL)=nf(K,L)$时，规模经济不变；③当 $f(nK,nL)<nf(K,L)$时，处于规模不经济的阶段。现在看看规模经济如何解释投资额的估算时 x 的取值。

举例来说，假设某企业计划建设的项目的产能大于参考项目产能，由于产量提高，企业可考虑购买生产效率更高的大型设备，而一套月产 3 万单位产品的设备价格，往往比 3 套月产 1 万单位相同产品的设备价格要低；所以生产规模增大能带来更低的单位产能投资。同时考虑到技术进步，设备的性价比一般是不断提高的。这就导致 x 的取值往往是小于 1 的。

规模经济的存在决定了生产能力指数 $x<1$，但在现实应用中，x 的具体取值还取决于拟建项目和参照项目间的规模差异，亦即产能差异的程度。一般来说，当 Q_1/Q_0 的比值为 0.5～2 时，规模经济效应并不明显，这时 $x\approx1$。指数在公式计算中没有发挥作用，生产能力指数法就是单位生产能力估算法。但是，当 Q_1/Q_0 的比值为 2～50 时，规模经济比较明显，x 可在(0.6，0.7)间取值。生产能力指数法有时被称为 0.6 指数估算法，就是源自于此。

当然，如果拟建项目的产能提高主要是通过增加相同设备的数量而不是通过提高设备技术水平或生产效率带来的，那么 x 应该在(0.8，0.9)间取值，反映出有限的规模经济效应。

一般来说，对化工、机械制造、土建等设备投资占总投资比重相对较大的项目进行投资额估算时，规模经济比较明显，生产能力指数 x 可以根据具体情况在上述两个区间的下限取值。

生产能力指数法是对单位生产能力估算法的改善，两者本质上是相同的。因此它拥有

单位生产能力估算法所具有的优点。相对单位生产能力估算法，这种方法精确度略有提高，误差通常在±20%以内。由于其含义简洁、数据易得，在总承包工程报价时，承包商广泛采用此法。

例 2-2：2016 年某地拟建生产 500 万吨的水泥厂。调查数据显示，2012 年在该地建成一座年产 100 万吨的某水泥厂，总投资为 50 000 万元。水泥的生产能力指数为 0.8，自 2012 年至 2016 年每年平均造价指数递增 4%。试估算拟建水泥厂的静态投资额。

解：根据式(2-3)，$C_1=C_0\left(\frac{Q_1}{Q_0}\right)^x f$，代入参数

$$C_0=50\ 000,\quad Q_1/Q_0=500/100,\quad x=0.8,\quad f=(1+4\%)^4$$

$$C_1=50\ 000\times(500/100)^{0.8}\times(1+4\%)^4$$

$$=211\ 972 \text{ 万元}$$

3）系数估算法

系数估算法以拟建项目的设备购置费为基数，根据已建成的同类项目的建筑安装费和其他工程费等与设备价值的百分比，求出拟建项目建筑安装工程费和其他工程费，进而求出建设项目总投资。系数估算法适用于生产性项目静态投资额估算，在具体运用中有多种不同的细分方式，但是本质是一样的。这里学习一种国内外常用的、具有代表性的方式。这种方式分为以下三个步骤。

第一步，估算主要设备购置费用。

主要设备购置费用(total Purchase Cost of major Equipment，PCE)是指各种主要设备运到安装现场的报价。PCE 可以方便地从市场上获取最新数据，并且客观明确。由于系数估算法后面的两个步骤是建立在第一个步骤的基础上的，因此，第一步骤的数据的客观准确性在一定程度上保证了后面的估算精度。

第二步，计算厂房总成本。

厂房总成本(total Physical Plant Cost，PPC)是指主要设备从购入到安装完毕基本达到可生产状态的期间的支出。即

$$\text{PPC}=\text{PCE}\times(1+f_1+f_2+f_3+f_4+f_5+f_6+f_7+f_8+f_9) \tag{2-4}$$

其中，$f_1\sim f_9$ 九个系数的含义和赋值见表 2.1。这些系数是根据以往的同类项目的建筑安装费和其他各种工程费占设备价值的比重，经统计处理后得到的系数值。

表 2.1 $f_1\sim f_9$ 九个系数的含义和赋值

系数	项目	赋值
f_1	设备安装	0.45
f_2	管道安装	0.45
f_3	仪表仪器安装	0.15
f_4	电力安装	0.10
f_5	建筑	0.10
f_6	公用设施	0.45

续表

系　数	项　目	赋　值
f_7	仓储	0.20
f_8	工地整备	0.05
f_9	辅助建筑	0.20
小计		2.15

因此，PPC= PCE×3.15

第三步，计算固定资产投资总额。

在 PPC 的基础上，计入工程设计费、作业管理费、备用金等软项目支出，估算静态投资总额。用 C 表示投资总额，则有：

$$C = \mathrm{PCC} \times (1 + f_{10} + f_{11} + f_{12}) \tag{2-5}$$

其中，$f_{10} \sim f_{12}$ 三个系数的含义和赋值见表 2.2。

表 2.2　$f_{10} \sim f_{12}$ 三个系数的含义和赋值

系　数	项　目	赋　值
f_{10}	设计及工程策划	0.25
f_{11}	承包商费用	0.05
f_{12}	意外备付金	0.10
小计		0.40

可得，$C = \mathrm{PPC} \times (1+0.40)$

$= \mathrm{PCE} \times 3.15 \times 1.40$

$= \mathrm{PCE} \times 4.41$

国内常用的与系数估算法本质相同的一种方法称为分项类比估算法。分项类比估算法将工程项目的固定资产投资分为三项：①机器设备的投资，包含设备运送费、安装费；②建筑物、构筑物的投资，包含管道、辅助仪表等购置安装费用；③其他投资，如土地购置费、拆迁安置费、设计费、建设单位管理费、生产工人培训费等。在估算时，也是首先估算出机器设备部分的投资额，然后根据与它的比例关系分别逐项估算后两部分。可以看出，分项类比估算法和系数估算法本质上是一致的，只是具体的细类划分有所不同。

4）朗格系数法

朗格系数法以拟建项目主要设备购置费 E 为基数，乘以适当系数来推算项目的静态投资额 C。

$$C = E\left(1 + \sum K_i\right)K_C \tag{2-6}$$

式中，K_i 表示管线、仪表、建筑物等费用的估算系数；K_C 表示管理费、合同费、应急费等费用的总估算系数；$\left(1 + \sum K_i\right)K_C$ 整体即为朗格系数。

朗格系数法具体应用时,经常把朗格系数细分成几个步骤分别计算投资支出,如表2.3所示。

表 2.3 朗格系数的赋值

项目		固体流程	固流流程	流体流程
朗格系数		3.10	3.63	4.74
系数细分	① 包括基础设备、油漆、绝缘绝热及设备安装费	$E\times1.43$		
	② 包括上述费用在内和配管工程费	①×1.1	①×1.25	①×1.6
	③ 装置直接费	②×1.5		
	④ 包括上述费用+间接费,即 C	③×1.31	③×1.35	③×1.38

例如,对于一个固体流程的项目来说,朗格系数取值为3.1($\approx1\times1.43\times1.1\times1.5\times1.31$),只要知道主要设备的购置费 E,乘以朗格系数就很容易得到静态投资额了。

朗格系数法也具有简单易懂的优点。对于石油、化工工程等设备费用的比重为45%~55%的工程,朗格系数法的误差为10%~15%,估算精度较高。对于其他项目,由于装置规模发生变化,自然、经济地理条件存在差异等原因,朗格系数估算法仍存在精度不足的问题。在足够数据和经验积累条件下,通过对不同类型工程给朗格系数的不同赋值可以提高精度。

朗格系数法在国内不常见,是实行项目投资估算常采用的方法。

5)其他估算方法

图2.4给出了静态投资估算的主要方法。

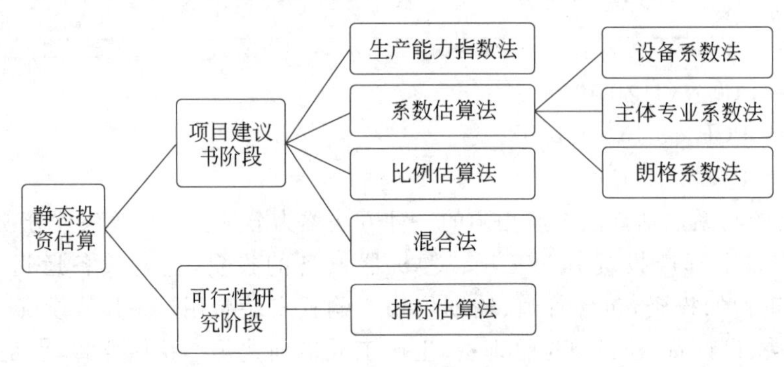

图 2.4 静态投资估算的主要方法

除了上面已经学习的四种方法以外,下面对其他两种方法也加以简单介绍。

比例估算法是根据统计资料,先求出已有同类企业主要设备投资占建设投资的比例,然后再估算出拟建项目的主要设备投资,即可按比例求出拟建项目的建设投资。主体专业系数法以拟建项目中投资比重大,并与生产能力直接相关的工艺设备投资为基数。这些方法相对更为简单,在此不做赘述。

2. 动态投资部分的估算

项目动态投资部分主要包括预备费和建设期贷款利息两部分内容(涉外项目还应该受汇率变动的影响)。动态投资从字面上看很容易和流动资金混淆,但它其实是固定资产投资中容易发生变动的部分，这些费用虽然被称为“费用”，但是在会计计量上常常被“资本化”处理，计入投资总额，亦即成为构成资产价值的一部分了。关于费用和资产的区别，请参考相关财会专业书籍。

1）预备费的估算

预备费是为了避免项目建设在预料之外的情况下出现投资不足、无法顺利展开而需预先安排、准备的一笔费用。根据我国的现行规定，预备费包括基本预备费和涨价预备费两个组成部分。

基本预备费是指在初步设计及概算内难以预料的工程费用，主要包括：①在批准的初步设计范围内，技术设计、施工图设计及施工过程中所增加的工程费用；设计变更、局部地基处理等增加的费用。②一般自然灾害造成的损失和预防自然灾害所采取的措施费用。③竣工验收时为鉴定工程质量对隐蔽工程进行必要的挖掘和修复费用。基本预备费费率一般取5%～8%，基数为图 2.3 中①、②、③三项合计金额。

对于建设工期较长的投资项目，在建设期内很可能发生的材料、人工、设备、施工机械等价格上涨，或者费率、利息率、汇率等变化而引起项目投资的增加，需要事先做好应对的费用。实践中，我国对建设工期较长（价格变动影响较明显）或引进技术（汇率变动影响较明显）的项目，如公路干线项目、大中型水电站项目、中外合资项目、进口原材料和引进技术的项目等，需要计算建设期的涨价预备费。工程承包方按国家或部门（行业）的具体规定估算涨价预备费，一般可用下列公式计算。

$$\mathrm{PF}=\sum_{t=1}^{n} I_t[(1+f)^t-1] \tag{2-7}$$

式中，PF 表示涨价预备费；n 表示建设期年份；I_t 表示建设期中第 t 年的投资计划额；f 表示年均投资价格上涨率。

例 2-3：某建设项目在建设期初的建安工程费和设备工器具购置费为 2000 万元，项目建设期 2 年，投资分年使用比例为：第一年 60%，第二年 40%。在年平均价格水平上涨率为 10%的情况下，计算该项目建设期的涨价预备费。

解：根据式(2-7)，分别计算 $t=1$ 和 $t=2$ 时的分项。

首先计算第一年的涨价预备费：$2000\times60\%\times[(1+10\%)-1]=120$ 万元

第二年的涨价预备费：$2000\times40\%\times[(1+10\%)^2-1]=168$ 万元

建设期涨价预备费：$120+168=288$ 万元

建设期年份是根据行业制定的项目建设的合理工期或工期定额来确定的。工期定额通常是指项目设计文件规定的主装置工程正式破土动工之日起（或工程开工报告批准之日起），至投料试生产及合格交付使用为止需要的连续施工总时间。

对于大型工程，有时也会把其必要的、有较大资金流出的工程前期准备工作如设计、征地、拆迁、三通一平、厂地平整、厂地地基处理以及施工准备等价格变化考虑进去，即在估算涨价预备费时还要考虑项目建设前期准备阶段大额现金流的预备费而非仅仅考虑含义较窄的建设期的预备费。

2）建设期贷款利息

建设期贷款利息是指项目借款在建设期内发生并计入固定资产投资的利息。按照相关会计法规，建设期贷款利息应作为资本化利息计入项目总投资（或总概算），列入投资计划，并形成固定资产原值,计提折旧。

在将建设期贷款利息纳入投资总额时,为了简化计算,通常假定当年借款按半年计息,其余年度借款按全年计息。贷款利息计算中采用的利息率应为有效利息率而非名义利益,一般采用近似复利公式计算。建设期贷款利息是指建设项目在建设期间固定资产投资借款的应计利息。

$$\text{建设期每年应计利息}=(\text{年初本息累计}+\text{本年度贷款额}/2)\times\text{年利息率} \tag{2-8}$$

例 2-4:某项目建设期为三年,计划按年度分别贷款 400 万元、600 万元和 300 万元,年利息率为 10%,建设期内贷款利息只计息不支付。试计算建设期贷款利息。

解:根据式(2-8),第一年应计利息 i_1 为

$$i_1=(0+400/2)\times10\% = 20\ \text{万元}$$

第二年应计利息 i_2 为

$$i_2=(400+20+600/2)\times10\% =72\ \text{万元}$$

第三年应计利息 i_3 为

$$i_3=(400+600+72+300/2)\times10\% =122.2\ \text{万元}$$

$$\text{建设期的贷款利息}= i_1+ i_2+i_3= 214.2\ \text{万元}$$

有些国家对于本国的银行贷款在建设期利息按年单利计算,但是需要在建设期内按年付息。因此,资金筹措时应考虑建设期无销售现金流入时的贷款利息偿付问题。在利用国外贷款时,还需要把各种手续费、签约费、管理费、担保费等费用转为年利息率形式,与利息一并计入。

3) 固定资产投资方向调节税

固定资产投资方向调节税按投资额的一定比例征收,目的在于通过不同税率影响投资方向,以贯彻国家产业政策,引导投资方向,加强重点建设,促进国民经济持续、稳定、协调地发展。固定资产投资方向调节税实行差别税率,税率分为 0%、5 %、15%、30%四档。现实经济中,对国家急需发展的项目投资,如农业、林业、水利、能源、交通等基础产业和薄弱环节的部门项目投资,适用零税率;而对楼堂馆所、独门独院、别墅式住宅投资以及国家严格限制发展的其他项目投资就以最高税率征收调节税。

自 2000 年 1 月 1 日起我国已暂停征收固定资产投资方向调节税。所以在此不做讨论。

2.2.4 流动资金的估算

我国《建设项目经济评价方法与参数》(第三版)中把项目的流动资金定义为:运营期内长期占用并周转使用的营运资金,主要用于购买原材料、燃料、支付工资等;不包括运营中需要的临时性营运资金。流动资金投资一般是指项目投产后至项目结束期间的运营资金,与项目建设期间的动态资金是两个概念。

任何一个项目在建设完工后要想顺利投产,都必须要有足够的流动资金。流动资金在项目正常经营中当然可以从销售收入中得到循环补充,但是,在生产开始初期尚无产品销售收入时,或者说产品销售收入尚不能完全满足项目流动资金需要的时候,只能由投资总额中的一部分来满足这个需要。因此,投资额估算必须把流动资金纳入考虑。

流动资金的估算有扩大指标法和分项详细估算法两种。

1. 扩大指标法

扩大指标法通常以销售收入、经营成本、总成本费用和固定资产投资总额等为基数来计算流动资金占其中的比率。

$$L = \text{年费用基数} \times \text{相应流动资金率} \tag{2-9}$$

其中，L 代表所需流动资金金额；费用基数可选择销售收入、产值、产量、经营成本、总成本费用和固定资产投资等其中的一个指标；流动资金率则根据同类企业的历史数据，求得相对于各费用基数的流动资金占比，也可依据行业或部门给定的参考值或经验确定比率。

这种方法简单易行，多用于小型项目。最简单的扩大指标法，是取项目 3 个月(或 2～4 个月)的营业收入额作为流动资金估算值，即当年营业收入的流动资金率为 25%。在经济发达地区运营的、项目管理水平较高的项目，通常其流动资金投资占项目投资总额的 4%～5%。

2. 分项详细估算法

分项详细估算法是国际上通用的方法，一般利用“流动资金＝流动资产－流动负债”的原理，通过分解流动资产和流动负债的具体构成来得到流动资金当年增加额。

$$\text{流动资金} = \text{流动资产} - \text{流动负债} \tag{2-10}$$

$$\text{流动资产} = \text{现金} + \text{应收账款} + \text{预付账款} + \text{存货} \tag{2-11}$$

$$\text{现金} = (\text{年工资及福利费用} - \text{年其他费用}) / \text{现金周转次数} \tag{2-12}$$

$$\text{应收账款} = \text{年经营成本} / \text{应收账款周转次数} \tag{2-13}$$

$$\text{预付账款} = \text{外购商品或服务的年费用} / \text{预付账款的周转次数} \tag{2-14}$$

$$\text{存货} = \text{外购原材料} + \text{外购燃料} + \text{在产品} + \text{产成品} \tag{2-15}$$

$$\text{流动负债} = \text{应付账款} + \text{预收账款} \tag{2-16}$$

$$\text{应付账款} = (\text{外购原材料} + \text{燃料动力} + \text{其他材料年费用}) / \text{应付账款周转次} \tag{2-17}$$

$$\text{预收账款} = \text{预收营业收入的年总额} / \text{预收账款周转次数} \tag{2-18}$$

与流动资金投资相关的，还有一个概念叫“铺底流动资金”。铺底流动资金是项目完工后试生产所需要的流动资金。按照我国现行规定，新建、扩建和技术改造项目，必须将相当于全部流动资金的 30%作为铺底流动资金列入最初的投资计划。若铺底流动资金不落实，则项目无法立项，银行也不予建设项目贷款。

综上介绍了固定资产投资额和流动资金投资额的主要估算方法。这两者仅是项目总投资四个组成部分的一部分。投资总额的另外两个部分中，无形资产是指企业能长期拥有的、不具备实物形态的非货币性资产，主要包括专利权、商标权、土地使用权、非专利技术、商誉等。无形资产投资就是指项目购买这类无形资产的支出。其他资产投资是指除流动资产、固定资产、无形资产以外的所有不能计入工程成本的递延资产①，主要有开办费、租入固定资产改良费用、大额的员工培训费、需在生产经营期内分摊的各项递延费用等开支。这两类投资相对简单，在项目投资中所占比例也往往比较小，因此对这两者的估算不做展开。

上述方法主要应用于建设项目投资额的估算，可以看出主要是以固定资产为核心指标、

---

① 递延资产是指本身没有交换价值但又能为企业创造收益，并需要用企业未来会计期间的收入抵补的支出。递延资产需要在以后年度内较长时期摊销。递延资产与待摊费用的区别在于：待摊费用是指不超过一年，需要超过一年进行分摊的费用就是递延资产。

通过不同技术方法放大来估算静态投资额的。因此,对于很少使用机械设备和厂房建筑的软件类工程来说,这些方法明显不再适用。下面学习软件工程估算项目投资的基本方法。

2.3 软件工程的投资额估算

软件项目管理是为了使软件开发项目能够按照预定的成本、进度、质量顺利完成,对人员(People)、产品(Product)、过程(Process)和项目(Project)进行分析和管理的活动。很明显,对项目成本的控制也是软件项目管理的重要内容。因此,需要用适当的方法合理估算项目总投资额以降低筹资成本。

软件产品是知识和技术高度密集的产品,这种特性使得人力资源是成为软件开发中最重要的资源,决定了人力方面的支出是项目成本(亦即项目总投资)的最主要的部分。人工成本主要包括开发人员、操作人员、管理人员的工资福利费等,有的软件开发项目人力支出可以占到项目总成本的80%以上。而人力支出的多寡与软件工程的工作量是有较强的正相关性的,所以对成本的估算就落脚于对软件工作量的正确估算上了。这是土木工程、建设工程的项目投资估算方法无法应用于软件项目的根本原因。

但是,软件是计算机系统中的逻辑部件,缺乏“可见性”,因此管理和控制软件开发过程相当困难。同时,对于传统的土建、设备安装等工程项目而言,项目工作量(以及投资额)的估计可以借鉴先前项目或同类项目的经验。而在多数情况下,软件产品是该领域中创新的、唯一的,因此往往缺乏同类项目的经验。这就使得对软件项目各方面的估计充满了不确定性。现实中,软件项目成本超支几乎是软件开发项目的“正常”现象。根据统计,1995年统计的软件开发项目平均超支189%,31%的软件开发项目由于成本超支的原因被取消。2001年的统计数据中,平均超支45%。这充分反映了对软件开发成本和进度的估计的难度和不准确的程度;实际成本比估计成本有可能高出一个数量级,实际进度比预期进度拖延几个月甚至几年的现象并不罕见。因此,软件开发项目的成本估算结果往往用一个范围表示,如$90 000±$10 000。

尽管如此,在大量实际经验的基础上,根据统计数据人们还是提出了以下几种软件规模的估计方法。总体来说,就是在软件规模的基础上,根据“软件规模→项目工作量→人工支出(以及相关硬件投入)→项目总投资”的逻辑推算项目的总投资。

2.3.1 软件规模的测算

由于软件工程总投资额中占比最大的是人工支出,而人工支出与项目工作量密切相关,项目工作量又是软件规模的函数,所以,准确确定软件规模是估算软件工程总投资额的先决条件。

1. 代码行技术

代码行(Lines Of Code,LOC)技术根据以往开发类似产品的经验和历史数据,估计实现一个功能需要的源程序行数;然后把实现每个功能需要的源程序行数累加起来,就得到实现整个软件需要的源程序行数,即软件规模。代码行技术是一种比较简单的定量估算软件规模的方法。

在实际测算中,为了减少估算偏差,可由多个有经验的软件工程师分别做出估计。每个人都估计程序的最小规模(a)、最大规模(b)和最可能的规模(m),分别算出这 3 种规模的平均值之后,再通过下面的公式得到程序规模的估计值。

$$\mathrm{LOC}=(\bar{a}+4\bar{m}+\bar{b})/6 \tag{2-19}$$

代码行是所有软件都有的"产品形式",界定明确并且数量很容易计算;在估算项目规模时有利于找到类似参照项目的数据。但是,这种方法也存在很大的局限性,主要表现在以下四点。

第一,软件是程序、数据及相关文档的完整集合。代码构成的源程序仅是软件的一个成分,用它的规模代表整个软件的规模会有一定偏差;现实中,对代码的说明和注释不仅占有的比例越来越大,而且其对整个软件开发工程的作用和意义也越来越受到重视。但是代码行技术明显无法适应这样的发展现状。

第二,用不同计算机语言实现同一个软件产品所需要的代码行数并不相同。

第三,在没有可靠参照项目时,很难准确地估算代码量。

第四,部分软件开发、升级过程中,存在可复用代码的对工作量估算的影响问题。通过将可复用代码换算为等价新代码行,可以在一定程度上解决这个问题。由分析人员估算出新项目可复用的代码中,需重新设计的代码百分比、需重新编码或修改的代码百分比,以及需重新测试的代码百分比。根据这 3 个百分比,换算为等价新代码行。换算公式如下。

$$\text{等价代码行}=(\text{需重新设计}\ \%+\text{需重新编码}\ \%+\text{需重新测试}\ \%)/3\times\text{已有代码行} \tag{2-20}$$

2. 功能点分析法

功能点分析法(Function Point Analysis,FPA)从用户视角出发,把复杂的系统分解为较小的子系统,根据对软件信息域特性和软件复杂性的评估结果,以功能点(Function Point,FP)为单位度量软件的规模。功能点分析法有多个应用标准,如 IFPUG 功能点标准、英国软件度量协会提出的 Mark II 功能点标准、荷兰软件度量协会(Netherland Software Measurement Association)提出的 NESMA 功能点标准、软件度量共同协会(the Common Software Metrics Consortium)提出的 COSMIC-FFP 功能点标准等。这些方法本质上都是通过量化用户要求的软件功能据以估算软件规模。这些计算模型基于大量已完成项目的分析数据,非常全面和精确。下面以目前已相当成熟的 IFPUG 的方法为代表解释功能点技术原理。

功能点的概念最初由 IBM 的 Allan J. Albrecht 于 1979 年开发提出,后来成立于 1986 年的 IFPUG(International Function Points Users Group,国际功能点用户协会)对其不断进行修改,并不定期发布 Function Point Counting Practices Manual(CPM)系列版本。

IFPUG 功能点分析法定义了信息域的 5 个特性,分别如下。

(1) 输入项数(Inp)。给软件提供面向应用的数据的项(如屏幕、表单、对话框、控件、文件等);在这个过程中,输入数据穿越外部边界进入系统内部。如登录某个系统需要输入用户名和密码等信息。

(2) 输出项数(Out)。向用户提供经过处理的信息,如文件、报表和出错信息等。

(3) 查询数(Inq)。外部查询是一个输入引出一个即时的简单输出,这种简单输出往往没有处理过程。

(4) 主文件数(Maf)。指逻辑主文件的数目。逻辑主文件也被称为内部逻辑文件

(Internal Logical File,ILF),是用户可以识别的一组逻辑相关的数据,完全存在于应用的边界之内,并且通过外部输入维护。

(5) 外部接口数(Inf)。外部接口文件是用户可以识别的一组逻辑相关数据,这组数据只能被引用。用这些接口把信息传送给另一个系统。

在这个基础上,功能点分析法通过四个步骤计算软件的功能点数,用以衡量所开发软件的规模大小。

(1) 计算未调整的功能点数(Unadjusted Function Point,UFP)。首先,把产品信息域的 Inp、Out、Inq、Maf 和 Inf 共 5 个特性都分类成简单级、平均级或复杂级,并为每个特性都分配一个功能点数,见表 2.4。

表 2.4 信息域特性的功能点赋值

复杂级别 / 特性系数	简单	平均	复杂
输入系数 a_1	3	4	6
输出系数 a_2	4	5	7
查询系数 a_3	3	4	6
文件系数 a_4	7	10	15
接口系数 a_5	5	7	10

则 UFP 可计算如下:

$$\text{UFP}=a_1\times \text{Inp}+a_2\times \text{Out}+a_3\times \text{Inq}+a_4\times \text{Maf}+a_5\times \text{Inf} \tag{2-21}$$

(2) 计算 14 种技术因素对软件规模的综合影响程度 DI。用 $F_i(1\leqslant i\leqslant 14)$代表这些因素,见表 2.5。并根据软件特点,为每个因素分配从 0(不存在或对软件规模无影响)到 5(对软件规模有很大影响)的值,见表 2.6。

表 2.5 功能点技术的技术复杂度因子

F_i	技术因素	F_i	技术因素
F_1	数据通信	F_8	联机更新
F_2	分布式数据处理	F_9	复杂的计算
F_3	性能指标	F_{10}	可重用性
F_4	高负荷的硬件	F_{11}	安装方便
F_5	高处理率	F_{12}	操作方便
F_6	联机数据输入	F_{13}	可移植性
F_7	终端用户效率	F_{14}	可维护性

表 2.6　技术复杂度因子影响度赋值

影响程度描述	取　值	影响程度描述	取　值
不存在或者没有影响	0	平均的影响	3
不显著的影响	1	显著的影响	4
相当的影响	2	强大的影响	5

$$DI=\sum_{i=1}^{14} F_i \tag{2-22}$$

（3）计算技术复杂性因子(Technical Complexity Factor，TCF)。

$$TCF=0.65+0.01\times DI \tag{2-23}$$

由于 $F_i \in (0,5)$，$i \in [1,14]$，所以 DI 的值域为(0,70)，进而 TCF 的值域为(0.65,1.35)。

（4）计算功能点数(FP)。

$$FP=UFP\times TCF \tag{2-24}$$

待开发软件计划实现的功能越丰富，UFP 值就越大，造成软件规模越大。另一方面，实现软件功能的技术难度和复杂程度越高，TCF 值就越大，也会使软件规模增加。

功能点方法现在已成为主流的软件规模度量方法。2013 年，工业和信息化部发布的行业标准《软件研发成本度量规范》中也推荐使用功能点方法进行软件规模度量，进而对软件项目工作量、工期、成本进行估算。与代码行技术相比较，功能点法的优缺点也很明确，在运用中应注意扬长避短。

首先，功能点技术把软件或系统的功能量化以度量软件规模，是一种独立于功能实现技术和平台的度量技术，与实现产品所使用的语言没有关系，因此优于代码行技术。其次，在软件开发的早期阶段就可通过对用户需求的理解获得软件系统的功能点数目，因而相对于代码行技术来说，更适于软件项目规模早期估算。再次，软件在开发过程中用户往往会变更功能需求，功能点技术则能迅速反映出变动给工作量或项目成本带来的影响。最后，功能点分析法还支持用于软件质量分析与生产力分析的量化指标，如每功能点的平均 bug 数，并作为量化的指标广泛用于软件资产管理。

从用户角度来看，与面向设计的 LOC 方法相比，功能点技术是更加友好的方法。用户可以不必理解软件的具体开发和实现过程，而根据描述功能的“需求文档”“设计文档”“测试用例”来度量软件系统的规模，进而了解开发成本，这就使得软件开发公司对开发成本的测算过程和结果易于被用户理解、接受和采纳。

但是，功能点的计算仍然是依靠经验公式的，具体应用中对各指标赋值时主观因素影响比较大；此外，由于没有直接涉及算法的复杂度，不适合算法比较复杂的软件系统。

由于 LOC 法和功能点法的作用和目的一致，所以理论上二者对同一软件项目规模的估算具有内在统一性。实践中，通过经验数据统计可以得出不同计算机语言下的 LOC 和功能点(FP)之间的换算关系，如表 2.7 所示。

2.3.2　项目工作量的估算

测算出软件规模后，可以以此为基础进行项目工作量的估算。工作量的计量单位通常是人月(Person-Month，PM 或 Man-Month，MM)或人年。

表 2.7 不同计算机语言下的 LOC 和功能点(FP)之间的换算关系

语　　言	LOC/FP	语　　言	LOC/FP
C	150	ADA	71
COBOL	105	Assembly	320
PASCAL	91	FORTRAN	105

软件项目的工作量除了与软件规模紧密相关,还与项目和产品特性如团队的技术和能力、所使用的语言和平台、团队的稳定性、项目中的自动化程度、产品复杂性等相关。故此,工作量估算也根据具体的实际情况采用不同的估算模型,以尽可能提高估算准确度。工作量测算一般分为单变量模型、多变量模型和 CoCoMo 模型(Constructive Cost Model,构造性成本模型)。

1. 静态单变量模型

单变量模型,是假设工作量大小仅由软件规模这个变量决定。根据上文所述两种软件规模的测算方法,单变量模型又分为"面向 LOC 的估算模型"和"面向 FP 的估算模型"两种。两种模型都是通过大量的经验数据演算出具体的计算公式,这里仅列出常用的几种公式。用 E 表示以人月为单位的工作量,D 表示项目持续时间(以月计),N 是人员需要量(以人计)。

1) 面向 LOC 的估算模型

Walston-Felix 模型:

$$E = 5.2 \times (\text{KLOC})^{0.91} \tag{2-25}$$

$$D = 4.1 \times (\text{KLOC})^{0.36} \tag{2-26}$$

$$N = 0.54 \times E^{0.6} \tag{2-27}$$

Bailey-Basili 模型:

$$E = 5.5 + 0.73 \times (\text{KLOC})^{1.16} \tag{2-28}$$

Boehm 简单模型:

$$E = 3.2 \times (\text{KLOC})^{1.05} \tag{2-29}$$

式中,KLOC 表示千代码行数。

2) 面向 FP 的估算模型

Kemerer 模型:

$$E = 60.62 \times 7.728 \times 10^{-8}\ \text{FP}^3 \tag{2-30}$$

Albrecht and Gaffney 模型:

$$E = -13.39 + 0.0545\text{FP} \tag{2-31}$$

Maston、Barnett 和 Mellichamp 模型:

$$E = 585.7 + 15.12\text{FP} \tag{2-32}$$

2. 动态多变量模型

这种模型把工作量看作软件规模和开发时间 t 这两个变量的函数,是专家基于大量软件项目的生产率数据回归推导得出的经验公式。同样存在多个不同的函数,这里仅举一例。

$$E = (\text{LOC} \times B^{0.333}/P)^3 \times t^{-4} \tag{2-33}$$

式中,B 是特殊技术因子;P 是生产率参数;t 是以月或年为单位的项目持续时间。

3. CoCoMo 模型

CoCoMo 模型是 Barry Boehm 基于 63 个软件开发项目的生产率数据的回归分析,于 1981 年提出的软件工程规模、成本、进度的估算模型。CoCoMo 模型本质上是基于代码行的回归模型,经过不断充实和改进,已出现了 CoCoMo2 模型,精度较高,影响力很大。由于 CoCoMo2 较复杂,这里只介绍 CoCoMo 模型的基本内容。

CoCoMo 模型分为三个层次,应用于软件开发的不同阶段。

(1) 基本模型:是一个静态单变量模型,它用一个以已估算出来的源代码行数(LOC)为自变量的函数来计算软件开发工作量。这个模型应用于系统开发的初期,估算整个系统的工作量(包括软件维护)和软件开发所需要的时间。

(2) 中间模型:在基本模型的基础上,用涉及产品、硬件、人员、项目等方面属性的影响因素来调整工作量的估算,多用于估算各个子系统的工作量和开发时间。

(3) 详细模型:用于估算独立的软构件(如子系统内部的各个模块)的工作量和开发时间。

在每个层次上,CoCoMo 模型又根据软件不同应用领域和复杂程度,继续细分为以下三种开发模式。

(1) 组织型:在熟悉稳定的软硬件环境中进行与最近开发的其他项目相类似的软件,开发人员对软件功能需求有充分了解并具有一定经验。软件规模相对较小,指令条数<50 000 条,且不需要多少创新。比如一般的应用程序就属于这一类。

(2) 嵌入型:通常与某种复杂的硬件设备紧密结合在一起。对接口、数据结构、算法的要求高,往往要求实时反馈;项目对开发人员的创新能力和经验有较高的要求,对软件规模没有限制。复杂的事务处理系统、大型操作系统、航天用控制系统、大型指挥系统、大型的全新的游戏等都属于这一类。

(3) 半独立型:规模和复杂度都介于组织型和嵌入型之间,一般指令条数<30 万行。

通过大量数据的回归分析,CoCoMo 模型分别给出了三个层次下三个模式的工作量和进度的估算函数。这里仅给出基本模型的相关数据,如表 2.8 所示。

表 2.8　基本模型的相关数据

软件类型	工作量 MM	工作进度 TDEV
组织型	$MM=2.4\times(KDSI)^{1.05}$	$TDEV=2.5\times(MM)^{0.38}$
半独立性	$MM=3.0\times(KDSI)^{1.12}$	$TDEV=2.5\times(MM)^{0.35}$
嵌入型	$MM=3.6\times(KDSI)^{1.20}$	$TDEV=2.5\times(MM)^{0.32}$

注:MM 表示开发工作量,单位:人月;KDSI 表示源指令条数,单位:千行;TDEV 表示开发进度,单位:月。

例 2-5:某大型化工公司计划开发一个跟踪原材料使用情况的软件。软件由一个内部的程序员和分析员组成的团队负责开发,团队具有多年的开发经验。经分析估算,软件的规模大约是 32 000 条交付的源指令。估算该软件项目的工作量、进度和人员配备。

解:首先,判定这是一个组织型模式的软件项目。然后,套用组织型模式的估算函数公式,如表 2.8 计算工作量和工作进度。

$$\text{工作量 } MM=2.4\times(KDSI)^{1.05}$$

$$=2.4\times32^{1.05}=91\text{ 人月}$$

$$\text{工作进度 } TDEV=2.5\times(MM)^{0.38}$$

$$=2.5\times91^{0.38}=14\text{ 月}$$

$$\text{平均人员配备}=\text{工作量}/\text{工作进度}=91\div14=6.5\text{ 人}$$

从例 2-5 可以看出,有估算人员配置数量(6.5 人)和工作时间进度(14 个月)的预算,根据工资水平可估算开发所需的人力投资,进而估算软件项目的总投资额。或者根据"项目人力成本 = 项目工作量×平均人力资源单价×成本系数"也可以计算出项目成本。

基本的 CoCoMo 模型假设工作量只是代码行数和一些常数的函数。然而,实践中任何系统的工作量和进度都不能仅根据代码行来计算。因此,中间模型把产品属性、硬件属性、员工属性和项目属性 4 类其他因素(统称成本驱动因素)、使用 15 个分项指标进行成本估算。在详细模型中,整个软件被分为不同的模块,然后在不同的模块中应用 CoCoMo 模型估算工作量,最后对工作量求和。

经过完善和改进的 CoCoMo2 模型把影响软件工程量的更多因素纳入模型计算,从而提高了估算精度。对 CoCoMo2 模型的运用请参考软件开发的相关专业书籍。

2.3.3 软件项目的成本估算

上述工作都是在为估算项目成本,也就是项目投资额做准备。根据前文给出的"软件规模→项目工作量→人工支出→项目总投资"逻辑,可以有多种方式在项目工作量的基础上估算出项目成本,如类比估算法、自下而上估算法、参数估算法(经验估算模型)、专家估算法、"分解-累计"估算方法。这里用经验估算模型的代表功能点分析法简单进行说明。

用功能点法简单估算项目成本可以使用如下公式。

$$\text{项目成本} = \frac{\text{功能点数} \times \text{软件开发生产率基准}}{\text{人月折算系数}} \times \text{软件开发基准人月费率} + \text{直接非人力成本} \tag{2-34}$$

由于间接成本较小,且可以通过会计方法分摊到直接人力成本中,故此式中忽略。

式(2-34)中,"软件开发生产率基准"的单位为"人时/功能点",即每个功能点需要多少工时实现。以电子政务领域软件开发为例,根据 2018 年中国软件行业基准数据分析报告(CSBMK-201809 版本)所载数据,如表 2.9 所示,生产率基准数据取中位值 P50,即 6.65 人时/功能点。

表 2.9 各业务领域软件开发生产率基准数据

业务领域	P10	P25	P50	P75	P90
电子政务	2.03	3.49	6.65	11.89	15.76
金融	3.56	5.72	11.88	16.35	27.81
电信	3.30	5.08	11.32	18.44	29.66
制造	2.35	3.97	8.58	17.66	28.31
能源	1.98	3.55	7.08	18.17	23.47
交通	2.05	3.34	7.89	14.43	23.08

"人月折算系数"指每人每月工作小时数,单位为"人时/月"。假设取值为 8×6×4=192 人时/月①。

"软件开发基准人月费率"单位为"元/人月"。根据人社部门发布的信息技术服务业工

① 按每天工作 8 小时,每周 6 个工作日,一个月 4 周计算。

资水平，可让软件开发基准人月费率取值 24 000 元/人月。

“直接非人力成本”是指软件项目乙方为该项目支出的非人力费用，包括办公费、差旅费、培训费、采购费和设备折旧费等。其中，采购费包括为服务项目特殊需求所采购的资产或服务费用，如专用设备费、专用软件费、技术协作费和专利费等。

则一个 FP＝400 的电子政务领域软件开发项目成本可估算为

$$\begin{aligned}成本&=400\times6.65/192\times24\ 000\ 元+直接非人力成本\\&=332\ 500\ 元+直接非人力成本\end{aligned}$$

上面介绍了有一定代表性的两类项目投资总额的估算方法。投资估算之后就可以进入资金筹措阶段。资金筹措是根据项目投资估算的结果，分析资金来源和资金筹措方式，从中选择具有资金获取及时、筹(融)资结构合理、综合资金成本最低和融资风险最小的筹资方案的过程。

在项目投资规模估算学习结束之后，需要学习一下项目收入的估算。因为项目投资规模和项目收入在一定程度上都是由项目产品市场需求的大小决定的。而且，销售收入也是项目融资偿还的主要甚至是唯一的资金来源。

2.4　收入的预测

项目的可行性研究中非常重要的一项就是预测需求。市场需求决定着项目的生存与发展，充分的市场需求就意味着拟建项目的必要性，同时也为拟建项目的规模和项目寿命等判定提供基本依据。

对市场需求的分析，就是在项目生命周期内并在一定市场范围内消费者愿意并能够购买某种产品的数量及其构成的分析。市场需求预测有定性预测和定量预测两大类，涉及产品定价、产品的替代性、产品的生命周期[①]等非常广泛的方面；本篇集中于需求预测中的产品(或服务)销售收入的统计预测方法，即在市场调查获取数据的基础上，预测销售量；根据市场行情合理定价产品，并预测销售收入。

$$销售收入=市场单价\times销售量\tag{2-35}$$

2.4.1　市场调查的内容

市场调查是一项复杂的工作。需要注意的是，市场调查也发生经济代价，因此要求编制调查预算。市场调查一般分为以下几个方面。

市场需求调查：调查市场对生产出来的供应最终消费的物质产品和劳务的需求数量和结构。

市场供给调查：主要调查产品或服务供给总量、供给变化趋势和市场占有率。

市场行情调查：主要调查整个行业市场、地区市场、企业市场的销售状况和销售能力。

市场营销因素调查：主要包括产品、价格、渠道和促销等的调查。

市场竞争情况调查：是对与本企业生产经营存在竞争关系的各类企业以及现有竞争程度、范围和方式等情况的调查。

---

① 产品的生命周期是指产品从准备进入市场开始到被淘汰退出市场为止的全部运动过程，是由需求与技术的生产周期所决定。

一个项目,如新建一个钢铁厂,投产后可提供的产品种类是十分丰富的;因此需要针对不同型号的产品展开市场调查;有时还需要进一步对国内不同地区或者国内与国际市场进行细分分析。

市场调查的方法和种类较多,常见的有典型市场调查法、重点市场调查法和抽样调查法等。

2.4.2 市场预测

市场预测指根据掌握的统计数据,运用一定的现代统计理论或数学方法进行加工整理,并进一步揭示有关变量之间的规律性联系,最终用于预测和推测未来发展变化情况的行为。市场预测的常用方法比较多,包括德尔菲法(Delphi)、关联产品法、年平均增长率法、移动平均法、指数平滑法、回归分析法、马尔可夫预测法等。

关联产品法是利用某些产品之间的密切关联,以其中一种或几种产品的资料去预测另一种与之关联的产品需求。例如,汽车轮胎的需求量与汽车的社会拥有量密切相关。

德尔菲法,也叫“背靠背”的专家意见法。这种方法以专家丰富的经验和分析判断能力为基础,往往通过匿名方式轮番征询专家意见,最终做出一种主观判断性的预测结果。德尔菲法是一种定性预测。下面主要对定量分析的几种基础方法进行介绍。

1. 移动平均法

移动平均法取临近的若干期为一组历史数据的平均值作为下一期的预测值。移动平均法的本质是历史数据的随机成分有可能互相抵消,可以得到极端数据被“平滑掉”后的趋势,有趋势才能更好地进行预测。

移动平均法简单易懂、便于计算;适用于需求相对平稳,没有趋势、季节性的中、短期预测。但是,这种方法对历史数据做同等对待,而事实上越靠近预测期的历史数据往往包含越多的信息。同时,移动平均法在计算平均值时,由于只选用了所有数据中最后若干个期的数据作为计算依据,有可能产生偏差。在实际应用中,选用数据的期数越多,预测越平缓,但对变动的响应度就会变小;而选用数据的期数越少,预测对变化反应越灵敏,但随机数据带来的偏差会较大。所以,应用移动平均法需要选择合适的期数,尽可能提高预测的准确度。一般来说,如果认为历史数据的随机性较强,应选用较大期数的数据进行平滑;反之,应用较小期数的数据进行平滑,以期更好地追随趋势变化。

例 2-6:某公司根据 2018 年某产品的销售额(见表 2.10),采用移动平均法预测 2019 年 1 月份的销售量情况,求预测值并分析其误差。

表 2.10 某公司 2018 年每月某产品的实际销售额

月　份	实际销售额/万元	月　份	实际销售额/万元
1	190.1	7	238.0
2	220.0	8	241.0
3	188.1	9	220.0
4	198.0	10	250.0
5	210.0	11	261.0
6	207.0	12	270.0

解：利用移动平均法计算每三个月的销售平均值作为下月的预测销售额。首先取 2018 年 1—3 月的实际销售额数据计算平均值，有

(190.1＋220.0＋188.1)/3＝199.4 万元

然后取 2—4 月的实际销售额数据计算平均值，有

(220.0＋188.1＋198.0)/3＝202.0 万元

依次计算每三个月的销售平均值可得表 2.11 中第三列的数值。

当取 2018 年 10—12 月的数据计算平均值时，可得到 2019 年 1 月份的预测值，即

(250.0＋261.0＋270.0)/3＝260.3 万元

表 2.11　移动平均法计算某公司预测销售额和预测误差

月　份	实际销售额 A/万元	三个月的销售平均值作为下月的预测销售额 B/万元	预测误差 $(A-B)$/万元	误差百分比 $(A-B)/A$	三个月的预测值二次平均值/万元
1	190.1	/	/		/
2	220.0	/	/		/
3	188.1	/	/		/
4	198.0	199.4	−1.4	0.71%	/
5	210.0	202.0	8.0	3.79%	/
6	207.0	198.7	8.3	4.01%	/
7	238.0	205.0	33.0	13.87%	200.0
8	241.0	218.3	22.7	9.41%	201.9
9	220.0	228.7	−8.7	3.94%	207.3
10	250.0	233.0	17.0	6.80%	217.3
11	261.0	237.0	24.0	9.20%	226.7
12	270.0	243.7	26.3	9.75%	232.9
2019 年 1 月		260.3			237.9

如表 2.11 所示，预测误差可以用误差百分比来衡量。用$(A-B)/A$计算得到误差百分比，再对多月的百分比取平均值，得到平均绝对百分比误差(Mean Absolute Percentage Error，MAPE)值。

在例 2-6 中，

MAPE＝(0.71%＋3.79%＋4.01%＋13.87%＋9.41%＋3.94%＋6.80%＋9.20%＋9.75%)/9＝6.83%

为了进一步剔除极端因素的影响，可以在三个月平均值的基础上，对一次平均值数列再进行二次平均计算。计算过程如下。

首先对表 2.11 中第三列三个月的平均销售值最上面的三个数据取平均值，有

(199.4＋202.0＋198.7)/3＝200.0 万元

依次计算三个月预测值的二次平均值，取最后三期数据可得

$$(233.0+237.0+243.7)/3=237.9 \text{ 万元}$$

可以看出,一次三个月平均的 2019 年 1 月的销售额预测值是 260.3 万元,而二次三个月平均后 2019 年 1 月的销售额预测值是 237.9 万元。

本例中计算的是三个月的平均值预测,读者可以用四个月的一次平均和二次平均预测一下 2019 年 1 月的销售额,看看与三个月平均的预测结果有什么不同。

2. 指数平滑法

指数平滑法是对移动平均法的改进,主要表现在:①取预测对象全部历史数据的加权平均值作为预测值;②不是简单的平均而是采用加权平均,越近时期的数据对未来影响应该越大,所以近期数据采用较大权数,而远期历史数据采用较小权数。指数平滑也可以进行二次或多次平滑。

指数平滑公式包含初始条件和一个迭代公式。对一个时间序列$\{x_1, x_2, x_3, \cdots, x_n\}$,其一次指数平滑的初始条件为

$$S_1^1 = x_1 \tag{2-36}$$

式中,S_1^1 的右上标 1 表示是一次指数平滑,右下标 1 表示是第 1 期数据[①]。一次迭代公式为

$$S_t^1 = a x_t + (1-a) S_{t-1}^1 \tag{2-37}$$

二次指数平滑的初始条件为

$$S_1^2 = S_1^1 \tag{2-38}$$

式中,S_1^2 的右上标 2 代表进行二次指数平滑。二次迭代公式为

$$S_t^2 = a S_t^1 + (1-a) S_{t-1}^2 \tag{2-39}$$

从式(2-39)可以看出,二次指数平滑的实质是把一次指数平滑求出来的新的时间数列 S_t 用相同的 a 值再求一次指数平滑。

根据 S_t^1 和 S_t^2 的值建立预测模型。

$$X_{t+T} = m_t + n_t T \tag{2-40}$$

式中,$m_t = 2S_t^1 - S_t^2$,$n_t = \dfrac{a}{1-a}(S_t^1 - S_t^2)$,$T$ 是相对于 t 的期数,X_{t+T} 是所需预测值。

平滑系数 a 的值的选择对预测准确度有很大的影响。那么如何选择合适的 a 值?现实应用中可用试算法找到。首先根据经验给 a 赋初始值,然后逐步加大,如果预测准确度逐步提升(表现为均方误差逐步减小),则继续增加,直到 a 的增加会引起预测的准确度下降时,一般认为是一个合适的 a 值。通常当历史趋势比较稳定时,选择较小的 a 值,一般在 0.05~0.2;当历史数据有波动,但长期趋势没有大的变化时,可选择稍大的 a 值,一般在 0.1~0.4;当波动很大,呈现明显且迅速的上升或下降趋势时,宜选取较大的 a 值,一般在 0.6~0.8。

在具体实践中,可以先以时间为横轴,把历史数据做成折线图,大致判断历史数据的稳定性,以及是否有趋势、季节性;然后参照上述经验值,确定平滑系数的大致范围;最后套用几个不同的 a 值,一般每个相差 0.05,预测准确度最高的那个就是最优的平滑系数。

例 2-7:沿用例 2-6 的数据,改用指数平滑法预测 2019 年 1 月的销售额。取 $a=0.3$。

解:① 先做一次指数平滑。

由式(2-36) $S_1^1 = x_1$,可得 $S_1^1 = x_1 = 190.1$ 万元

---

① 初始值的确定可以取第 1 期的数值,也可以取最初几期的算术平均值。

由式(2-37)　$S_t^1 = ax_t + (1-a)S_{t-1}^1$，可计算

$$S_2^1 = ax_2 + (1-a)S_{2-1}^1$$
$$= 0.3 \times 220.0 + (1-0.3) \times 190.1$$
$$= 199.07 \text{ 万元}$$

然后依次计算各期 S_t^1 的值。

② 再做二次指数平滑。

由式(2-38)　$S_1^2 = S_1^1$，可得 $S_1^2 = S_1^1 = 190.1$

由式(2-39)　$S_t^2 = aS_t^1 + (1-a)S_{t-1}^2$，可计算

$$S_2^2 = aS_2^1 + (1-a)S_{2-1}^2$$
$$= 0.3 \times 199.07 + (1-0.3) \times 190.1$$
$$= 192.79 \text{ 万元}$$

然后依次计算各期 S_t^2 的值，得到表 2.12。

表 2.12　指数平滑法计算预测销售额

月份 t	实际销售额 X_t/万元	一次指数平滑预测销售额 S_t^1/万元	二次指数平滑预测销售额 S_t^2/万元
1	190.10	190.10	190.10
2	220.00	199.07	192.79
3	188.10	195.78	193.69
4	198.00	196.45	194.51
5	210.00	200.51	196.31
6	207.00	202.46	198.16
7	238.00	213.12	202.65
8	241.00	221.48	208.30
9	220.00	221.04	212.12
10	250.00	229.73	217.40
11	261.00	239.11	223.91
12	270.00	248.38	231.25

③ 2019 年 1 月相当于第 13 月份，就是相对 $t=12$ 的基础上的下一月的销售额，即 $T=1$。由式(2-40)计算如下。

$$m_{12} = 2S_{12}^1 - S_{12}^2 = 2 \times 248.38 - 231.25 = 265.51$$

$$n_{12} = \frac{a}{1-a}(S_{12}^1 - S_{12}^2) = \frac{0.3}{0.7} \times (248.38 - 231.25) = 7.34$$

$$X_{13} = m_{12} + n_{12}T = m_{12} + n_{12} \times 1 = 265.51 + 7.34 = 272.85 \text{ 万元}$$

3. 回归分析法

回归分析法是在掌握大量数据的基础上，利用数理统计方法建立因变量与自变量之间的回归关系函数表达式(称为回归方程)，并据此预测未来时期的变量取值的一种方法。回

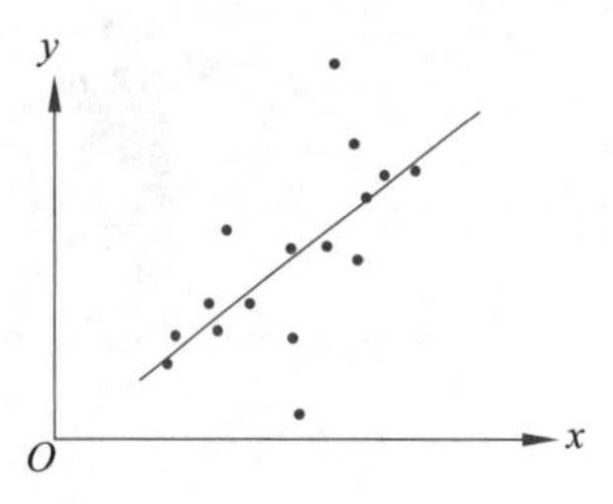

图 2.5 线性回归中自变量与因变量的关系

归分析主要分为一元线性回归、多元线性回归、非线性回归等;统计学对此有详细解释,本章只通过例题学习一元线性回归分析方法的应用。

对于一元线性回归,就是找到自变量 x 和因变量 y 之间的函数关系。通俗地讲,如果把 x-y 的历史数据用坐标表示出来,线性回归就是找到一条能最好地贴近或者模拟样本中的实际情况的直线,也即让预测的误差最小,如图 2.5 所示。

统计学已经给出了一元回归方程的计算公式,即预测线性斜率为

$$b=\frac{n\sum_{i=1}^{n}x_iy_i-\sum_{i=1}^{n}x_i\sum_{i=1}^{n}y_i}{n\sum_{i=1}^{n}x_i^2-\left(\sum_{i=1}^{n}x_i\right)^2} \tag{2-41}$$

初始值 $a=\bar{y}-b\bar{x}$ (2-42)

预测方程为 $y=a+bx$ (2-43)

例 2-8:表 2.13 是某地 2015—2019 年的人均年收入与柑橘年销售量的相关数据。预计 2020 年,该地区居民人均收入为 90 000 元。试用回归分析法预测 2020 年该产品销售量(为简便计算,这里只给出 5 期(即 5 组)历史数据,一般认为一元线性回归样本数据应不少于 10 组,否则可能不具备统计意义)。

表 2.13 某地 2015—2019 年的人均年收入与柑橘年销售量

年　　份	人均年收入 x_i/万元	柑橘年销售量 y_i/万件
2015	3	8
2016	4	9.5
2017	5	10.6
2018	6	11.5
2019	7	12.4

解:可将人均年收入作为自变量 x,销售量作为因变量 y,假设二者是线性关系,即 $y=a+bx$。

以 2015 年度作为基准年第一年。根据数据计算 $\sum_{i=1}^{n}x_i$,$\sum_{i=1}^{n}y_i$,$\sum_{i=1}^{n}x_i^2$,$\sum_{i=1}^{n}x_iy_i$,可得表 2.14。

表 2.14 某地 2015—2019 年的人均年收入与柑橘年销售量统计总和

基准年份 i	x_i	y_i	x_i^2	x_iy_i
1	3	8	9	24
2	4	9.5	16	38
3	5	10.6	25	53

续表

基准年份 i	x_i	y_i	x_i^2	$x_i y_i$
4	6	11.5	36	69
5	7	12.4	49	86.8
总和 $\sum$	25	52	135	270.8
平均值 $\sum/n$	5	10.4	27	54.16

已知 $n=5$，

根据式(2-41)可得，预测直线斜率 $b=(5\times270.8-25\times52)/(5\times135-25^2)=1.08$

根据式(2-42)计算预测初始值 $a=52/5-1.08\times25/5=5$

得到回归方程 $y=5+1.08x$

2020 年该地区居民人均年收入为 90 000 元，即 $x=9$，代入回归方程可得 2020 年度柑橘年销售量预测值 $y=14.72$ 万件。

建立数学预测模型，最基本的要求就是样本数据具备代表性。线性回归预测也不例外。因此，如果数据中存在极端值会显著影响线性回归方程的预测准确度。在图 2.5 中，可以看出有两点大幅偏离趋势线，如果不是数据录入错误或特殊偶发事件，一般可以考虑剔除这两个历史数据。

4. 年平均增长率法

年平均增长率法的计算极为简单，当历史数据完整，并且市场变化相对稳定时对产品的需求量有较准确的预测。

若年均增长率为 R，基准期年销售量(即计划产量)为 Y_0，则 n 年后的计划产量 Y_n 可计算为

$$Y_n=Y_0\times(1+R)^{n-1} \tag{2-44}$$

变形可得

$$R=(Y_n/Y_0)^{\frac{1}{n-1}}-1 \tag{2-45}$$

可以通过多年的历史数据，计算出 R 的数值，然后预测指定年度的销售量(产量)。

上述四种方法都可以有效利用微软的 Excel 软件进行计算。使用 Excel 录入各年统计数据后，可以调用软件内置的函数快速计算出需要的结果。相关操作可以参考讲解 Excel 软件使用的专业书籍，在此不做赘述。

销售收入预测对项目融资活动有很大的影响。市场需求直接决定了项目规模的大小(产能大小)和销售收入水平的高低；项目规模直接影响固定资产投资，而销售收入是偿还项目投资的主要甚至唯一的资金来源，对融资方案产生显著影响。例如，市场需求大的产品往往资金周转比较快，相关的营销费用也比较低，这些都有对投资估算和融资成本分析带来影响。更宽泛意义上的市场分析中除注重项目产品自身的需求分析外，对项目生产的核心原料的市场前景分析也会涉及。

习　题

一、简答题

1. 简述软件规模估算的意义。

2. 你所在的信息系统开发公司指定你为项目负责人。你的任务是开发一个应用系统，该系统类似于你的项目团队以前做过的一些系统，不过这一个规模更大而且更复杂。软件需求已经由客户写成了完整的文档。你将选用哪种软件开发方式？为什么？

3. 什么是固定成本和变动成本？各自代表性的成本是什么？

二、计算题

1. 1983 年，某地兴建了一座年产 48 万吨尿素的工厂，其单位产品的造价为每吨尿素 560～590 元，又知该厂总投资为 28 000 万元。若在 2005 年开工兴建这样的一个厂需要投资多少？假定 1983—2005 年平均工程造价每年递增 10%。

2. 某公司产品销售额(单位：万元)如表 2.15 所示。

表 2.15　某公司产品销售额

年　份	2003	2004	2005	2006	2007	2008	2009	2010
销售额	22.5	27.5	34.3	43.9	53.7	59.9	67.4	75.8

用三年期做一次移动平均、两年期做二次移动平均来估计 2011 年的销售额。

3. 假定由专业人员在微处理器上开发一个嵌入型的电信处理程序，程序规模为 10 000 行，试用 CoCoMo 模型计算所需的工作量与开发时间。

4. 假定产品销售量只受广告费支出大小的影响，某公司 2013 年度预计广告费支出为 155 万元，以往年度的广告费支出资料如表 2.16 所示。用回归分析法预测公司 2013 年的产品销售量。

表 2.16　以往年度的广告费支出资料

年　份	2005	2006	2007	2008	2009	2010	2011	2012
销量/吨	3250	3300	3150	3350	3450	3500	3400	3600
广告费/万元	100	105	90	125	135	140	140	150

5. 某工程项目的静态投资为 22 310 万元，按本项目实施进度规划，项目建设期为三年，各年的投资分年使用比率为第一年 20%、第二年 55%、第三年 25%，建设期内年均价格变动率预测为 6%，求该项目建设期的涨价预备费。

第3章

资本结构与资金成本

第 2 章学习了项目投资总额(项目总成本)的估算。对于多数建设项目来说，固定资产投资额相对容易预测，并且是项目投资的主体部分，因此以固定资产为基础，通过特定方法逐层放大，最终估算出投资总额。而软件工程因固定资产投资比重很小，故此转以预测工作量为基点，通过不同方法估算出占成本最大比重的人工支出，进而估算出投资总额。正确估算出投资总额的目的，是为了在保证项目资金供给的前提下，以最低成本筹集到所需资金。本章以项目融资为主要内容，学习如何及时并尽可能低成本地筹集到足额的资金用于项目投资。

3.1 项目融资与企业融资

项目融资是以项目未来收益和资产为融资基础，由项目的参与各方分担风险的具有无追索权或有限追索权的特定融资方式。而通常意义上的公司融资是指企业凭借现有的资产及总体信用状况，为企业或下设某个项目筹措资金的、具有完全追索权的融资方式。举例来说，甲公司为一个项目设立了单一目的的项目公司，并以该项目公司为主体进行融资。若在项目完工投产后无法产生预期的现金流量，则贷款人只能追索到项目公司，而不能向发起该项目的甲公司追索还款责任。相反，如果以甲公司为主体进行融资，甲公司将筹集到的资金投入该项目，那么，项目收益无法偿还项目贷款时，甲公司需要承担还款责任。

项目融资广泛适用于基础建设项目、资源开发项目和大中型工业项目。与传统的企业融资方式相比较，项目融资具有三大特征：①筹资能力强，项目融资可以允许远高于企业的负债率(个别严谨的项目融资甚至可以实现 90%以上的负债比例)，融资能力通常超过投资者自身筹资能力，这也是大型工程项目普遍采用项目融资方式的主要原因；②融资方式灵活多样；③有效实现项目风险分散和风险隔离。以项目融资与企业融资的方式完成一个项目的主要区别见表 3.1。

表 3.1 项目融资与企业融资的主要区别

	项目融资	企业融资
融资主体	项目公司	项目发起人
偿债资金主要来源	项目未来收益及项目资产	发起人的资产和信用

续表

	项目融资	企业融资
风险承担	项目参与多方	项目发起人
融资难度及成本	难度相对较大,成本较高	难度较低,成本较低
负债比例	负债比例可以很高	通常不超过60%

在项目融资方式下,由于贷款收回基本取决于项目的盈利水平,所以投资者必然要密切关注项目的建设和运营状况。从这个意义上讲,采用项目融资有利于降低项目的运营风险。

当然,项目融资也存在其不足之处。例如,项目融资的融资成本一般相对较高;而且,由于单设了项目公司,项目早期未盈利时的亏损也无法冲抵发起人企业的税收。

3.2 资本结构

一个项目或一个工程往往是一个相对独立的项目部或项目公司,由项目公司负责项目建设的融资、设计、建造和运营。因此,项目或项目公司的资本结构往往就是项目资金来源的结构,资本结构和融资结构在这里往往可以看作一个概念。

3.2.1 资金来源

企业的筹资往往是长期筹资与短期筹资①、债权融资与股权筹资、内部筹资与外部筹资、直接筹资与间接筹资等的组合,这些分类的依据各不相同,因而是混杂重叠的。一项债权融资可以是长期筹资,也可能是短期筹资;一个长期投资可以是债权融资,也可以是股权筹资。由于短期筹资(主要是债务中的流动负债)在整个资本来源中所占比重较低,而且经常变动,所以在资本结构研究中往往忽略不计。所以,资本结构是指企业筹集的长期资金的各种来源、组合及其相互之间的构成及比例关系。简单来说,资本结构就是一个经济主体的股权资本与长期债务资本的比例,如图3.1所示。

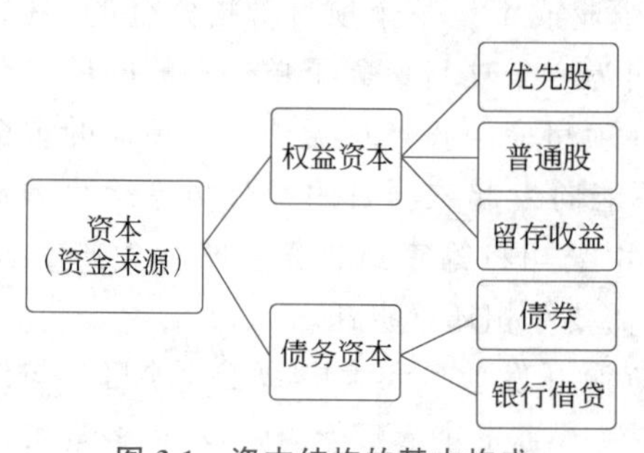

图3.1　资本结构的基本构成

项目或项目公司筹集资金的方式有多种,不同方式筹集的资金,决定了项目企业的资本结构;而不同方式筹集的资金,由于所承担的风险不同,其资金成本也不相同。因此,资本结构和资金成本之间就体现出动态的、相互制约的密切关系。

资本金是确定项目产权关系的依据,也是项目获得债务资金的信用基础。如果融资时债权融资相对成本较低,项目或项目公司一般倾向选择债权融资,而这种选择最终会改变项目公司的资本结构。另一方面,项目或项目公司的资本结构现状也在相当程度上决定着融

① 短期资金是指一年或一个会计期间以内使用的资金。短期资金常采用商业信用和银行流动资金借款等方式来融资。长期资金主要投资于新产品的开发和推广应用、生产规模的扩大、厂房和设备的更新等活动。长期资金通常采用发行股票、公司债券、长期借款、融资租赁和内部积累等方式来融资。

资方式，如当前负债比率过大无法继续做债权融资、存在丧失控股权的风险而难以通过股权融资等。

项目的投资结构、融资结构、资本结构是相互联系、相互影响的，融资结构是项目结构设计中的核心，项目的其他结构都将围绕此结构展开。

3.2.2 资金成本

项目公司和企业一样，融资决策以实现合理的资本结构，使资金成本最低、风险最小、时间结构合理、股东的收益最大为目的。这里仅学习如何做到资金成本最低。

资金成本就是企业或项目公司筹集和使用资金而支付的各种费用，主要包括筹资费用和用资费用两部分。我们常用资金的实际利息率来表达资金成本。

筹资费用一般是筹措资金时的一次性费用，其大小与筹资的次数有关；如股票、债券的发行费用，银行借款的手续费等。资金筹资费用在计算资金成本时，往往被视为筹资额的扣除。

用资费用是指企业在使用资金的过程中付出的费用，如支付给股东的股息、向债权人支付的利息等。用资费用一般与所筹集资本额的大小以及所筹资本额使用时间的长短有关。一次大量筹资相对于多次少量筹资来说，筹资费用可能降低，但是因资金闲置带来空付利息、股息等用资费用，有可能得不偿失。因此，企业在保证生产经营正常的资金需要的前提下，要合理确定融资金额，做到既降低筹资费用，又不会造成资金的闲置。

资金成本可以用绝对数表示，也可以用相对数表示；后者更为常用，通常称为资金实际利息率，即以用资费用与实际筹得的可用资金的比值来表示资金成本。

$$K=\frac{D}{P-F}=\frac{D}{P(1-f)} \tag{3-1}$$

其中，K 为资金成本；D 为用资费用；P 为筹集资金总额；F 为筹资费用；f 为资金筹资费用率，即 $f=F/P$。

资金成本是选择筹资方式、确定最佳资本结构的重要依据。通常把资金成本视为项目投资者能接受的“最低收益率”，是取舍投资项目的重要指标。

3.3 个别资金成本的计量

3.3.1 发行长期债券融资的成本计量

债券是指公司依照法定程序发行的、约定在一定期限还本付息的有价证券。债券面额就是债券券面标明的价格。它是债券到期应偿还的本金，也是按票面利息率计算利息的本金数。债券票面利息率是债券的名义利息率，在债券票面注明；票面利息率和市场共同决定了债券的发行价格。

债券的期限越长，债权人的风险就越大，因此要求的风险报酬也就越多。对债券发行方来说，发行债券融资的成本主要有债券利息（用资费用）和债券的发行费用。大多数债券的票面利息率在发行时就已经确定下来，但是，由于债券发行企业的利息支出是计入运营成本从而冲抵企业所得税的，所以债券的实际利息负担要比票面利息率计算出的利息要低。企业实际负担的债券利息应为：债券票面利息×(1－企业所得税税率)。

另一方面,企业发行债券实际获得的资金并不是债券面额,而往往进行溢价发行或折价发行。在此基础上扣除筹资费用之后的剩余部分才是企业最终筹集到的可供经营使用的资金。企业实际筹到的资金应为:债券发行总额×(1－筹资费用率)。

因此,长期债券融资的实际利息率应该是实际利息负担与实际取得资金之比,即:

$$K_b = \frac{I \times (1-t)}{B \times (1-f)} \tag{3-2}$$

其中,K_b 为发行债券的实际利息率;I 为债券年票面利息;t 为企业所得税税率;B 为债券发行总额;f 为筹资费用率。

例 **3-1**:某公司发行面额为 3000 万元的 10 年期债券,债券年票面利息率为 10%,发行费用率为 6%,债券发行总额为 3500 万元,企业所得税税率为 25%。求该债券的资金成本或实际利息率。

解:该例中,债券年票面利息 $I=3000\times 10\%$,企业所得税税率 $t=25\%$,债券发行总额 $B=3500$ 万元,筹资费用率 $f=6\%$,则由式(3-2),$K_b=\frac{I\times(1-t)}{B\times(1-f)}$,得

$$K_b = \frac{3000 \times 10\% \times (1-25\%)}{3500 \times (1-6\%)} = 6.84\%$$

可以看出,债券发行企业实际的利息率 6.84%相比票面利息率 10%要低很多;如果企业所得税更高的话,实际利息率会进一步降低。这是债权融资税收抵扣给企业带来的好处。

除税收抵扣的优势以外,发行债券融资不会减弱原有股东对企业的控制权;而且,债券利息率在发行时就确定,由于通货膨胀普遍存在,意味着企业的实际利息负担是不断减轻的;如果企业盈利,由于财务杠杆的作用,负债越多获取的利益越多,相当于用别人的钱给自己赚钱。最后,通过发行可转换债券或可提前赎回债券,企业可选择合适的时机主动地调整、改变资本结构。

当然,债券融资也存在很多限制条件,并非所有企业或项目公司能够轻易选择的融资方式。主要表现在:

(1) 融资风险较高。债券融资要承担按期还本付息义务。当企业经营不善时,可能因无法偿还债务而导致企业破产。

(2) 债券发行的限制条件多。债券持有人为保障债权的安全,往往要在债券合同中签订保护条款,这对企业造成较多约束,影响企业财务灵活性。政府更是对上市债券的发行设置了严格的条件。

(3) 筹资量有限。债券融资的数量一般比银行借款多,但它筹集的毕竟是债务资金,受借债能力所限,负债比例越高,越难以继续通过债券进行筹资。否则不仅会影响企业信誉,也会因资本结构变差而导致总体资金成本费用的提高。各国政府对企业发行债券的规模也有明确限制。例如,《中华人民共和国公司法》规定,发行公司流通在外的债券累计总额不得超过公司净资产的 40%。

(4) 财务杠杆是一把双刃剑,一旦企业资产收益率下降到债券利息率之下,就会产生财务杠杆的负效应,加大企业的财务负担和破产可能性。

3.3.2　银行借款的成本计量

银行借款与债券融资本质相同，都是债权融资。银行借款成本的计算与债券资金成本的计算相类似。

$$K_i = \frac{I \times (1-t)}{L \times (1-f)} \tag{3-3}$$

式中，K_i 为通过银行借款融资的资金成本；I 为银行借款年利息；t 为企业所得税税率；L 为银行借款本金；f 为筹资费用率。

由于银行借款尤其是长期借款的手续费等筹资费用相对借款金额来说往往非常低，可以忽略不计。上述公式可简化为

$$K_i = I \times (1-t) \tag{3-4}$$

这个简化公式意味着，银行借款融资的资金成本，可以简单地用名义借款利息率和企业所得税税率算出来。一个名义利息率为 12％的银行贷款，实际利息率只有 12％×(1－25％)＝9％。

除此之外，银行借款融资相对于发行债券、股票融资来说，融资门槛低，手续简便，存在财务杠杆的效果，是非常重要的融资方式。但是，银行借款往往无法像债券、股票融资一样，一次性筹集到大量资金。

债券融资和银行贷款融资均属于债权融资。统计数据显示，在项目融资中债务占到总资金的比例通常在 70％以上[①]，说明在项目融资中，债务资金通常是最重要的资金构成，这也正是项目融资区别于传统融资的一个重要特点。

债权融资的资金成本相对较低是因为企业破产清算时债权人的索赔权先于股权持有人，意味着债权人的投资风险较小，因而要求的风险对价(利息率)较低；加上通过债权筹资的企业所支付的债务利息还可冲减所得税(税盾)，就进一步降低了资金成本。在经济处于上升阶段和通货膨胀比较严重的情况下，举债经营无论对企业还是对股东都是有益处的。

3.3.3　发行优先股融资的成本计量

优先股的股东对公司资产、利润分配等享有优先权，其风险较小；正如前文对债权融资的说明，风险小的理论上资金成本会相对低。而且，优先股股息率事先设定(或设定股息率的上限)，实质上是一种没有到期日的永续性借款，不能像普通股股东一样参与公司的剩余利润的分红，因此理论上融资成本明显要低于普通股融资的方式(当然，具体取决于企业盈利水平和分红政策)。同时，优先股股东一般来说对公司的经营没有参与权和决策权。这就使得公司既可以通过发行优先股获取资金，又可以避免因(普通股)股权融资可能带来的控股权的削弱。优先股融资实际上是兼具债权融资和股权融资两者的部分特征的一种融资形式。另外，优先股有累积优先股和非累积优先股、参与优先股与非参与优先股等分类，不同类别的优先股对资金成本的影响是不同的，这里不做具体讨论。

优先股融资的筹资费用包括注册费、代销费等；其用资成本，即需要定期支付、按约定的

---

① 部分国家对大型项目的资本结构往往有强制要求，要求项目的股本资金不得低于一定的比例。现实经济中融资时要考虑国家政策法规的限制。

股息率计算的优先股股利。但与债券利息不同的是,优先股股利在税后支付,没有冲抵税收的好处。

优先股成本的计算公式为

$$K_P = \frac{D}{P \times (1-f)} \tag{3-5}$$

式中,K_P 为通过优先股融资的资金成本;D 为优先股每年的股利(Dividend)支出=优先股面值×股息率;P 为优先股的发行总额;f 为筹资费用率。

这里简单比较一下优先股融资和债权融资两种方式。当企业资不抵债时,优先股股东的索赔权次于债券持有人的索赔权,所以优先股股东的投资风险比债券持有人的大;这就使得优先股收益率要高于同期债券利息率,从而使得通过优先股筹资的成本也比较高。更重要的是,支付优先股股息并不会减少企业应缴的所得税,这是股权融资相对于债权融资最大的不利。所以,总体上优先股融资的实际成本要高于债权融资的实际成本。

优先股融资方式的好处在于没有筹资上限,也不分散对企业的控制权;公司财务状况恶化时,优先股可以不付股息,从而减轻企业的财务负担。动态来看还会降低企业负债比,提高企业的举债能力。

3.3.4 发行普通股融资的成本计量

发行普通股融资的成本计量方法,原理上与优先股融资成本计量相同。但是普通股的成本计算具有较大的不确定性;造成这种不确定性的原因是股息发放完全是由企业的经营效益、甚至是董事会的决议所决定的。

企业在正常情况下,普通股的最低投资收益率应该表现为逐年增长。假设 g 为预计的股利年增长率,则普通股的资金成本为

$$K_C = \frac{D_1}{P(1-f)} + g \tag{3-6}$$

式中,K_C 为通过普通股融资的资金成本;D_1 为预期的第 1 年的股利;P 为发行普通股的总额;f 为筹资费用率。

例 3-2:某公司发行面值为 1 元的普通股 1000 万股,每股发行价格为 10 元,筹资费用率为全部发行所得资本的 6%。估计第 1 年的股利息率为 10%,以后每年递增 5%。求普通股的资金成本。

解:采用式(3-6)计算资金成本 $K_C = (1000 \times 10\%)/[10 \times 1000 \times (1-6\%)] + 5\%$

$= 6.06\%$

股票未上市的企业无法按照股票价格计算股权资本的成本,此时可采用债务成本加风险报酬率的方法做变通处理,即股权资金成本=企业平均债务成本+风险报酬率。风险报酬率一般在 2%~4%间取值。

3.3.5 内部积累融资的成本计量

内部积累融资主要是指留存收益资本化。留存收益是指企业历年利润形成的留存于企业的内部积累,包括盈余公积和未分配利润,是公司股权资金的一部分。留存收益再投资是企业一个重要的筹资来源。

从表面上看，留存收益属于公司自己的资金，其使用应该无须支付筹资费用和用资费用。实则不然。经济学意义上，用机会成本的概念来定义留存收益的成本。留存收益的成本是投资者放弃使用该资金在其他投资机会时会取得的报酬。留存收益的资金成本通常可按普通股成本的计算方法计算资金成本，只是没有筹资费用。对非股份制企业，可用投资者期望的最低收益率来计算。

留存收益数量有限，往往只能满足企业部分融资需求，需要和上述其他融资方式结合在一起加以运用。

3.4　加权平均资金成本的计量

现实中，企业或项目公司往往通过多种方式筹集所需资金。因此需要确定企业全部长期资金的综合成本，也称为加权平均资金成本（Weighted Average Cost of Capital, WACC）。即将上述各融资方式的资金成本按权重计算平均成本，采用的权重即为不同融资方式获得的资金占全部资金的比重。加权平均资金成本的计算公式为：

$$K_W = \sum_{i=1}^{n}(K_i \times W_i) \tag{3-7}$$

式中，K_W 为加权平均资金成本；K_i 为第 i 种资金来源的资金成本；W_i 为第 i 种资金来源占全部资金的比重；n 为企业资本的种类数。

不同融资方式取得的资金，其资金成本的计算在前面已经做了说明，也就是 K_i 的值已经可以经计算得到。现在的问题是如何得到 W_i 的值。由于权重 W_i 有三种不同的计算方法，加权平均资金成本也就有三种取值结果。具体是：

（1）计算各类资本的账面价值占总资本的权重。

（2）计算各类资本的市场价值占总资本市场价值的权重。

（3）按债券、股票未来预计的市场价值来确定权重。

三种方法复杂程度依次递增。第一种方法无疑是最简单的，但是由于账面价格往往与资产的市场价格有相当大的差异，所以得到的结果可能与实际有较大偏差，不能正确、客观地反映资金的平均成本，进而影响投资决策。

例 3-3：假定某公司 2018 年共有长期资本 4000 万元，其他资料见表 3.2。求加权平均资金成本。

表 3.2　某公司 2018 年资本资料表

资 本 来 源	账面金额/万元	个别资金成本 K_i
长期借款	100	10%
公司债券	500	6.50%
普通股	2000	13.20%
优先股	800	12%
留存收益	600	11.30%
合计	4000	/

解：本题中用各资产的账面价值计算占总资本的权重，得到 W_i 列的数据；再计算 $K_i \cdot W_i$ 的值，合计后得到加权平均资金成本 K_W。得到表 3.3。

表 3.3 某公司 2018 年加权平均资金成本表

资本来源 i	账面金额/万元	K_i	第 i 种资金占全部资金的比重 W_i	$K_i \cdot W_i$
长期借款	100	10%	2.50%	0.25%
公司债券	500	6.50%	12.50%	0.81%
普通股	2000	13.20%	50.00%	6.60%
优先股	800	12%	20.00%	2.40%
留存收益	600	11.30%	15.00%	1.70%
合计	4000	/	/	11.76%

3.5 最优资本结构

狭义上，最优的资本结构就是加权平均资金成本最小的资本结构。它也是企业的目标资本结构。现实经济中，不同行业的企业其资本结构存在很大差异。这暗示着最优资本结构的存在。因为如果不存在最优资本结构，不同行业的资本结构应该是随机分布的。当然，也存在着否认最优资本结构存在的理论观点。

最优资本结构的判断标准有三个：

(1) 有利于最大限度地增加所有者财富，能使企业价值最大化。

(2) 企业加权平均资金成本最低。

(3) 资产保持适当的流动性，使资本结构具有弹性。

那么如何确定最优资本结构，并在以后追加筹资中继续保持最优？如果项目公司现有资本结构不合理，如何通过筹资活动进行调整使其趋于合理？这些都说明最优资本结构是一个动态的问题，实现最优资本结构是一个长期的、不断优化的过程。

3.5.1 比较资金成本分析法

在存在不同融资方案的情况下，选择其中加权平均资金成本最低的方案，融资后也就优化了原有的资本结构。长期看来，就有可能达到最优资本结构。

例 3-4：某公司创立初期，拟融资 1000 万元，表 3.4 显示有三个备选方案，其融资结构及相对应的个别资金成本如表 3.4 所示。问应选择哪个方案？

解：计算各投资方案的加权平均资金成本，选择资金成本最小的方案。

方案 A：$8\% \times 100/1000 + 10\% \times 300/1000 + 15\% \times 600/1000 = 12.8\%$

方案 B：$9\% \times 200/1000 + 9\% \times 300/1000 + 15\% \times 500/1000 = 12.0\%$

方案 C：$10\% \times 300/1000 + 8.5\% \times 300/1000 + 15\% \times 400/1000 = 11.55\%$

即应该选择加权平均资金成本最小的融资方案 C。

表 3.4　融资方案比较

融资方式	方案 A		方案 B		方案 C	
	筹资额/万元	资金成本/%	筹资额/万元	资金成本/%	筹资额/万元	资金成本/%
长期借款	100	8	200	9	300	10
债券	300	10	300	9	300	8.5
普通股	600	15	500	15	400	15
合计	1000	/	1000	/	1000	/

3.5.2　每股收益无差异点分析法

每股收益无差异点分析法又称 EBIT-EPS 分析法。EBIT(Earning Before Interest and Taxes,息税前利润)用来表示企业的盈利能力。EPS(Earnings per Share,每股收益)指税后利润与股本总数的比值。EBIT-EPS 分析法通过分析每股收益的变化来衡量资本结构是否合理。能提高每股收益的资本结构变动是合理的,可以选择实施;反之则不够合理,不能实施。EBIT-EPS 方法综合考虑债务成本、税收作用和企业市场状况等,是企业追加融资、确定最优资本结构时经常采用的一种决策方法。

假设企业计划追加投资获利。如果完全通过增发股票筹资,那么虽然税后利润增加,但是由于普通股发行数量也同时增加,每股收益 EPS_1 并不一定增加;或者 EPS_1 虽然增加了,但与通过借款融资后的每股净收益 EPS_2 相比较,EPS_2 可能更大。很明显,当 $EPS_2>EPS_1$ 的时候,债权融资更为有利;否则,股权融资更为有利。为了判断追加投资用债权融资好还是股权融资好,首先要找到用债权融资和股权融资对每股收益没有影响即 $EPS_2=EPS_1$ 的那个状态。可以很容易得到 EBIT 与 EPS 的函数关系,即 EPS=(EBIT−利息)×(1−企业所得税税率)/普通股发行股数,意味着 EPS 和 EBIT 可以看作一次线性关系。在此基础上,我们让两种融资方式下的 EPS 相等,即

$$\frac{(\mathrm{EBIT}-I_1)(1-T)-D_1}{N_1}=\frac{(\mathrm{EBIT}-I_2)(1-T)-D_2}{N_2} \tag{3-8}$$

式中,EBIT 为息税前利润无差异点,即每股利润无差异点,是我们希望得到的数值。I_1、I_2 为两种筹资方式下的年债务利息;D_1、D_2 为两种筹资方式下的年优先股股利;N_1、N_2 为两种筹资方式下的普通股股数;T 为企业所得税税率;这些值都是已知的变量。通过公式,就可以计算出一个 EBIT 水平,在这个水平上,公司进行债权融资或股权融资给企业的盈利影响是相同的。这就给了公司一个评判标准,帮助公司在不同 EBIT 水平时决定采用何种融资方式。下面通过一个例子来说明。

例 3-5:某公司目前的资本总额为 1000 万元,结构为:债务资本 400 万元,股本 600 万元,每股面值 10 元。现准备追加筹资 500 万元。有两个方案:A 方案增加股本,B 方案增加债务。已知:①增资前负债利息率为 8%,若采用负债增资方案,则全部负债利息率提高到 10%;②所得税税率为 40%;③假设增资后息税前利润可达总资本的 20%。试比较并选择方案。

解:分析两种不同方案的债务、股本、息税前利润、税前利润、税后利润、普通股每股利

润,得到表 3.5,这样可以方便地对两种方案进行比较。

表 3.5 两种不同方案的每股利润

项　　目	A：增发新股	B：增发债券
债券	400	400＋500＝900
股本	600＋500＝1100	600
资本总额	1500	1500
息税前利润	1500×20％＝300	1500×20％＝300
减：利息	400×8％＝32	900×10％＝90
税前利润	300－32＝268	300－90＝210
减：所得税	268×40％＝107.2	210×40％＝84
税后利润	268－107.2＝160.8	210－84＝126
普通股(万股)	60＋50＝110	60
每股利润	160.8÷110＝1.46	126÷60＝2.1

表 3.5 中数据说明,当 EBIT＝300 万元的时候,债权融资带来的 EPS_2 大于股权融资带来的 EPS_1。原因是债权融资造成较高的债务利息,而债务利息在较高的所得税税率下更好地发挥了“税盾”的作用。那么 EBIT 在什么水平上,债权融资和股权融资对每股收益没有影响呢？将表 3.5 相关数字代入公式,可得

$$\frac{(\text{EBIT}-32)(1-40\%)}{110}=\frac{(\text{EBIT}-90)(1-40\%)}{60}$$

解得 EBIT＝159.6 万元。

此时两种融资方式下的 EPS 相等。如果用股权融资方式可计算出 $EPS_1=(159.6-32)\times(1-40\%)/110=0.696$ 元,一定等于用债券融资方式下的 EPS_2。根据前文所述,EPS 和 EBIT 是一次线性函数关系,如果令 $y=\text{EPS}$,$x=\text{EBIT}$,则 $y=[(x-I)(1-T)-D]/N$,变形可得

$$y=\frac{1-T}{N}x+[(T-1)I-D]/N \tag{3-9}$$

这是一个典型的 $y=kx+b$ 的斜截式直线方程,根据斜率 $k=(1-T)/N$ 和截距 $b=[(T-1)I-D]/N$ 在两种融资方式下取值的不同,可以得到图 3.2 中的两条直线。

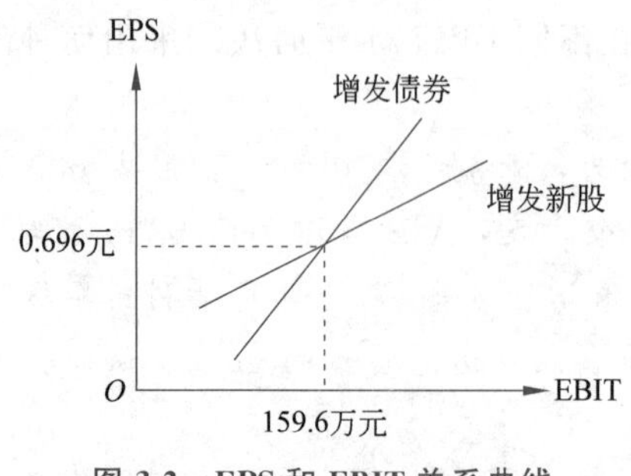

图 3.2 EPS 和 EBIT 关系曲线

由于企业所得税税率 T 是定值,而增发股票融资会有更大的 N 值,意味着增发股票融资对应的曲线有更小的斜率,所以平缓的直线代表增发股票融资的方式。

从图中可以看出,当 EBIT＜159.6 万元时,股票筹资方案带来的 EPS 较高;当 EBIT＞159.6 万元时,债券融资方案带来的 EPS 较高。因此,企业可以根据当前销售收入水平确定合理的融资方式。

EBIT-EPS 方法简单明了，而且适用对象更为宽泛。例如，对于非上市公司，由于无法按照资本资产定价模型(见 3.5.3 节)和股票市场价格对企业价值进行测算，因此只能以 EPS 作为决策的标准。

3.5.3　公司价值分析法

公司价值分析法建立在现代资本结构理论的基础上，是通过计算和比较各种资本结构下公司的市场总价值来确定最优资本结构的一种方法。这种方法认为使公司市场价值最大时的资本结构就是最优资本结构。

公司市场总价值是股权资本的市场价值与债务资本的市场价值的合计，可以相对简便地把公司价值定义为

$$V_{alue} = B_{ond} + S_{tock} \tag{3-10}$$

式中，V 表示公司价值，用其未来现金流量的现值计算；B 表示债权资本的价值，一般情况下，其市场价值就等于其账面价值；S 表示公司股票的市场价值，即公司在未来每年给股东派发的现金股利按照股东所要求的必要报酬率折合成的现值。

债权资本 B 取其账面价值，容易获取；因此想确定公司的市场总价值 V，关键是确定股东股权的市场总价值 S。

假设公司在未来的持续经营过程中，每年的净利润相等，并且每年留存收益率都为 0，则公司每年给股东派发的股利就等于公司每年的净利润。既然假设公司每年的股利额(=每年的净利润)都相等，那么公司未来的现金股利折现就可以按照永续年金求现值。关于资金的未来值、现值和年金的概念和相互转换，将在第 4 章具体讲解。因此可以得到公式：

$$S = (\text{EBIT} - I) \times (1 - T) / K_S \tag{3-11}$$

其中，I 为利息，T 为企业所得税税率，K_S 表示普通股资本的资金成本(率)。

普通股资金成本率可以通过资本资产定价模型(Capital Asset Price Model，CAPM)计算得到。CAPM 是项目融资中被广泛接受和使用的一种确定项目风险收益(贴现)率的方法。对 CAPM 模型的具体内容这里不做展开，仅引用该模型公式，即：普通股资金成本率=无风险报酬率+公司的 β 系数×(平均风险股票的必要收益率－无风险报酬率)，或写作

$$K_S = R_f + \beta \times (R_m - R_f) \tag{3-12}$$

其中，R_f 是无风险报酬率(或无风险投资收益率)，是指在资本市场上可以获得的风险极低的投资机会的收益率。现实经济中，通常的做法是在资本市场上选择与项目预计寿命期相近的政府债券的利息率作为 R_f 的参考值。例如在美国，无风险收益率经常采用长期国债利息率。

R_m 是资本市场平均报酬率。资本市场相对发达的国家，在实践中通常通过股票价格指数变化来计算、替代这一均衡投资收益率，作为资本市场的平均投资收益率的参考值。

β 系数，在股票市场或更为普遍的资本市场上也被称为风险校正系数，是衡量股市系统性风险的重要参考指标；代表了个股(或一个股票组合)的波动相对于大盘波动的偏离程度。β 的绝对值越大，显示其收益变化幅度相对于大盘的变化幅度越大；反之则显示其变化幅度相对于大盘越小。例如，某只股票的 β 系数为 1.1 时，如果市场上涨 10%，则股票上涨 11%。

例 3-6：某公司当前的长期资本均为普通股资本，账面价值 20 000 万元。公司认为这

种资本结构没有发挥财务杠杆的作用,准备发行长期债务购回部分普通股予以调整。假设公司预计息税前利润为5000万元,公司所得税税率为33%,无风险利息率为10%,股市平均收益率为14%。公司当前面临的长期债务年利息率和股市β系数值如表3.6。

表3.6 公司当前长期债务年利息率和股市β系数值

计划发债额B/万元	债券融资成本K_B/%	β系数
0	0	1.20
2000	10	1.25
4000	10	1.30
6000	12	1.40
8000	14	1.55
10 000	16	2.10

解:由题意可知,$T=33\%$,$R_f=10\%$,$R_m=14\%$。

根据式(3-12),计算各个债券融资规模下的股票筹资成本K_S,然后根据式(3-11)计算股票市场价值现值S,根据式(3-10)得到公司价值V。可以做出表3.7。

表3.7 不同计划债权融资额下的公司价值分析

计划债权融资额B/万元	不同筹资规模下的利息率K_B/%	股市β系数	股票筹资成本K_S/%	股票市场价值现值S/万元	公司价值V/万元	加权平均资金成本K_W/%
0	0	1.2	14.80	22 635.14	22 635.14	14.80
2000	10	1.25	15.00	21 440.00	23 440.00	14.29
4000	10	1.3	15.20	20 276.32	24 276.32	13.80
6000	12	1.4	15.60	18 382.05	24 382.05	13.74
8000	14	1.55	16.20	16 046.91	24 046.91	13.93
10 000	16	2.1	18.40	12 380.43	22 380.43	14.97

当计划债权融资2000万元时,$\beta=1.25$,所以

$$\begin{aligned}K_S &= R_f+\beta\times(R_m-R_f)\\ &=10\%+1.25\times(14\%-10\%)=15\%\end{aligned}$$

代入
$$\begin{aligned}S &=(\text{EBIT}-I)\times(1-T)/K_S\\ &=(5000-2000\times10\%)\times(1-33\%)\div15\%\\ &=21\,440\text{ 万元}\end{aligned}$$

则有
$$\begin{aligned}V &= B+S\\ &=2000+21\,440=23\,440\text{ 万元}\end{aligned}$$

此时的加权平均资金成本按式(3-7)计算为

$$\begin{aligned}K_W &=10\%\times(2000/23\,440)\times(1-33\%)+15\%\times(21\,440/23\,440)\\ &=14.29\%\end{aligned}$$

以上述过程依次计算各个债权融资水平下的公司价值 V，可看出发行债券 6000 万元时，公司价值达到最大值 24 382.05 万元。可以看出，此时的资金综合成本也是最低的。公司价值最大和资金综合成本最低是统一的。

由于比较公司价值法综合考虑了资金成本和财务风险对公司价值的影响，以公司价值最大化作为确定最优资本结构的目标，因此符合现代公司财务管理的基本目标，这种方法在实践中被广泛采用。

3.5.4　边际资金成本法

边际资金成本指企业在现有的资本结构的基础上追加筹措资本时发生的成本。可以通俗地理解为企业每增加 1 元资本所带来的资金成本 K_W 的变化量。

$$K_W = \sum_{i=1}^{n}(K_i \times W_i) \tag{3-13}$$

由式(3-13)可知，K_W 是由个别资金成本的变动 K_i 和资本结构的变化 W_i 共同决定的，而 K_i 和 W_i 往往就是一起变动的。以长期借款为例。企业借入第一笔资金时，只需支付正常报酬率，假设是年利息率 8%。当借入第二笔资金时，企业无法偿付债务的风险增大了。因此，资金出借方会在正常报酬率 8%的基础上再要求一个风险补偿金，如 3%，所以借款成本上升到 11%，同时借款的增加也改变了资本结构，即 K_i 和 W_i 同时变动。引起资金成本发生变动的融资金额被称为资本的成本分界点。例如，企业债券融资在 20 万元以内，资金成本为 8%，如果超过 20 万元，则资金成本就要上升为 10%，则 20 万元就是债券融资方式的一个资金成本分界点。

企业筹集资金时，首先要根据各类资金的成本分界点以及目标资本结构计算筹资总额的成本分界点，同时列出相应的筹资范围；然后计算边际资金成本。

例 3-7：如表 3.8 所示，某企业有长期资金 400 万元，平均资金成本为 10.75%。

表 3.8　某企业资金资料

资金来源	资金数量/万元	资金成本
长期借款	60	3%
长期债券	100	10%
普通股	240	13%
合计	400	/

现计划在保持资本结构不变的前提下筹集新资金。随筹资的增加各种资金成本的变化如表 3.9 所示。求边际资金成本。

表 3.9　筹资的增加对资金成本的影响

资金来源	成本分界点	资金成本
长期借款	45 000 元以内	3%
	45 000～90 000 元	5%
	90 000 元以上	7%

续表

资 金 来 源	成本分界点	资 金 成 本
长期债券	200 000 元以内	10%
	200 000～400 000 元	11%
	400 000 元以上	12%
普通股	300 000 元以内	13%
	300 000～600 000 元	14%
	600 000 元以上	15%

解:(1) 确定追加筹资的资本结构。依题意,需要保持目前的资本结构。故追加筹资时,长期借款占比仍为 15%,长期债券占比 25%,普通股占比 60%。

(2) 计算筹资总额分界点。

对长期借款来说,融资规模在 45 000 元以内时资金成本是 3%,由于长期成本只能是融资总额的 15%,即融资总额为 45 000÷15%=300 000 元以内时,长期借款的资金成本都是 3%。同理,可以算出长期借款和其他融资方式下的筹资总额分界点。最终可得到表 3.10。

表 3.10　不同资金来源筹资总额分界点

资金来源	目标资本结构	成本分界点		资金成本	筹资总额分界点
长期借款	15%	0	45 000 元	3%	300 000 元
		45 000 元	90 000 元	5%	600 000 元
		90 000 元	90 000 元以上	7%	/
长期债券	25%	0	200 000 元	10%	800 000 元
		200 000 元	400 000 元	11%	1 600 000 元
		400 000 元	400 000 元以上	12%	/
普通股	60%	0	300 000 元	13%	500 000 元
		300 000 元	600 000 元	14%	1 000 000 元
		600 000 元	600 000 元以上	15%	/

(3) 计算边际资金成本。

把表 3.10 中最后一列的筹资总额分界点按大小顺序重新排列,作为表 3.11 的第一列,可以得出追加筹资总额按边际资金成本分界的范围,并最终得到表 3.11。

表 3.11　追加筹资总额按边际资金成本分界的范围

筹资总额分界点	资 本 种 类	资本结构/%	资金成本/%	加权平均成本/%
300 000 元以内	长期借款	15	3	0.45
	长期债券	25	10	2.50
	普通股	60	13	7.80

续表

筹资总额分界点	资本种类	资本结构/%	资金成本/%	加权平均成本/%
合计				10.75
300 000～500 000 元	长期借款	15	5	0.75
	长期债券	25	10	2.50
	普通股	60	13	7.80
合计				11.05
500 000～600 000 元	长期借款	15	5	0.75
	长期债券	25	10	2.50
	普通股	60	14	8.40
合计				11.65
600 000～800 000 元	长期借款	15	7	1.05
	长期债券	25	10	2.50
	普通股	60	14	8.40
合计				11.95
800 000～1 000 000 元	长期借款	15	7	1.05
	长期债券	25	11	2.75
	普通股	60	14	8.40
合计				12.20
1 000 000～1 600 000 元	长期借款	15	7	1.05
	长期债券	25	11	2.75
	普通股	60	15	9.00
合计				12.80
1 600 000 元以上	长期借款	15	7	1.05
	长期债券	25	12	3.00
	普通股	60	15	9.00
合计				13.05

如果计划融资 150 万，则此时面临的就是长期借款融资的资金成本为 7%、长期债券融资的资金成本为 11%、普通股融资的资金成本为 15%，其综合成本为 12.80%。

3.6　影响资本结构的其他因素

除了资金成本对资本结构、融资方式的决定性影响以外，企业进行融资时还往往会考略一些其他因素，主要包括：

(1) 企业所有者的态度。所有者若担心控制权分散,就不愿增发新股而选择举债;若更担心债务风险,则更倾向选择股权融资。

(2) 企业信用等级。如果企业的信用等级不高,则难以继续举债,只能选择成本较高的股权融资。

(3) 政府税收。债务有税盾的作用,同等情况下,企业面临的所得税税率越高,企业越倾向于债权融资。

(4) 企业的盈利能力。盈利能力强的企业其内部积累可能较高,对债务资本的依赖程度较低;但盈利能力强的企业更应该利用财务杠杆,也可能增加借贷。

(5) 其他因素,如政府相关规定、资本市场环境、行业差异、地域差异等对融资行为的影响。

习　题

一、简答题

1. 什么是资金成本?

2. 什么是资本结构?

3. 什么是最优资本结构?最优资本结构的确定方法有哪些?

4. 什么是财务杠杆?

5. 项目融资和公司融资的主要区别有哪些?

二、计算题

1. 某公司向银行取得 200 万元的长期借款,年利息率为 10%,期限为 5 年,每年付息一次,到期一次还本。假定筹资费用率为 0.3%,所得税税率为 33%,则该长期借款的资金成本率 K 是多少?

2. 某企业初创时,设计了三种筹资方案。具体如表 3.12 所示。

表 3.12　三种筹资方案

筹资方式	方案 Ⅰ		方案 Ⅱ		方案 Ⅲ	
	筹资额/万元	资金成本/%	筹资额/万元	资金成本/%	筹资额/万元	资金成本/%
长期借款	35	8	45	9.5	75	11
债券	100	10	150	11.5	110	11
优先股	65	13	105	14	55	13
普通股	300	15	200	14	260	14.5
合计	500	/	500	/	500	/

要求:①分别测算三种筹资方案的加权平均成本;②确定最优资本结构。

3. 某公司全部资本为 1000 万元,债务资本比率为 60%,债务利息率为 10%,所得税税率为 40%。在息税前利润为 100 万元时,求其财务杠杆系数 DFL。

4. A 公司拟添置一套市场价格为 6000 万元的设备,需筹集一笔资金。现有两个筹资方案可供选择(假定各方案均不考虑筹资费用)。

① 发行普通股。该公司普通股的 β 系数为 2，一年期国债利息率为 4%，市场平均报酬率为 10%。

② 发行债券。该债券期限 10 年，票面利息率 8%，按面值发行。公司适用的所得税税率为 25%。

要求：①计算普通股资金成本；②计算普通股资金成本；③为 A 公司选择筹资方案。

5. A 有限公司有 140 万股流通中的股票。股票当前售价为每股 20 美元。公司债券是公开发行的，且最近报价为面值的 93%，其总面值为 500 万美元，目前定价所对应的收益率为 11%。无风险利息率是 8%，市场风险溢价为 7%。你估计出 A 的 $\beta=0.74$。如果公司税率为 21%，那么 A 公司的加权平均资金成本为多少？

6. 光华公司目前资本结构为：总资本 1000 万元，其中，债务资金 400 万元（年利息 40 万元）；普通股资本 600 万元（600 万股，面值 1 元，市价 5 元）。企业由于扩大经营规模，需要追加筹资 800 万元，所得税税率 20%，不考虑筹资费用因素。有以下三种筹资方案。

甲方案：增发普通股 200 万股，每股发行价 3 元；同时向银行借款 200 万元，利息率保持原来的 10%。

乙方案：增发普通股 100 万股，每股发行价 3 元；同时溢价发行 500 万元面值为 300 万元的公司债券，票面利息率 15%。

丙方案：不增发普通股，溢价发行 600 万元面值为 400 万元的公司债券，票面利息率 15%；由于受债券发行数额的限制，需要补充向银行借款 200 万元，利息率 10%。请判断哪种筹资方案最好。

第4章

资金时间价值的分析计算

前述两章学习了一个项目应该筹集多少资金以及怎样用最小成本筹集这些资金。但是,其中并没有考虑到不同时期资金的价值是不同的这一重要事实,而这个事实对企业或投资项目的盈利性评价有重大影响。

举例来说,对于一次性投入资金100万元的项目,在5年项目寿命周期中各年度的营业收入分别是10万元、20万元、30万元、40万元和10万元,合计110万元,那么这个项目到底是不是盈利了呢?

如果忽略其他支出,仅以项目投资总额为总成本的话,则表面上看起来,这个项目盈利10万元。但是,这个计算方式把不同年份的营业收入直接加总,完全忽略时间对资金实际价值的影响,很可能导致错误的投资决策。正确的做法应该是把各年度的营业收入和总投资通过某种方法换算为相同时点的价值使其具备可比性,然后再判断投资是否盈利。资金的时间价值,尤其对项目融资具有重要意义。因为项目融资是以项目为主体安排的融资,项目融资中的贷款偿还仅限于融资项目本身,其核心就是项目未来可用于偿还贷款的净现金流量,而这是最容易受到时间因素影响而改变实际价值的,因此必须考虑现金流的时间价值。

本章学习资金的时间价值的相关理论和方法,为科学的成本-收益分析提供支持。

4.1 现金流量

现金流量指企业一定时期的现金(及其等价物)流入和流出企业的数量;或一个项目在其寿命周期内的所有现金收付数量。不同于会计普遍采用的权责发生制,现金流量以收付实现制为基础。而且,这里的“现金”是广义的现金,不仅包括各种货币资金,还包括各种非货币资源的变现价值。例如,某企业的一个新成立项目使用企业既有设备,则应该用该设备的现值而非账面价值计入现金流量。按流动方向来划分,流入企业的称为现金流入(Cash flow In,CI);流出企业的称为现金流出(Cash flow Out,CO);两者的差值(CI－CO)被称为净现金流量。现金流量的概念是评价投资方案经济效益必备的、基础性数据资料。

现金流量通常用图表直观显示。如图4.1中,以横轴为时间轴,0表示第一个计息期的起始点,$1\sim n$代表各计息期的终点;第一个计息期的终点也是第二个计息期的起点。用垂直的箭头代表不同时点的现金流量;箭头向上表示现金流入,箭头向下表示现金流出；有时在各箭头旁注明现金流量的大小；在有些场合，图中箭头垂直线的长度与现金流量的金额成正比。

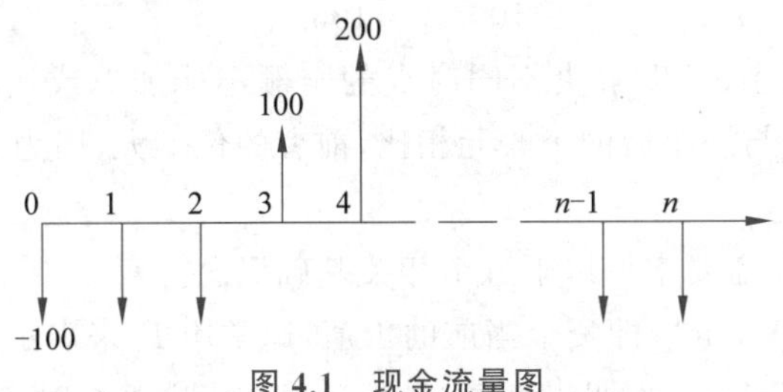

图 4.1　现金流量图

现金流量按其发生的时间点可划分为初始现金流量、营业现金流量和终结现金流量三个部分。初始现金流量是指项目投资期发生的现金流量，通常包括固定资产投资、开办费投资、流动资金投资等，基本上以现金流出为主。

营业现金流量是指项目投产运营后，在其项目寿命周期内，由生产经营所带来的现金流入和现金流出的数量，主要包括营业收入、政府补助、营业成本、财务费用和税金支出。通常情况下，这个时期的现金收入会大于现金支出，表现为净流入。

终结现金流量是指项目完结时所发生的现金流量，主要包括资产的净残值收入、流动资产的回收价值和结束项目所产生的费用等。终结现金流量往往表现为净流入。

4.2　资金的时间价值

资金的时间价值，更多的被称为货币的时间价值。这个概念指出，当前拥有的货币比未来同样金额的货币具有更大的价值，这个差值就是这笔资金的时间价值。从量的角度来看，货币的时间价值是没有风险和没有通胀下的社会平均资金利润率。如果今天的 100 元钱，可以经投资在一年后无风险地获得最多 106 元的本利和收益，那么今天的 100 元和一年后的 106 元就是等值的，也就是说，今天的 100 元可以换算为一年后的 106 元；反之亦然。现实经济活动中，无风险利息率往往采用银行对应期限的存款利息率或国债收益率，尤其在资金成本估算中较多采用 10 年期国债收益率。

下面看个简单的例子。如果有两个投资项目 A 和 B，项目的生命周期均为 3 年，初始投资均为 10 000 元，两个投资项目的各年收益见表 4.1，总计都是 13 000 元。

表 4.1　两个投资项目的各年收益

年　末	0	1	2	3
项目 A	−10 000 元	6000 元	4000 元	3000 元
项目 B	−10 000 元	3000 元	4000 元	6000 元

如果没有时间价值的概念，这两个项目经济效益是一样的，利润都是 13 000−10 000＝3000 元。但是，多数人直觉上就会觉得项目 A 比项目 B 要好。如果用理论来解释，就需要用到资金的时间价值的概念了。

资金等值是指在考虑资金时间价值因素后，不同时点上数额不等的资金在一定的利息

率条件下具有相同的价值。前文所说的今天的100元和一年后的106元就是具有资金等值的两个不同时点的资金量,可以表示为

$$100_{t=0}=106_{t=1} \tag{4-1}$$

运用资金等值的概念,可以解决不同时点的金额不能加总或比较的问题。例如,都以$T=0$为准,现在100元与一年后的105元相比,前者的价值大,因为现在的100元等值于一年后的106元。

进行资金等值计算,需要掌握以下五个相关基础概念。

(1) 现值(Present Value),即资金当前的价值,通常用P来表示。

(2) 终值(Future Value),也叫未来值,是指现值在未来某个时点上的等值资金,通常用F来表示。

(3) 折现(Discount),也叫贴现,是指把将来某一时点的资金金额换算成现在时点的等值金额。

(4) 单利(Simple Interest),指仅以本金为基数计算利息,已取得的利息不再产生利息。通常将本金视为现值,本利和就是本金在未来的价值:

$$F=P\times(1+ni) \tag{4-2}$$

式中,n表示计息期间;i表示利息率。

(5) 复利(Compound Interest),指以本金和前期累计利息之和为基数计算利息的方法,即给已经取得的利息也付利息的方法。

用公式可表示为

$$F=P(1+i)^n \tag{4-3}$$

例 **4-1**:某企业从银行借款100万元,年利息率为10%,复利计息。问5年末连本带利一次偿还所需支付的资金额?

解:由式(4-3)$F=P(1+i)^n$可得

$$F=100\times(1+10\%)^5$$
$$=161.05\text{ 万元}$$

这个例题本质上说明:在利息率为10%时,现在的100万元与5年后的161.05万元是等值的。

通常把$(1+i)^n$称为复利终值系数。为计算方便,通常按照不同的利息率i和计息周期n计算出复利系数的值,做成复利终值系数表(见表4.2)。在计算F的数值时,只要从复利系数表中查出相应的复利系数再乘以本金即可。如例4-1中,在纵列中找到10%一栏,在横栏中找到5期,可知终值系数为1.6105,乘以本金(现值)100万,即可得到本利和(未来值)161.05万元。

表 4.2 复利终值系数表(部分)

期数	1%	2%	3%	4%	5%	6%	7%	8%	9%	10%
1	1.01	1.02	1.03	1.04	1.05	1.06	1.07	1.08	1.09	1.1
2	1.0201	1.0404	1.0609	1.0816	1.1025	1.1236	1.1449	1.1664	1.1881	1.21
3	1.0303	1.0612	1.0927	1.1249	1.1576	1.191	1.225	1.2597	1.295	1 .331

续表

期数	1%	2%	3%	4%	5%	6%	7%	8%	9%	10%
4	1.0406	1.0824	1.1255	1.1699	1.2155	1. 2625	1.3108	1.3605	1.4116	1.4641
5	1.051	1.1041	1.1593	1.2167	1.2763	1.3382	1.4026	1.4693	1.5386	1.6105
6	1.0615	1.1262	1.1941	1. 2653	1.3401	1.4185	1.5007	1.5869	1.6771	1.7716
7	1.0721	1.1487	1.2299	1.3159	1.4071	1.5036	1.6058	1.7138	1.828	1.9487
8	1.0829	1.1717	1.2668	1.3686	1.4775	1.5938	1.7182	1.8509	1.9926	2.1436
9	1.0937	1.1951	1.3048	1.4233	1.5513	1.6895	1.8385	1.999	2.1719	2.3579
10	1.1046	1.219	1.3439	1.4802	1.6289	1.7908	1.9672	2.1589	2.3674	2.5937

从单利和复利下本利和的计算公式可以看出，本利和的实质就是本金（现值）在特定收益率下一段时间后的未来值。单利只是对本金计利息，而复利则是对前期利息也进行计息。无疑，复利方式更符合资金运用的实际。因此，除非特别注明，否则谈现值和未来值的转换，都是在复利条件下的运算。

比较一下同一本金 P 在单利下的本利和 $(1+ni)$ 与复利下的本利和 $(1+i)^n$，可以看到本金 P 越大、利息率 i 越高、计息时间 n 越长，单利和复利计算出来的本利和 F 的差距就会越大；其中影响最大的因素是 n。计息时间长的时候，前期利息产生的利息有时会占到本利和的相当比例。

通常用 $(F/P,i,n)$ 这类表达式简洁描述类似的资金在不同时点的等价价值的转换。式中，第一个字母，即斜线左侧的字母代表要求的未知数，此例中为未来值 F，其余字母代表已知数据。$(F/P,i,n)$ 表示在已知 P、i 和 n 的情况下求解 F 的值。同理，$(P/F,i,n)$ 表示已知未来值 F 在利息率 i 和时间 n 的条件下其现值 P 是多少。

例 4-2：张三打算在 5 年后用 10 000 元买一辆摩托车，如果银行年利息率为 10%，假定按照复利计息，张三现在应一次性存入银行多少钱？

解：将题意翻译成数学公式，应该是 $F=10\ 000$ 元，$i=10\%$，$n=5$ 年，即 $(P/10\ 000, 10\%, 5)$。

$$P=F/(1+i)^n=6209\text{ 元}$$

实际计算中，有时会使用到复利现值系数表（见表 4.3）。顾名思义，就是在复利条件下，1 元的未来值折算为现值的系数，即 $1/(1+i)^n$ 的值。很明显，表 4.2 中的复利系数和表 4.3 中的复利现值系数是一一对应的倒数关系。

表 4.3　复利现值系数表（部分）

期数	1%	2%	3%	4%	5%	6%	7%	8%	9%	10%	11%	12%
1	0.9901	0.9804	0.9709	0.9615	0.9524	0.9434	0.9346	0.9259	0.9174	0.9091	0.9009	0.8929
2	0.9803	0.9612	0.9426	0.9246	0.9070	0.8900	0.8734	0.8573	0.8417	0.8264	0.8116	0.7972
3	0.9706	0.9423	0.9151	0.8890	0.8638	0.8396	0.8163	0.7938	0.7722	0.7513	0.7312	0.7118
4	0.9610	0.9238	0.8885	0.8548	0.8227	0.7921	0.7629	0.7350	0.7084	0.6830	0.6587	0.6355

续表

期数	1%	2%	3%	4%	5%	6%	7%	8%	9%	10%	11%	12%
5	0.9515	0.9057	0.8626	0.8219	0.7835	0.7473	0.7130	0.6806	0.6499	0.6209	0.5935	0.5674
6	0.9420	0.8880	0.8375	0.7903	0.7462	0.7050	0.6663	0.6302	0.5963	0.5645	0.5346	0.5066

在例 4-2 中,另一种解题方法是可以利用查找表 4.3,纵列找到 10%一栏,横行找到期数 5,可知现值系数为 0.6209(=1/1.6105);该系数乘以未来值 10 000 元,即可得到现值 6209 元。

4.3 年　金

上述现值和未来值的比较计算都是现金流入或流出只在一个时期发生。有了现值和未来值的概念,就可以知道在利息率为 10%的条件下,当前的 100 万元和 5 年后的 161.05 万元是等值金额。但是,如果是 5 年内每年末收到 20 万元,这个和现值 100 万元如何比较呢?有前述货币时间价值的基本概念,大家能很容易地判断出当前一次性拿到 100 万元,其价值肯定要比今后 5 年每个年末拿到 20 万元要高。但是如果是每年末收到 25 万元,这个现金流的等值金额(当前的现值或 5 年末的未来值)是多少呢?这种定期发生的固定金额的现金流量,财务上称为年金。

年金是指一定时期内每次等额收付的系列款项,通常用 A 来表示。常见的年金形式的现金流量有保险费、养老金、租金、等额分期收款、等额分期付款等。虽然叫年金,但是现实中年金的间隔期不一定是一年,可以是半年、季度、月甚至是天。

年金根据其系列收付款项的发生时间不同可分为普通年金、预付年金、递延年金和永续年金四种。本节以最基础和最常见的普通年金来讲解年金与等值资金的换算。

4.3.1 普通年金

普通年金又称为后付年金,是指其系列收付款项发生在每期期末。图 4.2 给出了普通年金的现金流量分布。

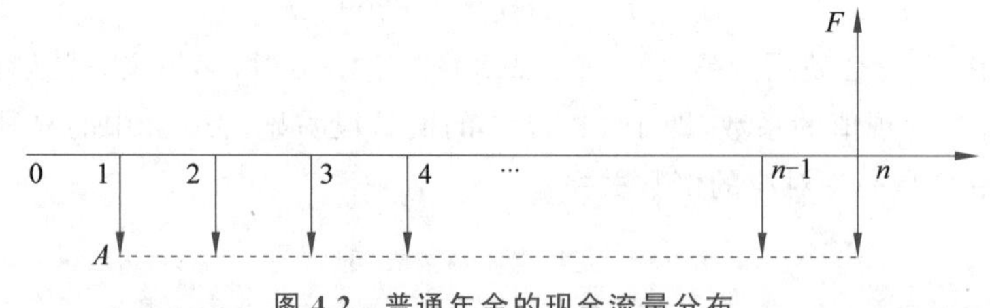

图 4.2 普通年金的现金流量分布

图 4.2 给出了一个在 n 个期间内,每个期末投入 A 的年金现金流。这个现金流的 n 期末的未来值可以通过把每期投入的 A 换算为 n 期末的未来值后求和得到。如表 4.4 所示,第 1 期末投入的 A,其 n 期末的未来值是 $A/(1+i)^{n-1}$,第 2 期末投入的 A,其 n 期末的未来值是 $A(1+i)^{n-2}$;以此类推,最后第 n 期末投入的 A 就是 n 期末的未来值。

表 4.4　年金未来值的计算

期　　数	1	2	…	$n-1$	n
每期末年金	A	A	…	A	A
各期年金的 n 年后的终值	$A(1+i)^{n-1}$	$A(1+i)^{n-2}$	…	$A(1+i)$	A

由表 4.4 可得：

$$F=A(1+i)^{n-1}+A(1+i)^{n-2}+\cdots+A(1+i)+A \tag{4-4}$$

$$F=A\frac{(1+i)^{n}-1}{i} \tag{4-5}$$

式(4-5)中，$\frac{(1+i)^{n}-1}{i}$被称为年金终值系数。已知年金 A、利息率 i 和期数 n，求这一现金流的未来值就可以用公式简洁表达为$(F/A,i,n)$。

例 4-3：张三计划从现在起每年年末向银行存入 10 000 元，连续存 5 年。如果银行存款年利息率为 3%，按复利计息，问张三在第 5 年末能一次性从银行取出多少钱？

解：因是每年年末发生现金流，所以属于普通年金。

依题意，计算$(F/A=10\ 000,i=3\%,n=5$ 年)

$$\begin{aligned}F&=A\frac{(1+i)^{n}-1}{i}\\&=10\ 000\times\frac{(1+0.03)^{5}-1}{0.03}\\&=10\ 000\times 5.3091\\&=53\ 091.36\text{ 元}\end{aligned}$$

与复利现值系数类似，年金终值系数也可以通过查询年金终值系数表(见表 4.5)得到。通过查表可以方便年金终值的计算。如例 4-3 中，利息率是 3%，期数为 5，可得年金终值系数为 5.3091；与年金相乘后很简单就能得到年金终值。

表 4.5　年金终值系数表(部分)

期数	1%	2%	3%	4%	5%	6%	7%	8%
1	1.0000	1.0000	1.0000	1.0000	1.0000	1.0000	1.0000	1.0000
2	2.0100	2.0200	2.0300	2.0400	2.0500	2.0600	2.0700	2.0800
3	3.0301	3.0604	3.0909	3.1216	3.1525	3.1836	3.2149	3.2464
4	4.0604	4.1216	4.1836	4.2465	4.3101	4.3746	4.4399	4.5061
5	5.1010	5.2040	5.3091	5.4163	5.5256	5.6371	5.7507	5.8666
6	6.1520	6.3081	6.4684	6.6330	6.8019	6.9753	7.1533	7.3359
7	7.2135	7.4343	7.6625	7.8983	8.1420	8.3938	8.6540	8.9228

推导出年金终值的计算公式后，很容易获得未来值转换为年金的公式，这个公式代表的经济活动在现实中也是十分常见的。

$$\text{由 } F = A\frac{(1+i)^n-1}{i} \text{ 可得 } A = F\frac{i}{(1+i)^n-1} \tag{4-6}$$

式中，$\frac{i}{(1+i)^n-1}$被称为偿债基金系数，意指为偿还 n 年(或 n 期)后的一笔债务 F，在利息率为 i 的条件下，现在起每年末(或每期末)应该存入的资金为 A。偿债基金系数即年金终值系数的倒数。

例 4-4：某企业计划每年末积累一笔等额资金，用于 5 年后更新一台生产设备，设备投资总额为 1000 万元。假设银行年利息率为 6%，按复利计息。问从现在起连续 5 年每年年末应存入银行多少资金?

解：根据题意，计算(A/F=1000 万元，i=6%，n=5 年)

$$A = F\frac{i}{(1+i)^n-1} = 1000\times\frac{0.06}{(1+0.06)^5-1} = 1000\times\frac{1}{5.6371}$$

$$=177.40 \text{ 万元}$$

年金现金流量也可以转换为等值的现值。普通年金现值是指为在每期期末取得相等金额的款项 A，现在需投入的金额 P 值，如图 4.3 所示。可以用公式简洁表达为(P/A，i，n)。

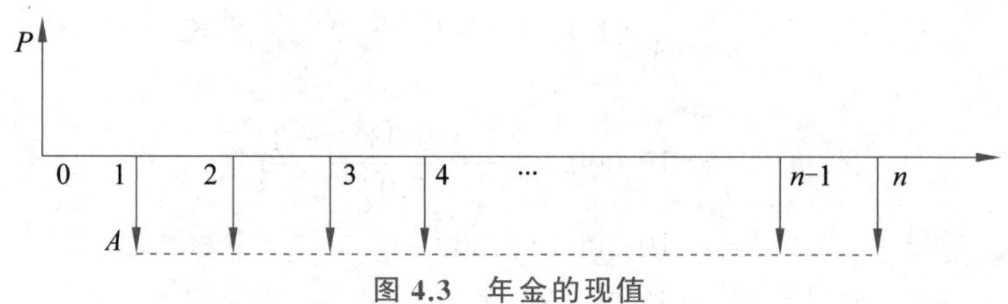

图 4.3　年金的现值

与计算年金终值(未来值)相似，年金现值就是将各期年金 A 换算为期初的现值，然后对各现值求和，得到这个年金形式现金流量的现值。各期年金的现值见表 4.6。

表 4.6　各期年金的现值

期　　数	1	2	…	$n-1$	n
每期末年金	A	A	…	A	A
0 时点的现值	$A(1+i)^{-1}$	$A(1+i)^{-2}$	…	$A(1+i)^{-(n-1)}$	$A(1+i)^{-n}$

由表 4.6 可得年金现值为：

$$P = A(1+i)^{-1} + A(1+i)^{-2} + \cdots + A(1+i)^{-(n-1)} + A(1+i)^{-n}$$

$$= A\left(\frac{1}{i} - \frac{1}{i(1+i)^n}\right)$$

$$= A\frac{(1+i)^n-1}{i(1+i)^n} \tag{4-7}$$

式中，$A\frac{(1+i)^n-1}{i(1+i)^n}$被称为年金现值系数，可用($P/A$，$i$，$n$)表示。

年金现值系数也可以通过查表 4.7 得出，以方便计算。

表 4.7　年金现值系数表(部分)

n	1%	2%	3%	4%	5%	6%	8%	10%	12%
1	0.990	0.980	0.970	0.961	0.952	0.943	0.925	0.909	0.892
2	1.970	1.941	1.913	1.886	1.859	1.833	1.783	1.735	1.690
3	2.940	2.883	2.828	2.775	2.723	2.673	2.577	2.486	2.401
4	3.901	3.807	3.717	3.629	3.545	3.465	3.312	3.169	3.037
5	4.853	4.713	4.579	4.451	4.329	4.212	3.992	3.790	3.604
6	5.795	5.601	5.417	5.242	5.075	4.917	4.622	4.355	4.111
7	6.728	6.471	6.230	6.002	5.786	5.582	5.206	4.868	4.563
8	7.651	7.325	7.019	6.732	6.463	6.209	5.746	5.334	4.967
9	8.566	8.162	7.786	7.435	7.107	6.801	6.246	5.759	5.328

例 4-5：某设备预计年净收益为 30 万元，可使用 8 年，设备残值为 0，若投资者要求的收益率为 10%，问投资者最多愿意出多少的价格购买该设备？

解：前文提到，一般把各期的收入视为期末收到。因此，本题是典型的普通年金求现值的问题，即($P/A=30$ 万元，$i=10\%$，$n=8$ 年)。根据表 4.7，可查到年金现值系数为

$$P=A\frac{(1+i)^n-1}{i(1+i)^n}=30\times 5.334$$

$$=160.02 \text{ 万元}$$

即在这样的收益预测下，投资者最多为这台设备支付 160.02 万元，否则就视为不明智的投资行为。

4.3.2　预付年金

预付年金是指其系列收付款项发生在每期的期初，又称即付年金。预付年金可以看作是在普通年金的基础上，加上第 1 期期末以前那段时间的价值，因此在普通年金的计算公式基础上，再乘以一个$(1+i)$就得到了预付年金的终值。

$$F=A\frac{(1+i)^n-1}{i}\times(1+i) \tag{4-8}$$

假设在例 4-3 中，张三由每年年末向银行存入 10 000 元改为每年年初存入(即由普通年金改为预付年金)，则在第 5 年年末的未来值为普通年金未来值 53 091.36 元的基础上再调整加上第 1 年的时间价值：

$$F=53\ 091.36\times(1+3\%)=54\ 684.10 \text{ 元}$$

当然，对一个 n 期的、每期现金流为 A 的预付年金，也可以把它看作是一个$(n+1)$期的、在最后一期年末没有支付年金 A 的普通年金，如图 4.4 所示。因此也可以用 $A[(F/A,i,n+1)-1]$来计算。

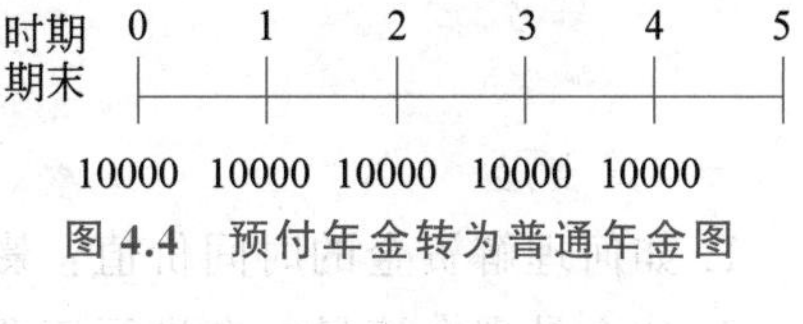

时期　0　1　2　3　4　5
期末
10000　10000　10000　10000　10000

图 4.4　预付年金转为普通年金图

$$F=10\ 000\times[(F/10\ 000,3\%,5+1)-1]$$

$$=10\ 000\times(6.4684-1)$$

$$=54\ 684 \text{ 元}$$

其中,6.4684 是在年金终值系数表中用 $i=3\%$,$n=6$ 查询得到的系数。可以看出以上两种方法的计算结果是一致的。

预付年金的现金流同样也可以折算为现值,也是把各期年金分别折算为现值后加总获得的。在计算上可以把预付年金现值看成是普通年金现值再复利一年,即 $P=A\cdot(P/A,i,n)\cdot(1+i)$。具体推导过程在此略过。

4.3.3 递延年金与永续年金

递延年金是指距现在若干期以后发生的每期期末收付的年金。典型的递延年金的现金流量可用图 4.5 表示。

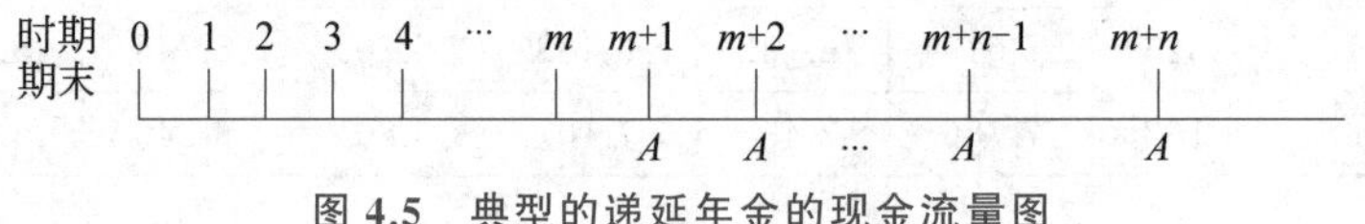

图 4.5 典型的递延年金的现金流量图

图 4.5 表示的现金流就是以 0 期为基准,有 m 期的延迟,在第 $m+1$ 期期末开始每期末有 A 的现金流的递延年金。递延年金终值的计算即为 n 期的普通年金。

递延年金现值的计算方法有两种。第一种方法,是把递延年金视为 n 期的普通年金,求出该年金在递延期末(m 期末)的现值,然后再将此现值折现到第 0 期期初。用公式表示为 $P=A(P/A,i,n)\cdot(P/F,i,m)$。

第二种方法,先求出$(m+n)$期的年金现值,然后再减去实际并未支付的递延期 m 的年金现值。用公式表示为 $P=A[(P/A,i,m+n)-(P/A,i,m)]$。

永续年金是指无限期定额支付的年金。养老金就是永续年金的典型例子。永续年金就是普通年金中 n 值趋向无穷大,永续年金没有终值,只有现值。作为一个无穷级数,永续年金的现值就是 $P=A/i$。

年金这种现金流形式在实践中十分常见,因此年金的等值金额计算也显得十分重要。年金的计算,实际上就是相等金额的系列资金换算为等值资金的过程;在这个过程中,虽然有各种系数表可以帮助简化计算工作,但是系数表并不能应对所有情形,比如采用的收益率为 5.75%时,就无法直接从系数表中获取对应的系数值。因此,建议使用微软 Office 软件中的 Excel 软件来处理年金以及其他关于货币时间价值的计算问题。Excel 可以方便地以表格形式反映各种类型的现金流,同时还可调用 Excel 内置函数库的各种函数,尤其是财务类型的函数来简化计算,如计算现值的 PV 函数,以及后面章节涉及的净现值 NPV 函数、内部收益率 IRR 函数等。

习 题

一、简答题

1. 如何理解资金的时间价值?影响资金时间价值的因素有哪些?

2. 什么是现金流量?在进行工程项目投资分析时,为简化计算,通常分别假设哪些现金流量发生在年末或年初?

3. 什么是年金?什么是普通年金和预付年金?

二、计算题

1. 假如以单利方式借入 1000 万元，年利息率 7%，5 年到期一次偿还本息，试求到期应归还的本利和是多少？若以复利方式计算，则到期应还的本利和是多少？复利和单利条件下的本利和的差额是从哪里来的？

2. 某建设项目进行贷款，第 0 年年末贷款 100 万元，第 1 年年末贷款 200 万元，第 2 年年末贷款 150 万元，贷款年利息率均为 8%，第 7 年年末一次偿还，问需要还款多少万元？

3. 某投资项目预计可一次性在 6 年后获得总收益 110 万元，按投资报酬率 10%计算，则现在应投资多少？

4. 假设某公司在 4 年内每年年末在银行存款 200 万元作为以后的发展基金，存款年利息率为 10%，则 4 年后应从银行取出的本利和为多少？

5. 建设某企业现有一笔 5 年后到期的借款，到期值为 1000 万元，若存款复利息率为 10%，则为偿还该项借款而建立的偿还基金应为多少？

6. 某人借款 10 000 元，偿还期为 3 年，年利息率为 10%。若每年年末等额偿还本息，每期应偿还多少？

7. 某人为其孩子上大学准备了一笔资金，打算让孩子在今后的 4 年中，每月从银行取出 500 元作为生活费。现在银行存款月利息率为 0.3%，那么此人现在应存入银行多少钱？

8. 根据如图 4.6 所示的某项目的现金流量计算该项目的净现金流量。（单位：万元）

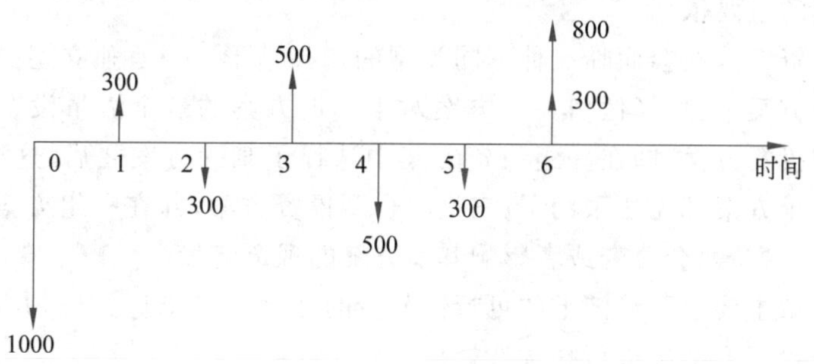

图 4.6　某项目的现金流量计算

9. 某投资工程，第 4 年投产，生产期 20 年，预测投产后年均净收益 180 万元，若期望投资收益率为 15%，如果第 1 年年初投资 400 万元，第 2 年年初投资 300 万元，做出现金流量图并求第 3 年年初尚需投资多少万元？

三、作图题

某房地产公司有两个投资方案 A 和 B。A 方案的寿命周期为 4 年，B 方案的寿命周期为 5 年。A 方案的初期投资为 100 万元，每年的收益为 60 万元，每年的运营成本为 20 万元。B 方案的初期投资为 150 万元，每年的收益为 100 万元，每年的运营成本为 20 万元，最后回收资产残值为 50 万元。试绘制两方案的现金流量图。

第5章

项目的经济可行性分析

第 4 章学习了资金的时间价值和等值资金的基础知识，并学习了不同时点的资金转变为现值、终值和年金等相同时点的等值资金，以进行比较或加总的方法。在这种方法下，可以把不同时点的收入、成本换算到同一时点，使得“利润＝收入－成本”的计算更客观、更合理。本章就是对第 4 章的概念和方法在项目可行性分析中的具体应用。

项目可行性分析是项目建设前必不可少的工作，是投资决策的主要依据，主要是对投资项目在技术、工程、经济上是否合理可行进行全面分析、论证，有时会做多方案比较，为编写设计任务书提供可靠依据。项目可行性也是投资者选择投资方案的主要依据。

投资者一般会面临三种不同类型的选择情形：一是独立型投资方案，即在多个投资方案中，选择任何一个方案对于其他方案的现金流量没有影响；二是两两互斥型投资方案，即在一组投资方案中选择了某一方案之后，这组方案中的其他任何一个方案都无法采用了；三是混合型投资方案，即在一组方案中，如果选择或拒绝某一方案，会改变或者影响其他方案的现金流量。

本章主要学习经济上的可行性分析的几个基础指标方法，并用以在独立型和互斥型投资方案中进行择优选择。

5.1 静态投资回收期

静态分析法，是指不考虑货币的时间价值，把不同时期的现金流量的价值直接相加减和比较的一种方法。静态分析指标的最大特点就是计算简便，是在对技术方案进行粗略评价，或对短期投资方案进行评价时常常选用的方法。

静态投资回收期(Static Payback Period on Investment)是一种典型的静态分析法，是指在不计资金的时间价值的条件下，该项目方案每年的净收益补偿全部项目投资所需的时间；也叫 Payback time，缩写为 PBT。PBT 一般以年为单位，自项目建设开始年算起。如果其他条件不变，理论上回收期越短，该项目方案投资风险就越小，就越有可能盈利。因此，PBT 是考察项目财务上投资回收能力的一个重要指标。用公式表示如下：

$$\sum_{t=1}^{P_t}(\mathrm{CI}-\mathrm{CO})_t=0 \tag{5-1}$$

式中，P_t 表示静态投资回收期(年)；CI 表示现金流入量；CO 表示现金流出量；$(CI-CO)_t$ 表示第 t 年的净现金流量。

通常可用累计现金净流量的方法来计算投资回收期。在有关现金流量的计算中，为了统一计算口径，有一些处理数据的惯例。如现金流量无论是流入还是流出，都设定为只发生在期初或期末两个时点上；如果以年为期间，那么投资通常都假设在年初投入，而营业收入的现金流入则确认于年末实现，项目终结回收的运营资金也发生在项目经营期末。同时，如无特别说明，项目的流动资金投入也假定可在项目营业期终结时如数全部收回。下面用一个例子具体说明 PBT 方法如何具体运用。

例 5-1：某公司拟购一台机电设备，有两个方案供选择：①甲方案：投资 20 000 元，使用寿命为 5 年，直线法折旧，无残值；5 年内每年带来销售收入 9000 元，每年的待付现成本费用为 3000 元；②乙方案：投资 22 000 元，使用寿命为 5 年，直线法折旧，有残值 4000 元；5 年内每年带来销售收入 9500 元，待付现成本费用第一年为 3000 元，以后每年递增修理费 400 元，另需垫支流动资金 3000 元。设企业所得税税率为 25%。企业能够接受的最短期望投资回收期是 4 年。使用 PBT 指标判断公司选择哪一个方案有利？

解：根据题意，可做出甲方案各年的净现金流量，见表 5.1。

表 5.1 甲方案各年的净现金流量表 （单位：元）

年　份	0	1	2	3	4	5
固定资产投资	−20 000					
营运资金垫支	0					
销售收入		9000	9000	9000	9000	9000
付现成本		−3000	−3000	−3000	−3000	−3000
折旧		4000	4000	4000	4000	4000
税前利润		2000	2000	2000	2000	2000
所得税		−500	−500	−500	−500	−500
税后净利		1500	1500	1500	1500	1500
固定资产残值						0
营运资金回收						0
现金流量合计	−20 000	5500	5500	5500	5500	5500
累积净现金流量	−20 000	−14 500	−9000	−3500	2000	7500

解：以第一年的数据为例，从上往下依次为：

① 销售收入 9000 元自然是当期期末的现金流入。

② 付现成本费用 3000 元即是期末现金流出。

③ 年折旧 4000 元。直线折旧法就是按设备使用寿命平均折旧的意思，即“年折旧额＝(设备总投资−设备净残值)÷使用年限”。本例中设备无残值，所以年折旧额为 20 000÷5＝4000 元。因为折旧不涉及现金流出或流入，是不计入净现金流量的。这里计算折旧是为了下一步计算税前利润。

④ 税前利润 2000 元=9000 元−3000 元−4000 元。

⑤ 所得税 500 元=2000 元×25%。

⑥ 税后净利润 1500 元=2000 元−500 元

⑦ 本年度现金净流量 5500 元=9000 元−3000 元−500 元。

⑧ 本年度累积现金净流量−14 500 元=−20 000 元+5500 元。

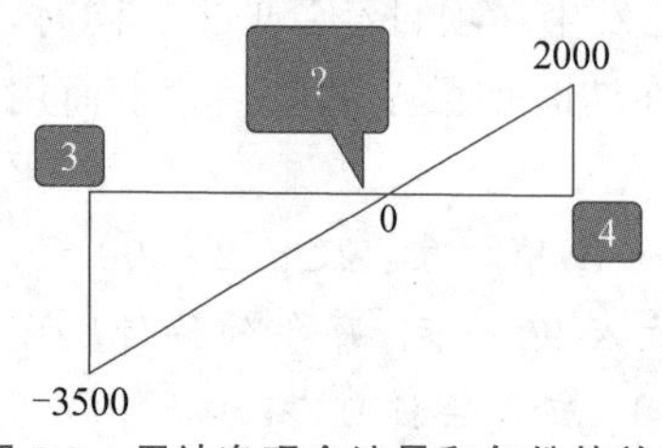

图 5.1 累计净现金流量和年份的关系

可见甲方案的累积净现金流量由第 3 年的−3500 元变为第 4 年的 2000 元,则累积净现金流=0(即累积净现金流入=项目投资总额)的时刻就在第 3~4 年之间的某个时刻。图 5.1 画出了累计净现金流量和年份的关系。横坐标是年份,纵坐标是累积净现金流量值。那么 PBT 的值就位于纵坐标值为 0 时的年份值。

运用数学方法很容易计算 PBT 的值:

$$\text{PBT}_{甲} = 3 + 3500/(3500 + 2000) = 3.64 \text{ 年}$$

同理,计算方案乙的各年度的净现金流量,得到表 5.2。

表 5.2 乙方案各年的净现金流量表 (单位:元)

年 份	0	1	2	3	4	5
固定资产投资	−22 000					
营运资金垫支	−3000					
销售收入		9500	9500	9500	9500	9500
付现成本		−3000	−3400	−3800	−4200	−4600
折旧		3600	3600	3600	3600	3600
税前利润		2900	2500	2100	1700	1300
所得税		−725	−625	−525	−425	−325
税后净利		2175	1875	1575	1275	975
固定资产残值						4000
营运资金回收						3000
现金流量合计	−25 000	5775	5475	5175	4875	11 575
累积净现金流量	−25 000	−19 225	−13 750	−8575	−3700	7875

乙方案的累积净现金流量由第 4 年的−3700 元变为第 5 年的 7875 元,则 PBT 在 4~5 年之间的某个时刻。用和甲方案类似的计算方法可得 $\text{PBT}_{乙}=4.32$ 年。比较两个方案,$\text{PBT}_{甲}=3.64$ 年$<\text{PBT}_{乙}=4.32$ 年,公司应选择方案甲。

静态投资回收期法易于理解、计算简单;现实中 PBT 越短的项目盈利能力和抗风险能力表现越好;指标也在一定程度上显示了资本的周转速度。但是,这种方法的局限性也是很明显的。最大的问题在于计算过程中将不同年度现金流直接加总,未考虑资金的时间价值;这一点在项目周期长时可能会带来很大偏差。其次,静态投资回收期仅计算投资回收时间,未考虑投资规模和净利润的大小,并且完全不考虑 PBT 后的各期现金流量,可能会带来决策失误。例如，两个均在第 0 年投资 1000 万元的项目，其后各年度的现金净流入如表 5.3 所示，两个项目的 PBT 都为 2 年，但是项目 B 的经济效益要好于项目 A。这是单凭 PBT 指标所无法判断的。

表 5.3　项目 A 和 B 各年度的现金净流入

	项 目 A	项 目 B
1	400	500
2	600	500
3	600	700
4	/	800

最后，投资方期望的投资回收期也是一个相对主观确定的因素。因此，PBT 方法一般仅用于方案的初步评价，无法全面反映一个项目的盈利能力和风险大小。

现实经济中，国家根据国民经济各部门、各地区的具体经济条件，按照行业和部门的特点，结合财务会计上的有关制度及规定，颁布行业基准投资回收期 P_C。若 $P_t \leqslant P_C$，则项目仍需视其他指标表现；若 $P_t > P_C$，则项目不可行。

为了减少静态 PBT 的偏差，可以引入资金的时间价值概念对这个方法进行修正，即把每一年的现金流量用复利的技术方法贴现为投资期的现值，然后计算总投资回收期。这就是动态投资回收期的概念。用公式表示如下：

$$\sum_{t=0}^{P_t'} (CI - CO)_t (1 + i)^{-t} = 0 \tag{5-2}$$

式中，P_t' 表示动态投资回收期(年)；CI 表示现金流入量；CO 表示现金流出量；$(CI-CO)_t$ 表示第 t 年的净现金流量，i 是年利息率。

需要注意的是，动态投资回收期指标虽然考虑了资金的时间价值，但仍未考虑投资回收期以后的各期间的现金流量。

5.2　投资回报率

投资回报率(Return On Investment，ROI)是指项目在正常生产年份的年均税前利润与项目投资总额的比率，其与投资回收期法是典型的两种静态方法。投资回报率指标可用公式表示如下。

$$ROI = 年均税前利润 / 总投资额 \times 100\% \tag{5-3}$$

如例 5-1 中的方案乙，根据每年的净收益计算其投资回报率为

$$\begin{aligned} ROI_{乙} &= (2900+2500+2100+1700+1300)/5/25\,000 \times 100\% \\ &= 8.4\% \end{aligned}$$

将计算出的 ROI 与当时的行业基准收益率 $\boldsymbol{R}$ 进行比较(也可以使用行业平均收益率，或投资者期望的收益率)，若 $ROI \geqslant R$，则投资方案可以考虑接受；相反，则技术方案是不可行的。基准收益率是企业、行业或投资者可接受的投资项目最低标准的收益水平，即在对项目资金时间价值的估值的基础上，选择特定的投资机会或投资方案必须达到的最低预期收

益率。基准收益率是一个十分重要的经济参数,一方面,它既受到客观条件的限制,是国家、部门或行业所规定的不同部门和行业投资项目应该达到的收益率标准;另一方面,它又受投资者的主观愿望决定。如果政府或行业给出的基准收益率是9%,则投资者(尤其是政府系资金)低于9%的期望收益率是不合乎制度规定难以实施的。而如果某个投资者要求的最低收益率是11%,那么ROI≥11%的投资方案才是可行的。从这个意义上说,基准收益率又被称为最低期望收益率(Minimum Attractive Rate of Return,MARR)。

在我国,国有资产监督管理委员会、国家统计局和财政部等部门以行业参数测算结果为基础,结合专家调查结果,综合考虑实际情况和多方面的因素,最终正式发布各行业建设项目财务评价参数,其中就包括基准收益率。政府或国企投资项目的预期收益率必须高于这个基准收益率。

投资回报率的计算剔除了因投资额不同而导致的利润差异的影响,因而具有横向可比性;其计算简便,经济意义明确、直观,可以简单地理解为投资回报率越高,投资的盈利性就越强。不同行业的投资回报率是不相同的,通常为5%~20%。

投资回报率指标同样没有考虑投资收益的时间价值,因此对于周期越长的项目,指标值与实际值的偏差就越大。因此在实际运用中,为了减小指标偏差,又提出了动态投资回报率的概念。此外,对折旧的不同会计处理,会造成净利润的不同,进而可能影响ROI的取值,在项目的横向比较时应引起注意。

除了上述的资本回报率指标以外,有时还使用资本金净利润率(ROE)指标,计算公式如下。

$$\text{ROE}=\text{年均净利润} / \text{总股权资本} \times 100\% \tag{5-4}$$

一般ROE越高,意味着股权投资盈利水平也就越高;反之,则情况相反。对于一个投资方案来说,若ROI或ROE高于同期银行贷款利息率,则适度举债是有利的;反之,过高的负债比例将损害企业和投资者的利益。可见,ROI或ROE指标不仅可以用来衡量技术方案的经济可行性,还可以作为项目筹资决策参考的依据。

5.3 净 现 值

净现值(Net Present Value,NPV)是把项目周期内各年的净现金流量,按照一个给定的折现率,或称基准收益率折算到建设期初(项目周期开始,即第0年)的现值之和。将这个值与项目的初始投资额进行比较,以此来判断该项目能否为企业带来收益。

下面根据净现值的定义推导一下净现值的计算方法。假设某投资方案各年的净现金流量为A_t,注意净现金流量和年金的不同,每年的净现金流可以为正,可以为负,给定的折现率为i,项目寿命期为n,则有表5.4。

表5.4 每年度净现金流量

年 份	0	1	2	…	$n-1$	n
净现金流量A_t	A_0	A_1	A_2	…	A_{n-1}	A_n
NPV	A_0	$\frac{A_1}{1+i}$	$\frac{A_2}{(1+i)^2}$	…	$\frac{A_{n-1}}{(1+i)^{n-1}}$	$\frac{A_n}{(1+i)^n}$

净现值可以用公式表示为

$$NPV=\sum_{t=0}^{n}(CI-CO)_t(1+i_0)^{-t} \tag{5-5}$$

式中，i_0 为给定的折现率。

沿用例 5-1 中甲方案的数据，假设给定折现率为 10%，可计算甲方案各年净现金流的现值。可以在复利现值系数表 4.3 中，根据（$i=10\%$，$n=0\sim5$ 年）查到相应的复利现值系数表，如表 5.5 所示。

表 5.5　$i=10\%$，$n=0\sim5$ 年相应的复利现值系数表

年　份	0	1	2	3	4	5
各年净现金流量	－20 000	5500	5500	5500	5500	5500
复利现值系数	1	0.9091	0.8264	0.7513	0.6830	0.6209
各年净现金流量的现值	－20 000	5000.05	4545.20	4132.15	3756.50	3414.95

所以，NPV ＝－20 000＋5000.05＋4545.20＋4132.15＋3756.50＋3414.95
＝848.85 元

计算 NPV 时使用的折现率往往取基准收益率，这也是基准收益率也被称为基准折现率的原因。当然，在具体实践中，如果投资者期望的投资收益率是 11%，高于行业或政府给定的 10%的基准收益率时，则应该使用投资者要求的 11%的收益率来计算 NPV。

应用 NPV 法对单个方案进行评估时，若该项目方案的 NPV≥0，该方案在经济上是可行的；若项目方案的 NPV＜0，则该方案在经济上是不可行的。如果是几个互斥、投资额相同、项目周期相等的方案，那么 NPV 最大且为正的方案为最优方案。

当面对投资周期相同但是投资总额差距较大的多种方案进行比较时，往往使用净现值法的衍生方案，即差额净现值法。假设需要比较两个周期相同的项目投资方案，方案 A 的投资额大于方案 B。项目差额净现值法通常将方案 A 分解成两个投资方案，一个和方案 B 投资额相同、各期间的净现金流量也相同的方案 A1（往往就用方案 B 表示），及一个以两方案“投资额的差值”为投资额的、以两方案“各期间净现金流量差值”为各期净现金流量的方案 A2，实际上可以认为方案 A 是在方案 B 的基础上追加投资方案 A2 后形成的。若方案 B 可行，只要追加投资方案 A2 可行，则方案 A 一定可行，并且优于方案 B。

例 5-2：某企业面对 A、B、C、D 共四个互斥的投资方案，项目周期均为 10 年，期末无残值和项目关停费用。各项目的有关数据如表 5.6 所示。假设投资者期望的收益率为 10%。试确定最优方案。

表 5.6　A、B、C、D 四种方案的投资额和年净现金流量

投资方案	投资额/万元	年净现金流量/万元
A	65 000	13 000
B	20 000	2710
C	40 000	6870
D	10 000	1770

解：首先，根据投资规模从小到大排序，有

$$D<B<C<A$$

① 计算投资额最小的方案D的净现值：

$$\begin{aligned}NPV_D &= -10\,000 + 1770 \times (P/A, 10\%, 10) \\ &= -10\,000 + 1770 \times 6.1446 \\ &= 875.94 \text{ 万元} > 0,\end{aligned}$$

即方案D是可行的。

② 比较方案D和方案B，即判断方案B2是否可行。方案B2就是一个投资额为(20 000−10 000)=10 000万元、年净现金流量为(2710−1770)=940万元的追加投资方案。则方案B2的现值为：

$$\begin{aligned}NPV_{B2} &= -10\,000 + 940 \times (P/A, 10\%, 10) \\ &= -10\,000 + 940 \times 6.1446 \\ &= -4224.07 \text{ 万元} < 0,\end{aligned}$$

即方案B2是不可行的。方案D是目前最优。

③ 比较方案D和方案C。方案C2的现值为：

$$\begin{aligned}NPV_{C2} &= -(40\,000-10\,000) + (6870-1770) \times (P/A, 10\%, 10) \\ &= -30\,000 + 5100 \times 6.1446 \\ &= 1337.46 \text{ 万元} > 0,\end{aligned}$$

即方案C优于方案D。方案C是目前最优。

④ 比较方案A和方案C。此时的A2方案应以方案C为标准来构造。

$$\begin{aligned}NPV_{A2} &= -(65\,000-40\,000) + (13\,000-6870) \times (P/A, 10\%, 10) \\ &= -25\,000 + 6130 \times 6.1446 \\ &= 12\,666.40 \text{ 万元} > 0,\end{aligned}$$

即方案A优于方案C。

所以最优方案是方案A。

前面进行比较的都是项目寿命或投资周期相等的互斥方案。当互斥方案的项目寿命不等时，一般情况下，各方案的现金流在各自寿命期内的现值不具有可比性。例如，两个投资额相近但投资期间分别为8年和16年的项目，即便计算出来的$NPV_8 > NPV_{16}$，也很难给出8年的项目一定优于16年的项目的判断。这时往往通过构造一个相同的投资期，才能进行各个方案之间的比选。通常是求出两个方案投资周期的最小公倍数，以上文的例子来说即为16年，即让8年的投资方案重复一次，计算两个8年期的NPV再与16年方案的NPV比较。因此这种方法被称为最小公倍数法或方案重复法。

例5-3：有A、B两个互斥型投资方案，各方案的投资及现金流量如表5.7所示(表中年度净现金流量不含期末的残值收入)，假定基准收益率为15%，试用最小公倍数法对方案进行评价。

表5.7　A、B方案的投资额和年净现金流量

方　案	投资额/万元	项目寿命/年	年净现金流量/万元	残值/万元
A	6000	3	2700	0
B	7000	4	3000	200

解：A、B两个项目寿命期的最小公倍数为12，则应以12年为统一投资期计算NPV值进行比较。

① 方案A重复投资4次。做出现金流量(见图5.2),可以帮助我们正确计算其净现值。每年的净现金流量为2700万元。

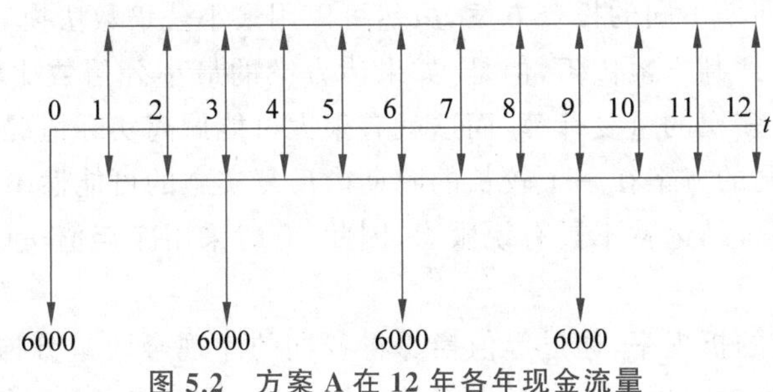

图5.2　方案A在12年各年现金流量

计算方案A在12年的净现值。

$$NPV_A = -6000 - 6000\times(P/F,15\%,3) - 6000\times(P/F,15\%,6) - 6000\times(P/F,15\%,9) + 2700\times(P/A,15\%,12)$$

$$= -6000\times(1+0.6575+0.4323+0.2843)+2700\times5.4206$$

$$= 391.02 \text{ 万元}$$

② 方案B重复投资3次。每年的净现金流量为3000万元,并在12年内共有3次残值带来的现金流入。可做出如下的现金流量图(见图5.3)。

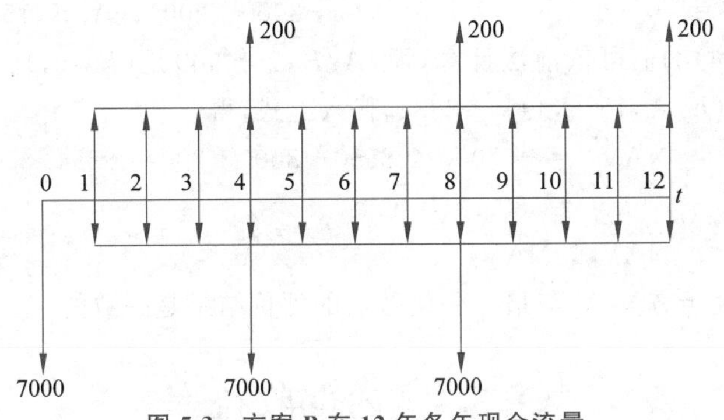

图5.3　方案B在12年各年现金流量

$$NPV_B = -7000 - 7000\times(P/F,15\%,4) - 7000\times(P/F,15\%,8) + 3000\times(P/A,15\%,12) + 200\times(P/F,15\%,4) + 200\times(P/F,15\%,8) + 200\times(P/F,15\%,12)$$

$$= -7000\times(1+0.5718+0.3269)+3000\times5.4206+200\times(0.5718+0.3269+0.1869)$$

$$= 3188.02 \text{ 万元}$$

$$NPV_B > NPV_A$$

所以应选择方案B。

NPV法综合考虑了资金的时间价值(PBT法不考虑投资回收后各期的资金流量),使得各期现金流具备了可比性;NPV指标的经济意义也十分明确和直观;相比PBT不适于方案间的比较,NPV法可有效进行方案间的横向比较。但是NPV法在实际运用中也存在一些问题,可能会导致不科学的决策。首先,确定一个符合当前具体实际的基准折现率(或预期收益率）是比较困难的，如果折现率定的略高，具有经济效益的、可行的项目就有可能被拒绝；而如果折现率取的偏低，不合理的项目也可能被实施。

其次，对于投资周期不同的投资方案，虽然可以用最小公倍数法换算出各方案在相同期间的净现值然后用以评判方案优劣，但是，如果诸方案的最小公倍数比较大，则就需要对计算期较短的方案进行多次的重复计算，而这就有很大可能偏离实际情况，因为技术是在不断进步的，一个完全相同的方案在一个较长的时期内反复实施的可能性不大，这种情况下用最小公倍数法得出的评价结论就不具有说服力，因此，有时采用净年值法（Net Annual Value，NAV）来解决问题。

净年值法按给定的折现率，通过等值换算将各期的净现金流量分摊为相同投资期的等额年金，这样以"年"为时间单位比较各方案的经济效果，从而使寿命不等的互斥型投资方案具有可比性。仍以例 5-3 进行说明。

首先将方案 A 的投资额 6000 万元转换为等值的 3 年的年金，即

$$NAV_A = -6000 \times (A/P, 15\%, 3) + 2700$$

其中，$(A/P,15\%,3)$是$(P/A,15\%,3)$的倒数，查年金现值系数表可得$(P/A,15\%,3)=2.2832$，代入上式，得

$$NAV_A = 72 \text{ 万元}$$

同理，投资寿命 4 年的方案 B 的现金流量可年金化为

$$NAV_B = -7000 \times (A/P, 15\%, 4) + 3000 + 200 \times (A/F, 15\%, 4)$$

其中，$(A/P,15\%,4)$的值可依前法计算，而$(A/F,15\%,4)$是$(F/A,15\%,4)$的倒数，查年金终值系数表可得$(F/A,15\%,4)=4.8834$，代入上式，得

$$\begin{aligned} NAV_B &= -7000/2.8550 + 3000 + 200/4.8834 \\ &= 589.12 \text{ 万元} \end{aligned}$$

$$NAV_B > NAV_A$$

所以，方案 B 优于方案 A，与最小公倍数法的评价结果是一致的。

5.4 内部收益率

5.3 节以例 5-1 的数据，折现率取 10%计算出 NPV=848.85 元。这是一个 NPV>0 的项目，经济上是可行的。但是，如果投资环境发生变化，投资者期望的最低收益率变为 11%或更高，那么需要重新计算 NPV 才能判断项目的经济可行性。这就给运用 NPV 指标评判投资决策带来烦琐的计算，同时，主观上取不同的折现率也会影响投资决策。为了避免这些负面影响，我们在 NPV 指标的基础上，发展出了内部收益率（Internal Rate of Return，IRR）指标，以便更好、更方便地比较和判断投资方案的优劣。

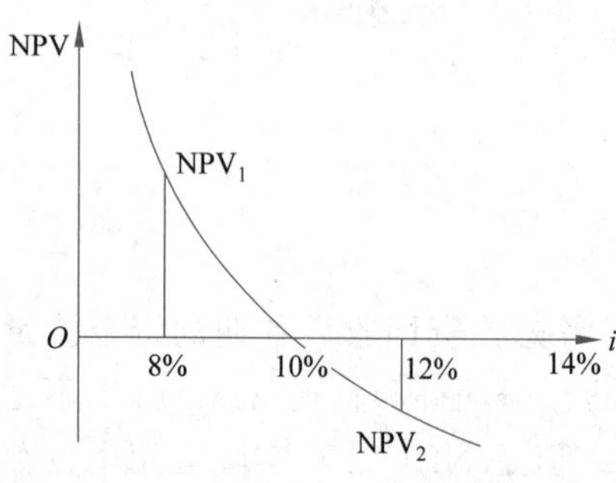

图 5.4 NPV 与折现率 i 之间的关系

根据 NPV 的计算过程，可以看出 NPV 与折现率取值之间是负相关的关系。如图 5.4 所示，在各项目期间的现金流已经确定不变的

条件下，纵轴表示的 NPV 值和横轴表示的折现率值之间存在图中弧线代表的函数关系。假设当折现率取值 8%时的 $NPV_1>0$，而折现率为 12%时的 $NPV_2<0$，那么必然有一个折现率使得 NPV=0。这个使 NPV=0 时的折现率，定义为内部收益率。

根据 IRR 的定义可得计算 IRR 的公式，如下。

$$\sum_{t=0}^{n}(CI-CO)_t(1+IRR)^{-t}=0 \tag{5-6}$$

解这个方程，即可求出 IRR 的值。实际手动计算时，往往采用逼近法计算。具体步骤如下：①根据经验，选定一个适当的折现率 i；②使用选定的折现率 i，求出方案的净现值 NPV；③若 NPV>0，则适当使 i 继续增大；若 NPV<0，则适当使 i 继续减小；④重复步骤③，直到找到这样的两个取值十分接近的折现率 i_1 和 i_2，其对应的净现值 $NPV_1>0$，$NPV_2<0$；⑤最后采用线性插值法求出内部收益率的近似解。为了保证 IRR 的精确，i_1 和 i_2 之间的差距一般以不超过 2%为宜。

对于一个已估算出各期现金流量且不再发生变动的投资项目来说，IRR 是一个唯一独立的值，这就避免了由于投资者预期收益率变动带来 NPV 变动需要重新计算的问题。如果一个方案的 IRR 大于投资者预期收益率(同时也大于基准收益率)，就意味着方案在经济上是可行的；因为 IRR 意味着 NPV=0，那么比 IRR 要小的预期收益率所对应的 NPV 一定是大于 0 的，亦即投资在经济上是可行的；反之则是不可行的。同一个投资项目，如果估算的各期现金流量不同，就会达到不同的 IRR 值；而 IRR 越高，说明投资效益越好，反之则投资效益较差。

例 5-4：某电气项目投资方案净现金流量如表 5.8 所示(单位：万元)，假设投资者的预期收益率=基准收益率=10%，用 IRR 指标判断项目的经济可行性。

表 5.8　某电气项目投资方案净现金流量

t 年年末	0	1	2	3	4	5
净现金流量/万元	−2000	300	500	500	500	1200

解：①取折现率 $i=12\%$ 试算 NPV_1：

$$\begin{aligned}NPV_1&=-2000+[300+500(P/A,12\%,3)](P/F,12\%,1)+1200(P/F,12\%,5)\\&=21.0\text{ 万元}>0\end{aligned}$$

② 再取折现率 $i=14\%$ 试算 NPV_2：

$$\begin{aligned}NPV_2&=-2000+[300+500(P/A,14\%,3)](P/F,14\%,1)+1200(P/F,14\%,5)\\&=-91.0\text{ 万元}<0\end{aligned}$$

③ 得到图 5.5。连接点(12%，21)和点(14%，−91)，可得到一条直线。该直线交于横轴的点对应的折现率就是 NPV=0 的折现率，即所求的 IRR。

可以看出，计算出来的 IRR 是直线与横轴的交点，但实际 IRR 应该是凸向曲线与横轴的交点，这在数学上是可以证明的，此处略去。因此，计算出来的近似的 IRR 相比实际 IRR 要大一些。

④ 根据图 5.6 求得近似的 IRR。

$$IRR=12\%+(14-12)\times21/(21+91)\times100\%=12.38\%$$

由于 12.38%的 IRR 值是大于投资者的预期收益率的，因此该项目是可行的。

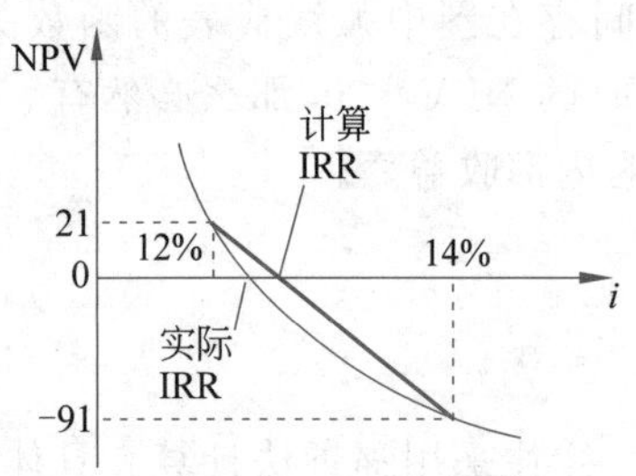

图 5.5 例 5-4 中 NPV 与折现率 i 的关系

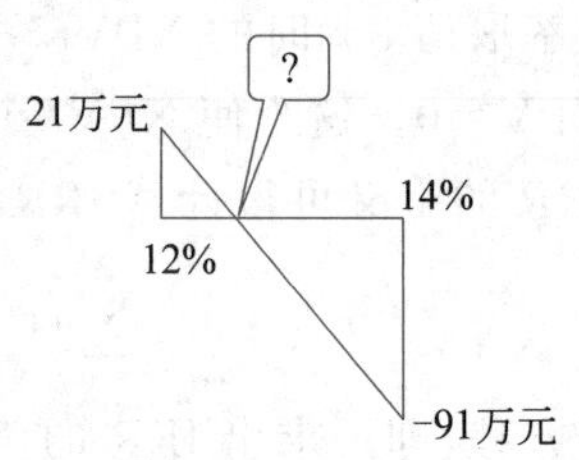

图 5.6 例 5-4 中 NPV 与折现率 i 的关系求得 IRR

在计算 IRR 时,还可以调用 Excel 软件中预设的 IRR 函数。IRR 函数通过多次迭代计算出来的值比上面用插值法计算出来的值要更接近实际 IRR。

IRR 是投资经济效果评价的最基本的方法,这个指标只与项目本身的现金流量有关,不需要事先找到一个难以客观确定的基准收益率。这个方法最大的缺点是该指标对单一投资方案可行与否的评价是科学准确的,但对于多个方案的比较时需要谨慎;因为 IRR 值较大的方案,并不一定在投资收益上就优于 IRR 值较小的方案。同时,如果项目在经营期内有追加投资时,各期的现金净流量会出现两次或更多的正值、负值间的变动(即 NPV 曲线多次穿过横轴),这就会产生两个或两个以上不同的 IRR 值,给投资方案的评价和选择带来困难。

NPV 和 IRR 都是动态评价方法,都是投资方案可行性分析使用的重要指标。在存在多个总投资额相近的投资方案情况下,NPV 和 IRR 之间的评价结论是一致的、等价的。但是,如果方案间投资额相差较大,就有可能出现 NPV 和 IRR 两个指标之间的矛盾。

例 5-5:方案 A、方案 B 是项目周期相同的互斥方案,其各年的净现金流量如表 5.9 所示(单位:万元),假设投资者预期收益率=基准收益率=10%,问如何选择方案?

表 5.9 A、B 方案的年净现金流量 (单位:万元)

年份	0	1	2	3	4	5	6	7	8	9	10
A 方案的净现金流量	−2300	650	650	650	650	650	650	650	650	650	650
B 方案的净现金流量	−1500	500	500	500	500	500	500	500	500	500	500

解:分别计算两个方案的 NPV 和 IRR,计算过程同例 5-4,可得表 5.10。

表 5.10 A、B 方案的 NPV 和 IRR

指标 方案	NPV/万元	IRR/%
A	1693.97	25.30
B	1572.28	31.11

从上面的计算结果可知,NPV_A、NPV_B 均大于零,IRR_A、IRR_B 也均大于基准折现率 10%,所以方案 A 和方案 B 都能通过绝对经济效果检验,但是,按净现值 NPV 最大准则方案 A 优于方案 B;而以内部收益率 IRR 最大为比选准则,方案 B 优于方案 A。那么到底按哪种准则进行互斥方案比选更合理呢?

可以把方案 A 分解为两份方案，即方案 A1 和方案 A2；两个方案的现金流量如表 5.11 所示。

表 5.11　A1 和 A2 方案的现金流量　(单位：万元)

年份	0	1	2	3	4	5	6	7	8	9	10
A1	−1500	500	500	500	500	500	500	500	500	500	500
A2	−800	150	150	150	150	150	150	150	150	150	150

可以看出方案 A1 与方案 B 完全相同，而方案 A2 的 NPV＝121.69 万元，IRR＝13.43％，其 NPV＞0，IRR＞10％，即方案 A2 在现有资金环境下也是盈利的。因此在没有其他投资额合适的、优于方案 A2 的投资方案的前提下，方案 A 优于方案 B。

上例中投资额不等的互斥方案比选的实质是判断差额投资(也可用作追加投资方案的评价)的经济合理性，即投资大的方案相对于投资小的方案多投入的那部分资金能否带来满意的差额收益。若差额投资能够带来满意的差额收益，则投资额大的方案优于投资额小的方案，否则，投资额小的方案优于投资额大的方案。

本章讲述了项目的经济可行性分析所使用的主要指标及基本运用方法，其核心是项目的盈利能力分析。项目的经济分析还应包含偿债能力的分析，其主要指标包括利息备付率、偿债备付率和资产负债率等，限于篇幅，在此不做赘述。

习　题

一、简答题

1. 什么是静态投资回收期？如何应用投资回收期对项目进行经济评价？此方法的优缺点是什么？

2. 何为内部收益率？如何运用内部收益率进行项目的经济评价？

3. 什么是净现值？其经济含义和评价准则是什么？

4. 静态评价指标有哪些特点？

二、计算题

1. 某投资方案的现金流量如表 5.12 所示，计算该方案的静态投资回收期。

表 5.12　某投资方案的现金流量　(单位：万元)

期　数	0	1	2	3	4	5	6	7	8
现金流入	/	/	/	900	1100	1100	1100	1100	1100
现金流出	/	500	600	600	600	600	600	600	600

2. 某新建项目的预期净现金流量如表 5.13 所示。

表 5.13　新建项目的预期净现金流量　(单位：万元)

年　份	0	1	2	3	4	5	6	7
净现金流量	−1000	−500	300	400	500	500	500	500

若基准投资回收期为 5 年,试计算其静态投资回收期及净现值,并判断其经济上的可行性($i=10\%$)。

3. 某项目方案的各年净现金流量如表 5.14 所示。基准折现率 $i_c=8\%$。试根据项目的财务净现值 NPV 判断此项目是否可行。

表 5.14　某项目方案的各年净现金流量　(单位:万元)

年　份	1	2	3	4	5	6	7
净现金流量	-4000	-5000	1000	3000	3000	3000	3000

4. 某工程项目现金流量如表 5.15 所示,①试计算其内部收益率;②若基准收益率为 12%,判断此项目的经济可行性。

表 5.15　某工程项目现金流量　(单位:万元)

年　份	0	1	2	3	4	5	6
净现金流量	-130	35	35	35	35	35	35

5. 某投资方案,第 0 年年初投资 400 万元,第 1、2 年年末的收入为 80 万元、90 万元,第 3~6 年的收入均为 100 万元/年。若基准折现为 10%,试计算:①动态投资回收期;②净现值;③内部收益率。

6. 某公司现有资金 800 万元用于新建项目,预计建设期 2 年,生产期 20 年,若投产后的年均收益为 180 万元时,期望投资收益率为 18%,建设期各年投资如表 5.16 所示,试用 NPV 法从表所列方案中选优。

表 5.16　建设期各年投资　(单位:万元)

	甲方案	乙方案	丙方案
第一年	800	300	100
第二年	0	500	700

7. 某企业方案 A 原始投资额 100 000 元,使用期 5 年,各年的现金流量分别为 25 000 元、30 000 元、35 000 元、40 000 元、45 000 元,设基准折现率为 10%,试用内部收益率法评价该方案是否可行。

8. 某公司获得一批(A、B、C、D、E、F,共六个)具有潜力的、互斥的新投资方案,所有方案均有 10 年寿命,并且残值为零。项目的有关数据如表 5.17 所示,基准收益率为 10%。试确定其中哪个方案是最优方案。

表 5.17　项目的有关数据　(单位:万元)

方　案	初始费用	年净现金流量
A	100 000	16 980
B	65 000	13 000
C	20 000	2710

续表

方　　案	初 始 费 用	年净现金流量
D	40 000	6232
E	85 000	16 320
F	10 000	1 770

9. 假设有 A、B 两个投资方案。初始投资额均为 10 万元，项目寿命期均为 5 年。预期 A 方案在未来 5 年中每年的净现金流量为 3 万元；B 方案在未来 5 年中的净现金流量分别为 5 万元、4 万元、3 万元、2 万元、1 万元。如果项目所要求的收益率为 10%，试根据动态投资回收期准则决定应该选择哪个项目。

第6章

项目敏感度和风险分析

第5章学习了分析项目的可行性(盈利性)的不同方法或指标。但是,投资方案是否可行的结论,在相当程度上是建立在对收入和支出(现金流量)的估计客观准确的基础上。在实际的经济活动中,对未来现金流的估值、对项目寿命的预测等必然不可能绝对准确。因此,必须要把估值出现的一定程度的偏差对结论的可靠性影响程度的大小联系起来,以发现并把控主要风险。如何判断哪个因素估值不准确对结论的影响最大?如何衡量结论的可靠性(项目的风险)?盈亏平衡分析和敏感度分析等方法可以帮助我们回答这些问题。

6.1 不确定性与风险

项目决策人员进行投资决策和工程经济分析,都是建立在对项目未来经济状况所做的预测和估计的基础之上的,如投资总额、利息率、建设年限、项目经济寿命、产量(销量)、价格、成本等指标。这些估计值很可能与实际情况有较大差异,甚至有时某个变量会出现未能预测出的变化,这就产生了未来情况的不确定性问题。不确定性的效果是偏离预期,可能是有益的偏离,也可能是有害的偏离。有益的偏离有时被称为机会,有害的偏离要在风险管理过程中得到解决。不确定性分析,也就构成了工程经济分析的重要内容。我国发展改革委员会与住房和城乡建设部发布的《建设项目经济评估方法与参数》(第3版)明确规定,在完成基本方案的评价后,要做不确定性分析。

项目不确定性分析,就是分析在项目运行中存在的不确定性因素对项目经济效果的影响,预测项目承担和抵抗风险的能力,考察项目在经济上的可取性,以避免项目实施后出现不必要的损失。

投资方案中的技术变量、经济变量等受政治、社会因素、内外部经济环境、市场条件、技术发展情况等复杂因素的综合影响,而且这些因素是在不断变化的,这些不确定性因素在未来的变化构成了项目决策过程的不确定性。项目寿命内主要的不确定性因素来源于主观和客观两个方面。

主观方面的因素主要有:①项目数据的统计不全面或不准确。项目可行性评估中对投资额、现金流、产品市场等指标数值的预测均是建立在统计数据的基础上的,而现实经济中统计数据往往不尽完备,极大可能带来实际运营与项目计划的偏差,从而给项目经济效果带来不确定性;②预测和分析人员的有限理性。

客观方面的因素主要有：①内外部经济环境的变化。典型的如未预期到通货膨胀率。通胀的存在会导致年销售收入、年经营成本等数据与实际发生偏差，进而影响 NPV 和 IRR 等指标的准确性，同时也会改变基准折现率或投资预期回报率；对于项目周期较长的投资方案，虽然事前会考虑通胀因素，但是通胀是由国家甚至世界宏观经济情势决定的，正确预测通胀率十分困难。②技术进步。相关的技术进步会引起新老产品和工艺的替代，根据原有技术条件和生产水平所估计的年销售收入等指标就会与实际值发生偏差。③市场供求结构的变化。由于产品市场上供给和需求的变化导致产品销售收入的变动，进而给项目盈利性带来不确定性；有时原材料市场供需关系的改变，也会带来或轻或重的影响。④其他外部影响因素。如国家政策（是否扶持产业、是否享有税收优惠等）、法律制度的变化、国际经济形势的变化等，均会对项目的经济效果产生难以预料的影响。对于使用外资的项目，还需要考虑汇率变动带来的不确定性。

不确定性分析有广义和狭义两个层次的理解。狭义的不确定性分析加上风险分析，就是广义的不确定性分析。那么狭义的不确定性和风险之间有什么区别呢？

不确定性是指知道未来的可能状态，以及各种可能状态下的所有可能结果，但无法测定每一种未来状态出现的概率大小（从这个意义上来说，“不可测定”的出现概率才是真正意义上的不确定性）；而风险是指不仅知道未来的可能状态，以及各种可能状态下的所有可能结果，还知道未来状态发生的概率大小和分布（当然也是根据统计数据得到的估计值）。因此，运用概率的相关理论和方法，可以对这种不确定性进行量化分析。

不确定性分析的基本方法有盈亏平衡分析、敏感度分析和概率分析。盈亏平衡分析只用于财务效益分析，而敏感度分析和概率分析可同时用于财务效益分析和国民经济效益分析。财务效益分析和国民经济效益分析在本书的后面章节会学习到。

6.2　盈亏平衡分析

盈亏平衡分析，也叫量本利分析、BEP 分析。由于各种不确定因素的变化会影响投资方案的经济效果，当这些因素的变化达到某一临界值时，就会影响方案的可行性。各因素变化的临界值，也就是变化导致技术方案盈利与亏损的分界点，被称为盈亏平衡点（Break Even Point，BEP）。盈亏平衡分析就是通过计算 BEP 点的取值来判断投资方案对不确定因素变化的承受能力，为决策提供依据。盈亏平衡分析是盈亏平衡点不确定性分析的基础。

盈亏平衡分析按量（产量或销售量）-本（生产成本）-利（销售收入）三者之间是否呈线性函数关系可分为线性盈亏平衡分析和非线性盈亏平衡分析。

1. 线性盈亏分析

线性盈亏分析除了要求产品产量与销售收入和总成本两者均呈线性关系以外，往往还要求相当时期内产量等于销量。

$$\text{销售收入：} Y = UQ \tag{6-1}$$

$$\text{生产成本：} C = F + vQ \tag{6-2}$$

式中，U 表示产品单价；Q 表示产量（=销量）；F 表示生产的固定成本，v 表示单位变动成本。当 $Y=C$ 时即盈亏平衡点。可用图 6.1 说明盈亏平衡关系。

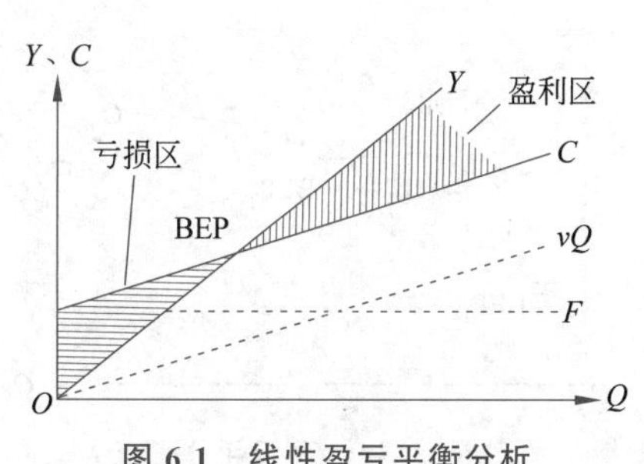

图 6.1　线性盈亏平衡分析

图中代表收入 Y 的直线与代表总成本 C 的直线交于一点,命名为 BEP,其坐标为(Q, Y)或(Q,C)。在水平线阴影区域,成本线位于收入线的上方,意味着项目是亏损的;在垂直线阴影区,成本线位于收入线的下方,意味着项目是盈利的。交点处成本=收入,即盈亏平衡点。

下面用一个例子来具体说明盈亏平衡法如何运用。

例 6-1:某项目设计年产量为 18 万吨涤纶纤维,其总成本为 8.32 亿元,其中,总固定成本 F 为 1.12 亿元,单位可变成本 v 为 4000 元/吨,销售单价 J 为 7000 元/吨。试用实际生产量 Q、生产能力利用率 R、销售收入 Y 和销售保本单价 H 计算其处于盈亏平衡时的各平衡点指标。

解: 令收入=成本,可得

$$JQ = F + vQ$$

① 由上式可得

$$\begin{aligned} Q &= F/(J-v) \\ &= 11\,200/(7000-4000) = 3.73\ \text{万吨} \end{aligned}$$

即产量=销量达到 3.73 万吨时,该项目即可保本。

② 由于 Q 和 J 是线性关系,所以当产量为 3.73 万吨时,销售收入 Y 为

$$7000 \times 3.73 = 2.61\ \text{亿元}$$

即当销售收入达到 2.61 亿元时,企业也可保本。

③ 当生产能力利用率为 R 时,产量为 $18R$ 万吨,则

$$\begin{aligned} &J \times 18R = F + v \times (18R) \\ &R = F \div [18 \times (P - v)] \\ &R = 0.207 \end{aligned}$$

即生产能力达到 20.7%时,企业可以保本。

④ 当生产能力利用率 $R=1$,即企业满负荷生产时

$$\begin{aligned} H &= F/Q + v \\ &= 11\,200\ \text{万} \div 18\ \text{万} + 4000 = 4622.22\ \text{元/吨} \end{aligned}$$

即企业满负荷生产时产品能保本的最低价格为 4622.22 元/吨。

2. 非线性盈亏平衡分析

非线性盈亏平衡分析的本质仍然是关于量-本-利三者之间相互对应关系的分析,但是三者间的关系出现了如下可能的情况:① 产量 Q 与销售收入 Y 呈线性关系,而与生产成本 C 呈非线性关系;②产量 Q 与生产成本 C 呈线性关系,而与销售收入 Y 呈非线性关系;③产量 Q、销售收入 Y、生产成本 C 三者间均呈非线性关系。这无非使得 BEP 点的计算复杂一些。由于非线性的收入函数或成本函数可能会有多个解,因此可能会出现多个 BEP 点和多个赢利区(亏损区),如图 6.2 所示。

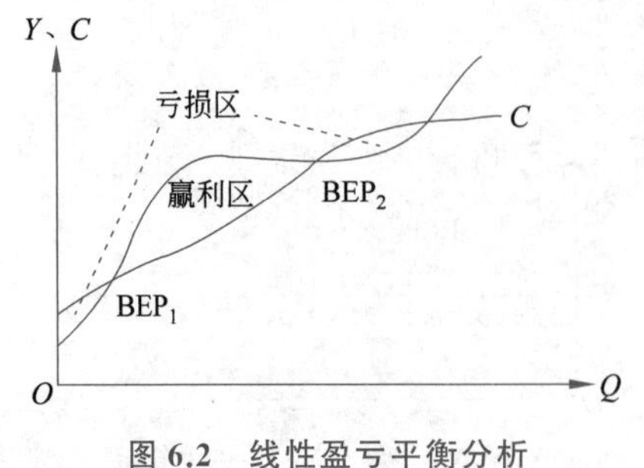

图 6.2 线性盈亏平衡分析

盈亏平衡的分析方法的局限性主要体现在这种方法只能对各不确定因素对项目的盈利水平的影响进行分析,而不能就各不确定性因素对项目经

济效益指标和投资方案影响的敏感程度进行分析。因此提出了敏感度分析法。

6.3　敏感度分析

敏感度分析研究某个或某些不确定性因素的变动给经济效果带来的不确定性的程度，为投资决策和项目管理提供依据。一般来说，如果某个因素发生较小的变动，但是会很大程度上影响原来方案结论的有效性，就说明项目对该因素变化高度敏感；反之，就意味着敏感度较弱。由于对不确定性的管理都是有成本的，所以，对敏感度高的因素，在投资前要进行重点分析，在实际工程中要加强管控；反之，可酌情处理以削减管理成本。

敏感度分析分为单因素敏感度分析和多因素敏感度分析。单因素敏感度分析假设各不确定性因素之间相互独立，一个因素变化时，其他因素保持不变；每次只考察一个变动因素的变化对项目可行性结论的影响。

单因素敏感度分析的基本步骤如下。

(1) 确定需要分析对象指标。根据需要决定具体需要分析因素变化对如 NPV、IRR、PBT、ROI 以及其他多种指标中的哪一个指标值的影响程度。如果是主要分析技术方案状态和参数变化对技术方案投资回收快慢的影响，则可选用 PBT 作为分析指标；如果是主要分析产品价格波动对技术方案超额净收益的影响，则可选用 NPV 作为分析指标；如果是主要分析投资大小对技术方案资金回收能力的影响，则可选用 IRR 指标等。

(2) 计算对象指标值的最大或最小限值。指标限值可以避免计算中出现讨论指标变动达到不合理的幅度的情况。

(3) 选择需要分析的不确定性因素，如投资额、价格、产量、成本、建设工期、项目寿命、折现率等；并假设这些因素发生不同幅度的变化会给对象指标的取值带来怎样的影响。因素变化的幅度通常取±5%、±10%、±15%等。

(4) 计算各因素变动对经济指标的影响程度，确定敏感度因素。

下面通过一个例子学习单因素敏感度分析的方法。

例 6-2：某投资机构拟投资生产某产品。通过市场调查，拟定项目规模 Q 为年产 10 万千克，预计销售价格 W 为 60 元/千克，年经营成本 C 为 200 万元，项目寿命期 n 为 10 年，残值 S 为 100 万元，并估算投资额 P 为 2000 万元，最低期望收益率 i 为 10%。要求以 P、Q、W、C 为不确定性因素，进行敏感度分析。

解：①本例中选择 NPV 作为对象指标。计算项目 NPV 值如下。

$$\begin{aligned}\text{NPV}&=-P+(WQ-C)\times(P/A,10\%,10)+S\times(P/F,10\%,10)\\&=-2000+(60\times10-200)\times6.1445+100\times0.3855\\&=496.35\text{ 万元}>0\end{aligned}$$

即该方案可行。

② 确定各因素的临界值，即 P、Q、W、C 各因素令 NPV＝0 时的取值。临界值限定了各因素变动的范围，各临界值的计算基于等式：

$$\text{NPV}=-P+(WQ-C)\times6.1445+S\times0.3855=0$$

当确定总投资额 P 的上限时，解出下式。

$$-P+(60\text{ 元/千克}\times10\text{ 万千克}-200\text{ 万})\times6.1445+100\text{ 万}\times0.3855=0$$

解得 $P=2496.35$ 万元,即投资额为 2496.35 万元时 NPV=0,这意味着不会出现高于这个投资额的方案。

同理,可依次确定年产量的下限: $Q=8.65$ 万千克

产品价格的下限: $W=51.92$ 元

年经营成本的上限: $C=280.78$ 元

③ 计算各因素的敏感度。首先分析投资额的敏感度。根据投资额变动计算 NPV 的变动,可得表 6.1。

表 6.1 投资额 P 变动对净现值 NPV 的影响

投资额变化率	投资额 P/万元	NPV-P/万元	NPV-P 的变动率	NPV 对 P 的敏感度
−20%	1600	896.35	80.59%	−4.03
−15%	1700	796.35	60.44%	−4.03
−10%	1800	696.35	40.29%	−4.03
−5%	1900	596.35	20.15%	−4.03
0%	2000	496.35	0.00%	/
5%	2100	396.35	−20.15%	−4.03
10%	2200	296.35	−40.29%	−4.03
15%	2300	196.35	−60.44%	−4.03
20%	2400	96.35	−80.59%	−4.03

首先,按方案中的计划投资额 2000 万元为比较基准,可计算出此时的 NPV 是 496.35 万元。然后让投资额增大 5%,即增加到 2100 万元,此时 NPV 变小至 396.35 万元,记入 NPV-P 一栏。相对于基准值 496.35 万元,变动了 −20.15%。敏感度也就是弹性,是自变量变化 1%时因变量的变化率。例题中投资额变动 5%,引起 NPV 反向变动 20.15%(因此变动率取负值),因此最终敏感度计算为 −20.15%÷5%=−4.03。由于 NPV 的最大值不能超过 2496.35 万元(否则 NPV<0),所以不再讨论投资额增加 25%的情形。同理,可计算投资额减少不同程度下的 NPV 变化率并计算敏感程度。

用同样的方法可以分析产量变动对 NPV 的影响大小,可得表 6.2。

表 6.2 产量 Q 变动对净现值 NPV 的影响

产量变化率	产量 Q/万千克	NPV-Q/万元	NPV-Q 的变动率	NPV 对 Q 的敏感度
−20%	8	−240.99	−148.55%	7.43
−15%	8.5	−56.66	−111.41%	7.43
−10%	9	127.68	−74.28%	7.43
−5%	9.5	312.02	−37.14%	7.43
0%	10	496.35	0.00%	/
5%	10.5	680.69	37.14%	7.43

续表

产量变化率	产量 Q/万千克	NPV-Q/万元	NPV-Q 的变动率	NPV 对 Q 的敏感度
10%	11	865.02	74.28%	7.43
15%	11.5	1049.36	111.41%	7.43
20%	12	1233.69	148.55%	7.43

分析产品价格变动对 NPV 的影响程度，可得表 6.3。

表 6.3　产品价格 W 变动对净现值 NPV 的影响

价格变化率	产品价格 W/元	NPV-W/万元	NPV-W 的变动率	NPV 对 W 的敏感度
−20%	48	−240.99	−148.55%	7.43
−15%	51	−56.66	−111.41%	7.43
−10%	54	127.68	−74.28%	7.43
−5%	57	312.02	−37.14%	7.43
0%	60	496.35	0.00%	/
5%	63	680.69	37.14%	7.43
10%	66	865.02	74.28%	7.43
15%	69	1049.36	111.41%	7.43
20%	72	1233.69	148.55%	7.43

分析年经营成本变动对 NPV 的影响程度，可得表 6.4。

表 6.4　年经营成本 C 变动对 NPV 的影响

成本变化率	年经营成本 C/万元	NPV-C/万元	NPV-C 的变动率	NPV 对 C 的敏感度
−20%	160	742.13	49.52%	−2.48
−15%	170	680.69	37.14%	−2.48
−10%	180	619.24	24.76%	−2.48
−5%	190	557.80	12.38%	−2.48
0%	200	496.35	0.00%	/
5%	210	434.91	−12.38%	−2.48
10%	220	373.46	−24.76%	−2.48
15%	230	312.02	−37.14%	−2.48
20%	240	250.57	−49.52%	−2.48

最终,得到该投资项目对各因素的敏感度如表 6.5 所示。

表 6.5 净现值 NPV 对 P、Q、W、C 的敏感度

因 素	P	Q	W	C
敏感度	−4.03	7.43	7.43	−2.48

某个因素的敏感度指标是正值,说明项目方案的 NPV(或其他分析对象指标)与该因素同向变化,负值则表示反向变化。例 6-2 按敏感度数值的绝对值排序为 $Q=W>P>C$,意味着"产量"与"价格"两个要素的敏感度较高,投资额次之,年经营成本的敏感度相对较弱,亦即项目不确定性主要来自价格和产量。同时,从 NPV 计算公式中可以看出,产量 Q 和价格 W 两个因素是营业收入的两个乘数,其变动对 NPV 的影响是完全一致的,这也是其敏感度相同的原因。

分析敏感度时,各因素变动的幅度要保持在容许的误差范围内。一般情况下,受设备客观条件限制,产量变化幅度向上不会超过 10%;投资额的超支一般取 10%～30%;生产成本的变动幅度一般取 5%～10%,或采用比方案基准通货膨胀率高的成本增长速度计算。

在敏感度分析时,有时会计算所有变量发生最不利于投资的变动时的现金流量,称为"最差方案下的现金流量",并和"最佳方案下的现金流量"进行比较,以此来了解在各种假设条件下的项目现金流量状况及债务极限承受能力。

单因素敏感度分析忽略了不同因素之间的相关性。实际上,一个因素的变动往往也伴随着其他因素的变动。多因素敏感度分析则考虑了这种相关性,因而能够反映多因素变动对项目经济效果产生的综合影响,更全面地揭示项目的不确定性。如例 6-2,对 P、Q、W、C 四个因素进行分析,假定每个因素有三种可能状态,则可能的组合状态有 $3^4=81$ 种,计算量非常大。因此,现实当中往往挑关联度紧密的两个或三个因素,进行双因素敏感度分析或三因素敏感体分析。这就要在分析时充分注意到诸要素间的依存关系,合理选择存在充分依赖关系的多个要素进行分析。对双因素和三要素敏感度分析,这里仅举一个简单的例子加以说明。

例 6-3:某投资项目其主要经济参数的估计值为:初始投资额为 1500 万元,寿命为 20 年,残值为 0,年收入为 350 万元,年支出为 100 万元,投资收益率为 15%,试分析初始投资额、年收入与寿命三参数同时变化时对净现值的敏感度。

解:①设初始投资变化率为 x,年收入变化率为 y,寿命变化率为 z。则有:

$$\begin{aligned}\text{NPV} &= -1500\times(1+x)\times[350\times(1+y)-100]\times(P/A,i,n)\\ &= -1500\times(1+x)+(350y+250)\times[P/A,i,20\times(1+z)]\end{aligned}$$

② 分别取 z 值为 5%、10%、20%,即项目寿命分别为 21 年、22 年和 24 年。令每个 z 值对应的 $\text{NPV}(z)=0$,得出临界线。则有:

$$\text{NPV}_{z=5\%}=-1500-1500x+[(350y+250)\times(P/A,15\%,21)]=0$$

即 $y_{5\%}=0.67x-0.035$

$$\text{NPV}_{z=10\%}=-1500-1500x+[(350y+250)\times(P/A,15\%,22)]=0$$

即 $y_{10\%}=0.67x-0.04$

$$\text{NPV}_{z=20\%}=-1500-1500x\times[(350y+250)\times(P/A,15\%,24)]=0$$

即 $y_{20\%}=0.67x-0.048$

③ NPV＝0 时，初始投资额和年收入与寿命三个因素同时变化的敏感度如图 6.3 所示。设初始投资额变化率为 x，年收入变化率为 y，寿命变化率为 z。

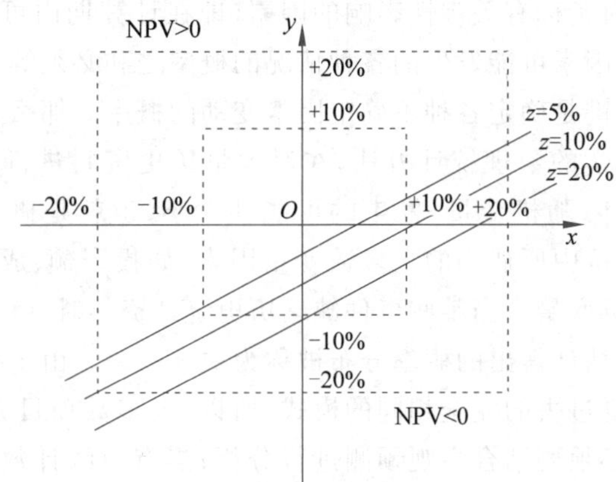

图 6.3　NPV＝0，寿命变化率 z 不同取值时，初始投资额变化率和年收入变化率的关系

此外，无论是单要素分析还是多要素分析，敏感度分析在使用中存在着一定的局限性，主要体现在这种方法无法说明不确定因素发生变动的情况的可能性是大还是小。一个敏感度高的要素，如果发生变化的可能性非常小，对项目取舍的影响程度可能就会很小。

6.4　项目风险分析

风险分析，也称概率分析，是通过分析各种不确定因素发生变动的概率，及其对方案经济评价指标影响程度的一种定量分析方法。风险管理的步骤主要包括①风险识别；②风险估计；③风险评价；④风险决策；⑤风险控制。本书主要学习前两个步骤，其余步骤仅做简单介绍。

1. 风险识别

项目风险的主要来源如下。

(1) 市场风险：指由于市场价格的不确定性导致损失的可能性。

(2) 技术风险：指高新技术的应用和技术进步使建设项目目标发生损失的可能性。

(3) 信用风险：指由于有关行为主体不能做到重合同、守信用而导致目标损失的可能性。

(4) 财产风险：指与项目建设有关的企业和个人所拥有、租赁或使用财产，面临可能被破坏、被损毁以及被盗窃的风险。

(5) 其他风险：包括自然风险、责任风险和政治风险等。

风险的概率也是动态变化的。例如，工程项目建设周期长，涉及因素多。随着建设项目寿命周期的推移，一种风险的重要性会下降，而另一种风险的重要性则会上升。

风险识别的常用方法主要有风险分解法、流程图法、头脑风暴法和情景分析法等。具体操作中，大多通过专家调查的方式完成。

2. 风险估计

风险估计，就是确定风险因素的概率分布，运用数理统计分析方法，计算项目评价指标相应的概率分布或累积概率,并进一步求出期望值、标准差等指标。这些指标用来说明项目损失或负偏离发生范围的大小,以及它们发生的可能性的大小。

风险估计首先要选定评价指标。常用的基础指标有动态投资回收期、NPV 和 IRR。实践中一般选择 3～5 个对指标有关键性影响的因素(即在计算期内可能有很大变化的因素)进行分析。每种不确定因素可能发生的各种情况的概率之和必须等于 1。

风险分析的核心关键是确定各种不确定因素变动的概率。那么各种可能情况出现的概率如何得到? 需要用科学的数理统计方法,在对大量历史资料进行统计分析、推断的基础上,计算出来的随机事件(随机变量)发生的可能性大小,也就是概率分布(被称为客观概率);在投资项目经济评价中所遇到的大多数变量因素,如投资额、成本、销售量、产品价格、项目寿命期等,都是随机变量。当某些事件缺乏历史统计资料时,由决策人自己或借助于咨询机构或专家经验进行估计得出的概率分布被称为主观概率。由于技术进步的速度越来越快,投资项目很少会重复过去的完全相同的模式;所以,大多数项目方案都不大可能仅使用客观概率来分析风险,必须要结合主观预测进行分析;当有效统计数据不足时,有时主观概率是唯一选择。

理论上,要完整地描述一个随机变量,需要众多参数。但在实际应用中,往往只需要知道最重要的三个指标,即期望值、方差和标准差就可以了。

期望值是在大量重复事件中随机变量所有可能取值的加权平均值,权重为各种可能取值出现的概率。期望值是用来描述随机变量的一个主要参数。

$$E_X = \sum_{i=1}^{n} X_i P_i \tag{6-3}$$

式中,E_X 是随机变量 X 的期望值;X_i 是随机变量 X 的不同取值;P_i 是 X 取值为 X_i 时所对应的概率值。

方差和标准差是概率论中用来度量随机变量偏离其期望值的程度。方差用 D 表示。标准差则被定义为方差的平方根,用 δ 表示,则 $\delta = \sqrt{D}$。

$$D = \sum_{i=1}^{n} P_i [X_i - E(X)]^2 \tag{6-4}$$

一般情况下,δ 越大,说明随机变量的实际值与期望值的偏差的可能性就越大,期望值作为平均值的代表性越差,方案风险越大。

在方差的基础上还可以计算离散系数。离散系数是一组数据的标准差与其相应的均值之比,是测算数据离散程度的相对指标。

例 6-4: 某投资方案的寿命期为 10 年,基准折现率为 10%,可能方案的数据如表 6.6 所示。试求该方案净现值的期望值和标准差。

表 6.6 某投资方案不同投资额和年净收益概率取值

投资额		年净收益	
金额/万元	概率	金额/万元	概率
120	0.30	20	0.25
150	0.50	28	0.40
175	0.20	33	0.35

解：由于投资额和年收益两个不确定性因素各有三种可能情况，因此该方案共有 3×3=9 种不同的投资状态。

① 首先计算方案所有 9 种状态下的概率及净现值，如表 6.7 所示。

表 6.7　投资额和年净收益组合的 9 种状态概率下的 NPV

投资额/万元	概率(A)	年净收益/万元	概率(B)	组合概率($A \cdot B$)	NPV/万元
120	0.3	20	0.25	0.075	2.89
		28	0.40	0.12	52.05
		33	0.35	0.105	82.77
150	0.5	20	0.25	0.125	−27.11
		28	0.40	0.2	22.05
		33	0.35	0.175	52.77
175	0.2	20	0.25	0.05	−52.11
		28	0.40	0.08	−2.95
		33	0.35	0.07	27.77

当投资额是 120 万元、年收益是 20 万元时，方案的净现值为

$$
\begin{aligned}
NPV &= -120 + 20\times(P/A,20,10\%)\\
&= -120 + 20\times 6.1446\\
&= 2.89 \text{ 万元}
\end{aligned}
$$

且方案净现值为 2.89 万元的概率是 0.075。

当投资额是 120 万元、年收益是 28 万元时，方案的净现值为

$$NPV=-120+28\times(P/A,20,10\%)=52.05 \text{ 万元}$$

且方案净现值为 52.05 万元的概率是 0.12。

同理，当投资额是 120 万元、年收益是 33 万元时，方案的净现值为 82.77 万元的概率是 0.105。

依次计算投资额分别为 150 万元、175 万元时的净现值及其概率。

② 根据期望值公式，利用上面求出的结果计算该方案净现值的期望值 E_{NPV}。

$$
\begin{aligned}
E_{NPV} =\ & 2.89 \times 0.075 + 52.05 \times 0.12 + 82.77 \times 0.105 + (-27.11) \times 0.125 +\\
& 22.05 \times 0.2 + 52.77 \times 0.175 + (-52.11) \times 0.05 + (-2.95) \times 0.08 +\\
& 27.77 \times 0.07\\
=\ & 24.51 \text{ 万元} > 0
\end{aligned}
$$

③ 计算标准差。

$$
\begin{aligned}
D =\ & 0.075 \times (2.89 - 24.51)^2 + 0.12 \times (52.05 - 24.51)^2 +\\
& 0.105 \times (82.77 - 24.51)^2 - 0.125 \times (27.11 - 24.51)^2 +\\
& 0.2 \times (22.05 - 24.51)^2 + 0.175 \times (52.77 - 24.51)^2 -\\
& 0.05 \times (52.11 - 24.51)^2 - 0.08 \times (2.95 - 24.51)^2 +\\
& 0.07 \times (27.77 - 24.51)^2\\
=\ & 548.06
\end{aligned}
$$

$$\delta = \sqrt{548.06} = 23.41$$

需要注意，当某期的NPV为负值时，应将其绝对值与期望值的差平方后，在求平方和时减去。

经上述计算可知，该项目的NPV的期望平均值是24.51万元，项目亏损的可能性较小。

在对项目进行风险概率分析时，一般除了计算项目NPV的期望值之外，还可以计算NPV≥0时的累积概率；累积概率越大，表明项目投资经济面的风险越小。

仍以例6-4来说明。首先，根据NPV值，从小到大排成一列，同时列出对应的组合概率。然后计算累积概率，如表6.8所示。

表6.8 NPV由小到大的累积概率

NPV/万元	组合概率	累积概率	NPV/万元	组合概率	累积概率
−52.11	0.05	0.05	27.77	0.07	0.6
−27.11	0.125	0.175	52.05	0.12	0.72
−2.95	0.08	0.255	52.77	0.175	0.895
2.89	0.075	0.33	82.77	0.105	1
22.05	0.2	0.53			

根据表6.8，可知方案在累积概率为0.255～0.33时，NPV由负值变为正值。故NPV＝0时的累积概率可用插值法计算为

$$0.255 + 2.95/(2.95 + 2.89) \times 0.075 = 0.293$$

所以，NPV≥0时的累积概率为1−0.293＝0.707，即该方案NPV≥0的概率有70.7%，项目风险比较小。

风险估计中还常常使用比较直观的决策树方法。决策树是一种直观运用概率分析的图解方法，经常用于多级方案的分析和择优，适合解决比较简单的问题。

决策树一般由三种点、两类枝组成；三种点即决策点(用□表示)、状态点(也叫机会点，用○表示)、结果点(用△表示)；两类枝即方案枝和概率枝，如图6.4所示。

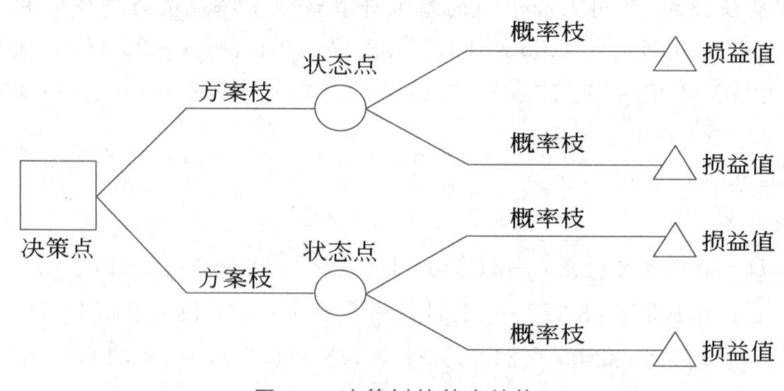

图6.4 决策树的基本结构

图6.4中，从决策点画出的每一条直线代表一个方案，称为方案枝；从状态点画出的每

一条直线代表一种自然状态,称为概率枝;结果点代表各种自然状态下的可能结果。下面仍用一个例子来学习决策树的具体运用方法。

例 6-5：某化工厂拟新建废水处理站。有两个方案：建大站或小站,寿命期均为 10 年。大站投资 300 万元。小站又有两个方案：若只建一套装置需投资 50 万元;若建两套装置则需投资 80 万元。估计在使用期间,废水含有害物质的可能性为 0.3～0.7。两个方案的年经营费用如表 6.9 所示。假设基准折现率 $i=8\%$。试用决策树法做出正确决策。表 6.9 给出了有害物质不同时三种方案的年经营费用。

表 6.9　三种方案的年经营费用

年经营费用/万元 方案选择		有害物质概率为 70%	有害物质概率为 30%
建　大　站		10	5
建小站	一套装置	20	3
	两套装置	14	4

解：由于废水处理的经济效益难以量化,所以现金流入的数据难以客观准确地取得。因此,可采用成本最小化的变通方式。计算各方案的建造成本和营运成本的净现值,NPV 最小的方案就是最优方案。用决策树法的解题思路如图 6.5 所示。

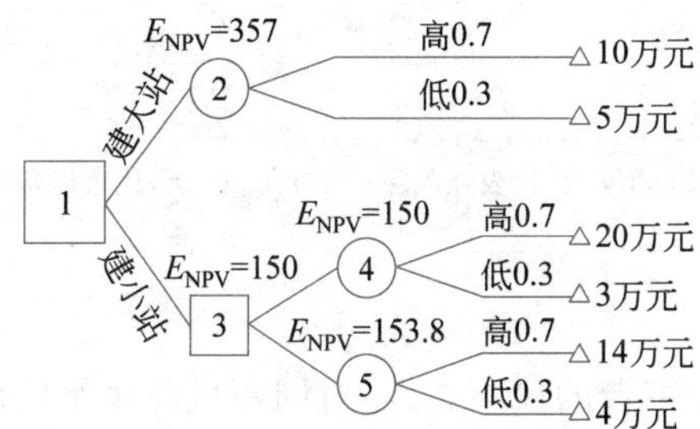

图 6.5　用决策树法的解题思路

再进一步计算建大站的预期总投入的 NPV 为

$$E_{NPV}=300+10\times(P/A,8\%,10)\times 0.7+5\times(P/A,8\%,10)\times 0.3$$
$$=357\text{ 万元}$$

建小站一套装置的预期总投入的 NPV 为

$$E_{NPV}=50+20\times(P/A,8\%,10)\times 0.7+3\times(P/A,8\%,10)\times 0.3$$
$$=150\text{ 万元}$$

建小站两套装置的预期总投入的 NPV 为

$$E_{NPV}=80+14\times(P/A,8\%,10)\times 0.7+4\times(P/A,8\%,10)\times 0.3$$
$$=153.8\text{ 万元}$$

结论是,根据 NPV 最小原则,优选方案是建小站并只建造一套水处理设施。

当风险因素数量及其所可取状态数较多(大于三个)时,一般不适用决策树法进行分析。同时,风险因素之间不独立而存在相互关联时,决策树法也不适用,这时可考虑用蒙特卡罗分析法进行多变量分析。具体方法请参考相关专业书籍。

3. 风险评价

风险评价,就是指根据风险识别和风险估计两个先行步骤的结果,依据项目风险判别标准,找出影响项目成败的关键风险因素。

1) 以评价指标作为判别标准

(1) 财务(经济)内部收益率大于基准收益率(社会折现率)的累积概率值越大,风险越小;标准差越小,风险越小。

(2) 财务(经济)净现值大于或等于 0 的累积概率值越大,风险越小;标准差越小,风险越小。

2) 以综合风险等级作为判别标准

根据风险因素发生的可能性及其造成损失的程度,建立综合风险等级的矩阵,如表 6.10 所示。

表 6.10 综合风险等级矩阵表

综合风险等级		风险造成损失的程度			
		严　重	较　大	适　度	低
风险发生的可能性	高	*K*	*M*	*R*	*R*
	较高	*M*	*M*	*R*	*R*
	适度	*T*	*T*	*R*	*I*
	低	*T*	*T*	*R*	*I*

K: Kill 级,代表风险很强;*M*: Modify 级,代表强风险;*T*: Trigger 级,代表风险较强;*R*: Review & Reconsider 级,代表风险适度;*I*: Ignore 级,代表风险弱。

4. 风险决策

风险决策往往取决于决策者的风险态度;对同一风险决策问题,风险态度不同的人决策的结果通常有较大的差异。

典型的风险态度有三种表现形式:风险厌恶、风险中性和风险偏好;与看待风险的态度相对应,风险决策人可有以下决策准则:①满意度准则;②期望值准则;③最小方差准则;④期望方差准则。

1) 满意度准则

满意度准则既可以是决策人想要达到的收益水平,也可以是决策人想要避免的损失水平,因此它对风险厌恶的和风险偏爱的决策人都适用。当选择最优方案的成本过高(可行性分析等本身是有成本的),或在没有得到其他方案的有关资料之前就必须决策的情况下,应采用满意度准则决策。

2) 期望值准则

期望值准则是根据各备选方案指标损益值的期望值大小进行决策,如果指标为越大越好的损益值,则应选择期望值最大的方案;如果指标为越小越好的损益值,则选择期望值最小的方案。这项准则不考虑方案的风险,实际上隐含风险中性的假设。

3) 最小方差准则

一般而言,方案指标值的方差越大则方案的风险就越大。所以,风险厌恶型的决策人有时倾向于用这一原则选择风险较小的方案。这是一种避免最大损失而不是追求最大收益的准则，具有相对保守的特点。

4）期望方差准则

期望值方差准则是将期望值和方差通过风险厌恶系数 A 化为一个标准 Q 来决策的准则。

$$Q = X - A\sqrt{D} \tag{6-5}$$

式中，$A \in (0,1)$，是风险厌恶系数；越厌恶风险，取值越大。通过调整 A 的取值范围，使 Q 值适合于任何风险偏好的决策者。

5. 风险控制

风险控制主要有风险回避、损失控制、风险转移、风险保留四种应对方式。

风险回避是指投资主体有意识地放弃风险行为，完全避免特定的损失风险。投资者在放弃风险行为的同时，也就放弃了潜在的目标收益，因此是一种最消极的风险处理办法。

损失控制有事前控制、事中控制和事后控制三种类型。事前控制的目的在于降低损失的概率；事中控制和事后控制的目的都在于减少实际发生的损失。

风险转移可以通过合同转移，如在建设工程发包阶段，通过签订合同，把设计、采购、施工等转包出去，即将一部分风险转移给了承包商；也可以通过保险转移。保险转移是最广泛的风险转移方式，通过购入不同的险种合约，把风险全部或部分转移给保险公司。

风险保留分为无计划自留和有计划自我保留两种形式。"无计划自留"不在风险损失前做资金安排，损失发生后从项目收入中支付。如果实际损失远远大于预计，将引起资金周转困难，需要谨慎使用这种方法。"有计划自我保留"在风险损失发生前，通过做出事前资金安排（主要手段是建立风险预留基金）以确保损失出现后能及时获得资金以补偿损失。

需要注意的是，风险控制必须考虑其经济性。采取规避、防范风险的措施所付出的代价与该风险可能造成的损失要进行权衡，旨在寻求以最少的费用获取最大的风险效益。

风险管理过程的目的是连续地识别、分析、处理和监控风险。处理风险时的进展和状态变化所引起的风险也应当被评估。

习　　题

一、简答题

1. 产生不确定性的主要因素有哪些？

2. 敏感度分析的目的是什么？包括哪些步骤？

3. 不确定性分析与风险分析有什么区别和联系？

4. 什么是概率分析？如何对方案进行概率分析？其中，期望值和离散系数的经济含义各是什么？

5. 盈亏平衡分析方法在实际运用中有哪些局限性？

二、计算题

1. 某项目的总投资为 450 万元，假设投资当年投产。年经营成本为 32 万元，年销售收入为 98 万元，项目寿命周期为 15 年，无残值。基准折现率为 10%。试找出敏感度因素，并就总投资与销售收入变动进行敏感度分析。尝试用 Excel 表求解本题，并计算项目寿命的敏感度。

2. 某工厂生产某种化工产品，年销售收入 Y(忽略各种税收)为销量 Q 的函数，$Y=400Q-0.04Q^2$，年总固定成本为 260 000 元，年总可变成本函数为 $V=200Q-0.02Q^2$，求盈亏平衡点产量和最大盈利点产量。

3. 现拟建一个发电站，计划建设成本 100 亿人民币，寿命期是 30 年，预计年收益为 30 亿，年经营成本 15 亿，期末无残值。问：①不考虑税收等因素的影响，此项目可接受的最大折现率为多少？②当投资者的预期收益率定在 15%时，此项目是否可行？③为使项目可行，在其他数据不变的条件下，项目的年收益需要上升到多少或者项目的建设费用必须下降到多少？

4. 有一个投资方案，其设计能力为年产某产品 1500 台，预计产品售价为 1800 元/台，单位经营成本为 700 元/台，估算初始投资额为 800 万元。项目寿命为 8 年，试对此拟建项目的投资回收期做敏感度分析。

5. 某石油钻井公司必须在租借地产上钻探或出售该地产租借权之间进行选择，出售租借权可获得 100 万元。如果选择钻探，则钻井时花费 750 万元可能有以下四种结果：①得到一口油井；②得到一口气井；③得到一口混合井；④得到一口干井。各类井的净现金流量按 40%的基准折现率计算的净现值为：油井 850 万元，气井 1500 万元，混合井 1200 万元，干井 0 元。已知截止到投资决策当前，在该地产已钻探了 65 口井，其中，油井 18 口，气井 12 口，混合井 20 口，干井 15 口。开采成功的井预计有 15 年的产出。试用决策树进行方案决策。

第7章

项目的经济评价

可行性分析是指在项目前期管理过程中对拟建项目进行的一种以技术经济分析为核心，兼顾项目的市场、物质技术条件、社会效果和环境影响等因素的评价，以寻求用最小的投入获得最佳经济、社会和环境效益的科学分析思路与研究方法。在项目前期进行可行性分析的投入是最少的，通常不超过投资总额的1%～3%，而其对整个项目效益的影响却是最大的。

在项目的可行性分析报告中，首先要评估项目建设的必要性、分析生产建设条件以及评估技术可行性，在此基础上进行经济效益评价。

所谓经济效益，一般是指为实现某一经济目标而选择和采用一定的手段、方法等，由此产生的劳动成果与劳动消耗的比较，或产出与投入的比较。经济效益按产生的领域划分可分为物质生产领域的经济效益和非物质生产领域的经济效益；按经济效益评价的层次划分可分为微观经济效益（企业经济效益）和宏观经济效益（或国民经济效益）；按是否可以计量划分可以分为有形经济效益和无形经济效益。有形经济效益是指可以用货币计量的经济效益，无形经济效益是指项目实施带来的环境的改善、人体健康水平的改善等产生的难以用货币计量的经济效益。

一般情况下，拟建项目在进行完整的可行性分析时，其过程应包含从项目自身的企业微观财务评价到宏观的国民经济评价、再到环境评价与社会效益评价四个方面的完整内容。

7.1 企业微观财务评价

企业微观财务评价，或者称为**项目财务分析与评价**，是指在国家现行财税制度、会计制度和价格体系的前提下，从项目角度出发，分析预测项目的财务效益与费用，计算拟建项目的盈利能力和债务清偿能力等，据以判断项目的财务可行性的分析行为。项目财务分析与评价以投入-产出分析为具体手段，从项目、企业或投资者自身的角度评价项目各种效益水平。

项目微观财务评价主要分为两部分。第一部分是盈利能力分析。常用评价指标为项目财务内部收益率、资本金收益率、投资各方收益率、财务净现值、投资回收期、投资利润率等。本书前面各章节已经就此做了分析，故不再赘述。在此主要学习微观财务评价中的第二部分，即偿还能力分析。

项目偿债能力评价指标除了前面涉及的借款偿还期以外,主要包括利息备付率、偿债备付率、资产负债率、流动比率和速动比率等指标。这些指标和方法都是以项目客观、完备的财务基础数据为前提的。

1. 利息备付率

利息备付率(Interest Coverage Ratio,ICR)是在借款偿还期内的息税前利润(EBIT)与应付利息(PI)的比值,即

$$\text{ICR}=\text{EBIT}/\text{PI}\times 100\% \tag{7-1}$$

利息备付率又被称为已获利息倍数,可表示为

$$\text{利息备付率}=\frac{\text{利润总额}+\text{利息支出}}{\text{利息支出总额}} \tag{7-2}$$

按期偿还借款利息是债权人对债务人最起码的要求,这个指标就是从资金来源的角度反映项目(或企业)偿付债务利息的能力。利息备付率一般按年计算,对于正常的项目来说,ICR>1 是基本的要求;否则说明项目的偿债能力很差,理论上已经无法进一步举债经营;ICR 越大,表明项目按期偿还借款利息越有保障,项目的长期偿债能力越强。动态来看,已获利息倍数提高,说明企业偿债能力增强。通常认为,该指标为 3 时较为适当。

2. 偿债备付率

偿债备付率(Debt Service Coverage Ratio,DSCR)是指在借款偿还期内,用于计算还本付息的资金(EBITDA−TAX)与应还本付息金额(PD)的比值,计算公式如下。

$$\text{DSCR}=(\text{EBITDA}-\text{TAX})/\text{PD}\times 100\% \tag{7-3}$$

偿债备付率表示可用于还本付息的资金偿还借款本息的保障程度。EBITDA 为息税前利润 EBIT 加折旧(D)和摊销(A);TAX 为企业所得税;PD 为应还本付息金额,运营期内的短期借款本息也应纳入计算。

偿债备付率一般也按年计算。在正常情况下,偿债备付率取值范围应为 1.0~1.5。该指标小于 1 时,表示需要通过短期借款或其他方式偿付已到期债务。

3. 资产负债率

资产负债率(Liability to Asset Ratio,LOAR)是指各期末负债总额 TL 与资产总额 TA 的比率,即

$$\text{LOAR}=\text{TL}/\text{TA}\times 100\% \tag{7-4}$$

资产负债率是综合反映企业偿债能力,尤其是反映企业长期偿债能力的重要指标。该指标的评价具有两面性。对于债权人来说,指标值越低意味着债权人的利益越有保障;就经营者而言,指标值高意味着在"用别人的钱给自己赚钱",经营者在有效利用财务杠杆增强获利能力。但对经营者来说,这个指标值也不是越高越好,资产负债率过高,反过来又会影响企业的筹资能力;这是第二层的两面性。

与资产负债率密切相关的一个指标是股东股权比率。股东股权比率是所有者股权同资产总额的比率,反映企业全部资产中有多少是投资人投资所形成的。其计算公式为

$$\text{股东权益比率}=\frac{\text{所有者权益总额}}{\text{资产总额}}\times 100\%=1-\text{资产负债率} \tag{7-5}$$

股东股权比率与资产负债率具备相同的本质,因此也是表示长期偿债能力大小的重要指标。也正是因为二者高度统一,实际经济活动中往往使用资产负债率就足够了。

一般行业企业的正常资产负债率为30%～50%，而70%的负债率则是国内外普遍认为的警戒线。

4. 流动比率和速动比率

偿债能力分析通常被分为短期偿债能力分析和长期偿债能力分析。短期偿债能力是指企业偿还流动负债的能力，或者说是指企业在短期债务到期时资产可以变现用于偿还流动负债的能力。流动比率、速动比率和现金比率都是评价短期偿债能力的指标。

流动比率是指流动资产与流动负债之间的比率，其计算公式如下。

$$\text{流动比率}=\frac{\text{流动资产}}{\text{流动负债}}\times 100\% \tag{7-6}$$

流动比率表明企业每一元流动负债有多少流动资产作为支付保障，反映了企业流动资产在短期债务到期时可变现用于偿还流动负债的能力，是衡量企业短期偿债能力的重要指标。一般地说，从债权人立场上看，流动比率越高越好。但从经营者和所有者角度看，并非如此。在偿债能力允许的范围内，根据经营需要，进行负债经营也是现代企业经营的策略之一。

速动比率是指企业的速动资产与流动负债之间的比率。由于流动资产中的某些组成部分如存货相对流动性较差，有些存货由于用途特殊或质量等原因甚至无法变现，因此，为了进一步保障短期债务偿还能力，提出了更严格口径的速动比率指标，作为流动比率的重要补充说明。当企业流动资产中的速动资产所占比重较低时，即使流动比率较高，偿债能力同样不会高；反之，当流动资产中的速动资产比重较高时，即使流动比率不高，但由于速动资产流动性较强，企业的偿债能力也可能较好。因此，在进行企业短期偿债能力分析时，考虑流动资产的规模和构成是非常必要的。

现金比率是指企业的现金类资产与流动负债之间的比率。在企业的流动资产或速动资产中，现金及其等价物的流动性最好，可直接用于偿还企业的短期债务。从稳健角度出发，用现金比率衡量企业偿债能力是最为保险的。

5. 财务报表综合分析

上述指标的计算都是建立在客观、充分和真实的财务数据的基础上的。而提供财务数据的现代会计理论主要是依据权责发生制处理会计信息的。这就有可能带来某个时期的指标值不能客观反映实际经济状况。例如，本期的利息费用未必就是本期的实际利息支出，而本期的实际利息支出也未必是本期的利息费用；同时，本期的息税前利润与本期经营活动所获得的现金也未必相等，这些情况就影响了运用已获利息倍数评价偿债能力的准确性。为尽可能避免这样的问题，已获利息倍数等偿债能力指标的使用应该与项目的经营活动现金流量结合起来。

项目或企业的现金流量变动在现金流量表中得以集中体现。现金流量表以现金及现金等价物为基础，按照收付实现制[①]原则编制，反映项目经营活动、投资活动和筹资活动的现金流量状况，提供将权责发生制下的盈利信息调整为收付实现制下的现金流量信息。

现金流量表可以反映项目公司在一定会计期间的现金和现金等价物从哪里来（即现金

① 收付实现制是在会计核算中，以款项是否实际收到或付出作为标准来确定本期收益和费用的一种方法，是“权责发生制”的对称。

和现金等价物的主要来源及构成)、到哪里去(即现金和现金等价物的使用方向),以及现金流入和流出的原因(是经营活动、投资活动和筹资活动中哪一类活动导致的现金流动),进而反映企业资金来源的保障程度、企业资金支出方向和资金利用效率。

现金流量表以收付实现制为基础,消除了利润表以权责发生制为基础编制的局限性,能及时、灵敏地反映现金流的实际变动。根据对现金流量的分析,决策者可以大致判断项目运转是否顺畅,项目资金是否充足,项目资金来源与运用是否合理,当期现金增减是否适当,从而为改善资金管理和运用指明方向,并可据以预测企业未来的现金流量。

债务偿还的根本来源是项目的盈利。因此,对项目盈利能力的分析,也是债务偿还能力分析的重要支撑。对盈利能力的分析主要是指对利润率的分析。

7.2 国民经济分析与评价

国民经济分析是从国家的角度出发,综合运用影子价格[①]、影子汇率、影子工资和社会折现率[②]等参数,分析和比较项目实施对国家的贡献以及国家付出的代价。一个项目对国民经济的影响是多方面的,不仅包括经济效益的增长及国民生产总值的增长,同时还会给社会带来诸多有利或不利影响,如增加就业机会、提高人民物质文明和精神文明水平、促进社会公平分配、改善生态环境和社会环境、影响国家经济实力与国际竞争力等。

国民经济分析采用费用-效益分析方法,是在更大范围内考察项目投资行为的经济合理性与宏观可行性,衡量项目对国民经济总量平衡、结构优化、地区与行业规划等宏观方面的影响的过程。根据我国现行的《建设项目经济评价方法和参数》的规定,在进行国民经济评价时对所有投入物和产出物,原则上都应使用影子价格。

7.2.1 影子价格

影子价格的概念最初起源于线性规划,用于解决最优化问题。在线性规划中,影子价格就是一个线性规划的对偶解。保罗·萨缪尔森在他最重要的著作《经济学分析基础》一书中,把拉格朗日乘子理解为影子价格,揭示了拉格朗日乘子的经济学意义。

影子价格是投资项目经济评价的重要参数,我国国家计划委员会在《建设项目经济评判方法与参数》中对影子价格的说明为:“影子价格是为排除价格扭曲对投资决策的阻碍,合理度量资源、物资与服务的经济价值而测定的,比财务价格更为合理的价格。”可见,影子价格是社会整体经济处于最优状态时能够反映社会劳动消耗、资源稀缺程度和最终产品需求状况的价格。然而这种完善的市场条件是很难存在的,因此现成的影子价格也是不存在的,只有把现行市场价格进行调整,才能得到近似影子价格。如果用数学语言来定义影子价格,即资源投入增加一个数量使目标函数得到新的最大值时,目标函数最大值的增量与资源的

---

① 影子价格,又称最优计划价格或计算价格。广义的影子价格除了货物的影子价格外,还包括资金的影子价格(社会折现率)、外汇的影子价格(影子汇率)、土地的影子价格、工资的影子价格等。

② 社会折现率是项目国民经济评价的重要参数,它体现了国家的经济发展目标和宏观调控方向,反映了国家当前的投资收益水平、资金的供需情况以及资金的机会成本。我国住房和城乡建设部标准定额研究所的《中国社会折现率参数研究与测算》中给出现行社会折现率为 8%,同时指出,对收益期长的项目,如果远期效益较大、风险较小,社会折现率可适当降低,但不应低于 6%。

增量的比值，就是目标函数对约束条件（即资源）的一阶偏导数。从这个定义可以看出，影子价格是一种边际概念。

涉及影子价格的理论通常包括边际理论、资源最优配置理论、机会成本福利经济学理论等。机会成本理论认为机会成本是影子价格的基础。生产资源不但是稀缺的，而且是多用途的。当资源被投入一种生产时，就无法投入其他产品的生产而丧失了在其他产品中获取利益收入的可能。这种失去的、在其他产品上可能获得的最大的利益收入，被称为实际投入资源（或投资行为）的机会成本。项目的机会成本是项目所在地的国家或社会整体的机会成本，是由于资源用于项目而不能用于其他途径所导致的国民经济净产出口缺失。机会成本分析的思想几乎体现在所有影子价格或影子费用的确定中，尤其项目投入成本的影子价格往往都使用机会成本分析法来确定。以土地的影子价格为例，若项目所占用的是成熟的农业用地，其机会成本应该由原来的农业、农村、农民生产的净收益和拆迁费用以及劳动力转移与安置费用的总和予以确立；如果占用的是城市用地、商业用地或工业用地，土地影子价格主要包括土地出让金、基础设施建设费和拆迁安置补偿费用等因素；而如果项目用地设计自然景区或人文景区，更是需要依据特备定价原则确认土地的影子价格。另一方面，对于项目的产出，往往使用消费者支付意愿[①]法计算产出品的影子价格，以取代市场价格计算项目真实的收益。

7.2.2　影子价格的确认

影子价格的具体计算方法主要有线性对偶解法、L-M 法、S/V 法、UNIDO 法和增值法等。下面简单介绍一下 L-M 法。

L-M 法是以国际价格体系为基准，遵循外汇等价的原则，把国内生产与外汇联系起来的一种方法。L-M 法把物质产品分为贸易品和非贸易品两大类。

项目投入物和产出物为外贸品时，则以口岸价格作为价格，即进口货物用到岸价格，出口物资用离岸价格[②]。对项目投入品来说，影子价格计算可分为以下三种情况。

（1）直接进口品：指直接进口的用于项目的物资。影子价格＝到岸价格＋口岸到项目目的地的国内运费和贸易费用。

（2）出口占用品：指可用于出口但因项目占用而无法出口的货物。其影子价格＝离岸价格－国内供应地到口岸的运费和贸易费用＋国内供应地到项目目的地的运费和贸易费用。

（3）间接进口品：指由于项目占用的某种国内生产的物资，导致其他部门因国内供给不足需要进口的物资。其影子价格＝到岸价格＋口岸到原用户的运费和贸易费用－国内供应地到用户的运费和贸易费用＋国内供应地到项目目的地的运费和贸易费用。

对项目产出品来说，对应的三种影子价格计算方式如下。

（1）直接出口品：指直接用于出口的项目产品。其影子价格＝离岸价格－国内运费和

---

① 消费者支付意愿，是指消费者愿意为商品或劳务付出的价格。由于消费者剩余的存在，消费者愿意支付的价格与实际支付的市场价格往往是不同的。消费者愿意支付的价格，才能更好地代表产品的价值。

② 到岸价格(Cost Insurance Freight)，即 CIF 价格，是指进口货物到达本国口岸的价格，包括国外货物成本（即国外的离岸交货价格）及货物运到本国口岸所需要的运费和保险费。离岸价格(Free On Board)，即 FOB 价格，指“船上交货价格”，或出口货物的离境交货价格。到岸价格与离岸价格统称为口岸价格。

贸易费用。

(2) 进口替代品：指项目的产品虽然用于国内，但却能够减少进口某种产品。其影子价格=到岸价格+口岸到用户的运费和贸易费用−项目到用户的运费和贸易费用。

(3) 间接出口品：指由于项目的产品用于国内，造成生产同类产品的国内其他厂家因国内供给增加而选择出口的产品。其影子价格=离岸价格−原生产厂家到口岸的运费和贸易费用+原生产厂家到用户的运费和贸易费用−项目到用户的运费和贸易费用。

项目的投入物和产出物为非贸易品时，则设法将其转换为口岸价格来确定其影子价格。对于大部分非贸易投入物品，L-M法用分解的方法求出边际成本来代替影子价格。把产品一级一级地分解，到最后能够分解为贸易品和劳动消耗两个组成部分，如此非贸易物品也能够以口岸价格为统一尺度来度量。与之相近的UNIDO法则以国内价格体系为基准，对非外贸品的国内价格不予调价，把国内价格视为供求平稳的影子价格。

7.2.3 宏观经济分析与微观财务分析的区别

项目基于影子价格的国民经济分析与微观财务收益分析运用的方法以及指标的计算本质上是相同的。两者间的不同除了宏微观的分析角度以外，主要还表现在以下几个方面。

(1) 项目效益和费用的含义和范围划分不同。例如，财政补贴、税金、国内借款利息等对微观主体来说当然是收入或成本，但对国家来说这些都是国民经济内部的“转移支付”，因此不列为项目的效益和费用；而项目的外部经济不是微观主体的成本或收益，但却是国家需要计算的成本和收益。

(2) 价格体系不同。微观经济分析计算都使用现行的市场价格(如市场汇率、基准折现率或投资者的预期收益率)；而国民经济分析则需要采用反映货物的真实经济价值、反映机会成本、供求关系以及资源稀缺程度的影子价格(如影子汇率、社会折现率等)。

(3) 分析的内容不同。微观财务评价主要包括：盈利能力分析、偿债能力分析、财务生存能力分析等。国民经济评价只做盈利性的分析，即经济效益分析。

国民经济分析往往运用影子价格等评估参数将项目微观效益分析的相关数据进行调整，重新计算和比价项目的费用和效益，以判断项目是否在宏观层面上可行。由于上述区别，对同一个项目两种评价可能导致相互冲突的结论。例如，一个项目因为产品的国内价格偏低，项目财务评价的结果可能是不可行的；但是如果这个产品是国计民生不可或缺的，用影子价格对其调整后进行国民经济评价，发现该项目对国民经济的贡献净值很大，即国民经济评价结果是可行的；这就出现了微观经济评价与国民经济评价的冲突。

一般来说，如果微观财务效益评估项目是可行的，但是国民经济分析评估项目是不可行的，那么项目最终不可行；而如果微观财务效益评估项目是不可行的，但是国民经济分析评估项目是可行的，那么项目最终是也应该是可行的。在这种状况下，国家相关主管部门可以给予项目一定的优惠政策，如补助金、税收减免或者低息贷款等，以调整项目的净现金流量使其在微观财务分析上也成为可行。或者也可以由国家资本或国有企业承担或参与项目投资。

通常国民经济评价报告包括以下几个部分：①影子价格及通用参数选取；②效益费用范围调整；③效益费用数值调整；④国民经济效益费用流量表；⑤国民经济评价指标，主要有经济内部收益率、经济净现值；⑥国民经济评价结论。

对于一个国家来说，一定时期内资源总量是有限的、固定的，只有通过项目的国民经济评价，才能对有限的资源进行合理配置；要支持对国民经济有正面影响的项目的发展，拒绝和淘汰对国民经济有负面影响的项目。国民经济分析对合理配置有限的国家资源、真实反映项目对国民经济所做的贡献具有重大意义。

以上两个阶段都是对"以物质为中心"的经济效果的分析评价。而随着人们越来越关注各类项目对自然环境、人类健康和生活所造成的负面影响，项目经济分析和评价从"以物质为中心"的经济利益向"以人为中心"的非经济效益转变，项目经济分析评价拓展到了环境效益评价和社会效益评价的新领域。

7.3　项目环境影响分析

项目环境影响分析也叫环境影响评价(EIA)，是指对拟议中的建设项目、区域开发计划和国家政策实施后可能对环境产生的影响及其后果所进行的系统性识别、预测和分析。环境影响分析要求项目评价在考虑项目宏观、微观经济效果的同时，还必须兼顾其投资建设和经营效果所带来的环境影响，或者提出预防或者减轻不良环境影响的对策和措施，并进行跟踪监测，最终实现项目与自然生态、社会环境友好相处且可持续发展的长远目标。

1969 年，美国国会通过了《国家环境政策法》，成为世界上第一个把环境影响评价用法律固定下来并建立环境影响评价制度的国家。当前，在发达国家大型施工项目中，对环境、健康和安全进行监督管理(简称 EHS 管理)的部门一般独立于施工部门，和质量管理部门一样，直接向项目最高负责人汇报。

我国环境影响评价制度始于 20 世纪 70 年代。1978 年，原国务院环境保护领导小组的《环境保护工作汇报要点》中，首次提出了环境影响评价的意向。1979 年，《中华人民共和国环境保护法(试行)》颁布，第一次用法律规定了建设项目环境影响评价，标志着我国环境影响评价制度正式确立。1989 年颁布的《中华人民共和国环境保护法》进一步用法律明确和规范了我国的环境影响评价制度。2002 年通过了《中华人民共和国环境影响评价法》，国家根据建设项目对环境的影响程度，对建设项目的环境影响评价实行分类管理。建设项目可能造成重大环境影响的，应当编制环境影响报告书，对产生的环境影响进行全面评价；可能造成轻度环境影响的，应当编制环境影响报告表，对产生的环境影响进行分析或专项评价；对环境影响很小、不需要进行环境影响评价的，应当填报环境影响登记表。环境影响评价从建设项目环境影响评价扩展到规划项目环境影响评价，使环境影响评价制度得到了新的发展。2014 年修订后的《中华人民共和国环境保护法》规定：编制有关开发利用规划，建设对环境有影响的项目，应当依法进行环境影响评价。未依法进行环境影响评价的开发利用规划，不得组织实施；未依法进行环境影响评价的建设项目，不得开工建设。

环境影响分析的具体工作内容主要包括：开展大气、水土、生态、噪声、光电等综合环境条件的调查；根据项目主要特征确定项目对环境影响的主要因素和影响程度；同时，就项目建设过程中破坏环境、生产运营环境中污染环境导致环境质量恶化的主要因素进行自然环境、生态系统和社会环境的影响进行分析；在前面的基础上，按照国家相关环境保护法律法规，提出具体的环境保护措施及治理方案。环境影响分析工作最终需形成项目环境影响分析报告，作为项目可行性分析的一部分，由相关部门组织专家评审。

下面以建设项目为例，了解估计环境影响的基本方法。估计和分析环境影响时，在满足准确度需要的前提下,应尽可能选择通用、简便的方法。常用的方法如下。

(1) 数学模型法。数学模型法能给出定量估计结果,但需一定计算条件和输入必需参数、数据。选择数学模型时要注意模型应用条件,如实际情况不能很好地满足应用条件要求而又拟采取时,应对模型进行修正并验证。

(2) 物理模型法。物理模型法定量化程度较高,能反应比较复杂的环境特征,但制作复杂环境模型需要较多人力、物力和时间投入。在无法利用数学模型法估计而又要求估计结果定量精度较高时,应选择此方法。

(3) 类比调查法。类比调查法估计结果属于半定量性质。如因为评价工作要求时间较短等原因,无法取得足够参数、数据,不能采取前述两种方法进行估计时,可选择此方法。

(4) 专业判定法。专业判定法则是定性地反映建设项目环境影响。如果建设项目存在一些环境影响极难定量估测,如对珍稀景观的影响,或因为评价时间过短等原因无法采取上述三种方法时,可选择此方法。

7.4 社会效益评价

项目的社会效益分析是以国家各项社会政策为基础,对项目实现国家和地方社会发展目标所做贡献和产生的影响及其与社会相互适应性所做的系统分析评价。社会效益强调投资项目建设应带来社会和谐与可持续发展。外部效益的评价角度多、定量分析难度大是社会效益评价的特点。

社会效益评价报告主要包括:①项目对社会的影响分析;②项目与所在地之间的互适性分析,具体包括利益群体对项目的态度及参与程度、各级组织对项目的态度及支持程度、地区文化状况对项目的适应程度等;③社会风险分析;④社会评价结论。

综上,简单介绍了项目经济可行性分析的四个方面。在这四者中,企业微观评价和国民经济评价的指标一般都可货币化测度和表示,所以其分析评价以量化分析为主;在环境影响分析过程中,存在可量化的技术指标以及较多的难以量化的非物质经济指标,因此多以定量定性为主、定量定性相结合的方法进行。而对于社会效益评价,基本都是难以量化、甚至难以货币化的指标,因此当前基本以定性分析为主。

习　　题

一、简答题

1. 企业短期偿债能力的衡量指标主要有哪些?

2. 企业长期偿债能力的衡量指标主要有哪些?

3. 国民经济评价与财务评价有什么异同?

4. 什么是影子价格?为确定影子价格,如何对货物进行分类?

二、计算题

1. 某化学纤维厂,固定投资为 42 542 万元,建设期利息为 4319 万元,预计达到设计能力生产期正常年份的营业收入为 35 420 万元,年营业税金及附加为 2689 万元,年总成本费用为23 185万元，流动资金为7048万元，试估计投资利润率和投资利税率各为多少？

2. 某项目产品为内销产品，替代其他货物，使其他货物增加出口，该产品的离岸价格为185美元/立方米，已知原供应厂到港口的运输费用及贸易费用为68元/立方米，原供应厂到用户的运输费用及贸易费用为75元/立方米，拟建项目到用户的运输费用及贸易费用可以忽略不计。影子汇率为8.7元/美元，试求该产品的影子价格为多少？

第8章

项目成本管理

项目管理主要分为投资管理、进度管理和质量管理这三大目标。而这三者都对项目成本带来巨大影响。项目管理者在做投资、进度和质量管理中的每一个决策时，都要考虑这些决策对项目最终产品成本的影响程度。如前所述，投资管理主要发生在项目前期，资金的规模、结构和筹集方式很大程度上决定了企业资金成本。而进度管理和质量管理主要发生在项目中期，进度的快慢、对质量要求的高低对项目运营成本有巨大的影响。

项目成本管理就是在保证满足工程质量、工期等合同要求的前提下，对项目实施过程中所发生的费用，通过计划、组织、控制和协调等活动实现预定的成本目标，并尽可能地降低成本费用的一种科学的管理活动。项目成本管理在某种程度上可以说就是保证在批准的预算范围内按预期计划完成项目的管理过程。这个过程由“资源计划—成本估算—成本预算—成本控制”四个环节构成，这里的项目成本就是项目的总投资，前文已经对成本估算进行了系统学习。本章学习成本控制的基础知识。

8.1 成本控制

项目的成本控制就是指采用一定方法对项目形成全过程所耗费的各种费用的使用情况进行管理，以确保项目的实际成本限定在项目成本预算范围内的过程。成本控制一般分为事前控制、事中控制和事后控制三大类。

项目成本控制主要包括以下四个方面的内容：①检查成本实际执行情况；②发现实际成本与计划成本的偏差并进行分析；③确保所有经核准的项目变更都在最新的项目成本基准计划中得到反映，并把变更后的项目成本基准计划通知相关的项目干系人；④分析成本绩效从而确定需要采取纠正措施的活动及要采取的纠正措施。实际成本的检查和数据取得是成本控制的基础，主要从日常管理工作中产生相关数据，我们可以从各种财务报表和管理信息系统中获取相关信息。

8.2 成本控制的依据

项目成本控制的依据主要有：

(1) 成本基准计划。成本基准计划将成本预算与进度预算联系起来，是进行项目成本控制最基础的依据。

（2）成本管理计划。成本管理计划提供了如何对项目成本进行事前控制的计划和安排，是确保在预算范围内实现项目目标的指导性文件。

（3）执行情况报告。执行情况报告的主要内容反映了项目各个阶段和各项活动是超过了预算还是仍在预算范围内。

（4）变更申请。变更申请是项目的相关干系人以不同的形式提出有关更改项目工作内容和成本的请求，也可能是要求增加预算或减少预算的请求。

8.3　成本分析的基本方法

有效的成本控制的关键是及时分析成本的绩效，尽早发现成本无效和出现偏差的原因，以便在项目成本失控之前能够及时采取纠正措施。这里学习几种常用的成本分析方法。

8.3.1　比较法

比较法又称“指标对比分析法”，就是通过技术经济指标的对比，检查计划的完成情况，分析产生差异的原因，进而挖掘内部潜力的方法。这种方法具有通俗易懂、简单易行、便于掌握的特点，因而得到了广泛的应用，但在应用时必须注意各技术经济指标的可比性。具体又分为以下三种情况。

（1）将实际指标与目标指标对比。以此检查目标的完成情况，分析完成目标的积极因素和影响目标完成的原因，以便及时采取措施，保证成本目标的实现。

（2）本期实际指标和上期实际指标对比。通过这种对比，可以看出各项技术经济指标的动态情况，反映建设项目管理水平的提高程度。

（3）与本行业平均水平、先进水平对比。通过这种对比，可以反映项目的技术管理和经济管理与其他项目的平均水平和先进水平的差距，进而采取措施赶超先进水平。

8.3.2　因素分析法

因素分析法又称连锁置换法或连环替代法。这种方法可用来分析各种因素对成本形成的影响程度。在进行分析时，首先要假定众多因素中的一个因素发生了变化，而其他因素则不变，然后逐个替换，并分别比较其计算结果，以确定各个因素的变化对成本的影响程度。一般有如下的步骤。

（1）确定分析对象（即所分析的技术经济指标），并计算出实际与目标（或预算）数的差异。

（2）确定该指标是由哪几个因素组成的，并按其相互关系进行排序以目标（或预算）数量为基础，将各因素的目标（或预算）数相乘，作为分析替代的基数。

（3）将各个因素的实际数按照上面的排列顺序进行替换计算，并将替换后的实际数保留下来。

（4）将每次替换计算所得的结果与前一次的计算结果相比较，两者的差异即为该因素对成本的影响程度。

（5）各个因素的影响程度之和应与分析对象的总差异相等。

例 8-1：某工程浇筑一层结构商品混凝土，目标成本为 364 000 元，实际成本为 383 760 元，比目标成本增加 19 790 元。根据表 8.1 的资料，用因素分析法分析其成本增加原因。

表 8.1　某工程计划成本和实际成本差额

因　　素	计 划 量	实 际 量	差　　额
产量/m^3	500	520	20
单价/元	700	720	20
损耗率/%	4	2.5	−1.5
成本/元	364 000	383 760	19 760

解：①确定分析对象：浇筑一层混凝土的成本，实际成本高出目标成本 19 760 元。

② 该成本指标是由三个因素组成的，可用公式表示如下。

$$成本＝产量×单价×(1＋损耗率)$$

③ 以目标成本 364 000 元＝500×700×1.04 为分析替代的基础，第一次用产量因素做替代，可得

$$520×700×1.04＝378\ 560\ 元$$

第二次以单价因素、在第一次替代后的基础上进行替代，可得

$$520×720×1.04＝389\ 376\ 元$$

第三次以损耗率因素、在第二次替代后的基础上进行替代，可得

$$520×720×1.025＝383\ 760\ 元$$

④ 计算差额，分析各因素对目标的影响大小。

产量替代与目标数的差额＝378 560－364 000＝14 560 元

单价替代与产量替代后的差额＝389 376－378 560＝10 816 元

损耗率替代单价替代后的差额＝383 760－389 376＝－5616 元

即产量增加使成本增加了 14 560 元，单价提高使成本增加了 10 816 元，而损耗率下降使成本减少了 5616 元。

⑤各因素的影响程度之和＝14 560＋10 816－5616＝19 760 元，与实际成本和目标成本的差额相等。

需要注意的是，因素分析法对各因素的排列顺序有要求，相同种类的因素按照不同的顺序替代，会得出不同的计算结果，也会产生不同的结论。

8.3.3 挣值分析法

挣值分析法(Earned Value Management，EVM)，又称为赢得值法或偏差分析法，是目前国际上普遍用于工程项目费用、进度的综合分析控制的方法，是在工程项目成本管理中越来越被广泛使用的一种方法，可以对项目进度和成本进行有效的综合控制。

1967 年，美国国防部开发了挣值分析法并成功地将其应用于国防工程中，并逐步获得广泛应用。挣值分析法将项目进度转换为货币、人工时或工程量，对项目的进度和成本进行综合度量，体现了进度和成本的相互制约、相互促进的关系，从而能准确描述项目的进展状态。挣值分析法的另一个重要优点是可以预测项目可能发生的工期滞后量和成本超支量，

从而及时采取纠正措施,为项目管理和控制提供有效手段。

挣值分析法可以概括为“3222”原则,即 3 个基本参数、2 个差异分析变量、2 个指标变量和 2 个预测变量。

3 个基本参数是已完工作预算费用、计划工作预算费用和已完工作实际费用。

(1) 已完工作预算费用(Budgeted Cost for Work Performed,BCWP)是指在某一时间已经完成的工作以批准认可的预算为标准所需要的资金总额。由于项目承建方正是根据这个值为承包人完成的工作量支付相应的费用,也就是承包人“挣得”的金额,故称挣值(EV)。其计算公式为:BCWP=已完成工作量×预算单价。

(2) 计划工作预算费用(Budgeted Cost for Work Scheduled,BCWS),即项目进度计划要求完成的工作量所花费的预算工时或费用。一般来说,除非合同有变更,BCWS 在工程实施过程中应保持不变。其计算公式为:BCWS=计划工作量×预算单价。BCWS 也被称为计划价值(Planned Value,PV)。

(3) 已完工作实际费用(Actual Cost for Work Performed,ACWP),即到某一时刻为止,已完成的工作实际所花费的总金额。其计算公式为:ACWP=已完成工作量×实际单价。ACWP 也被称为实际成本(Actual Cost,AC)。

在 3 个基本参数的基础上,可以确定两个差异分析变量,它们也都是时间的函数。

(1) 费用偏差(Cost Variance,CV)。CV=已完工作预算费用(BCWP)－已完工作实际费用(ACWP)。当 CV<0 时,即表示项目运行的费用超出预算费用;反之,表示项目运行节支。当 CV=0 时,表示实际消耗的人工或费用与预算值相等。

(2) 进度偏差(Schedule Variance,SV)。SV=已完工作预算费用(BCWP)－计划工作预算费用(BCWS)。当 SV<0 时,表示进度延误,即实际进度落后于计划进度;反之,表示实际进度快于计划进度。当 SV=0 时,表示实际进度与计划进度相符。

差异分析变量是 3 个基本参数的差值比较,当对 3 个基本参数进行指数比较时,可得到两个指数变量,往往被称为绩效指数。

(1) 费用绩效指数(Cost Performance Index,CPI)。CPI＝已完工作预算费用(BCWP)/已完工作实际费用(ACWP)。当 CPI<1 时,表示超支,即实际费用高于预算费用;反之,当 CPI>1 时,表示实际费用低于预算费用。CPI 的值越大,说明项目的实际成本相对于预节省的费用越多。

(2) 项目进度绩效指数(Schedule Performed Index,SPI)反映挣值与预算成本的相对关系,衡量的是正在进行的项目的完工程度。其计算公式为 SPI＝EV/PV＝BCWP/BCWS。当 SPI>1 时,表示进度超前;反之,表示进度延误。SPI 的值越大,说明项目的实际进度相对于计划进度提前得越多。

无论是 CPI 指标还是 CV 指标,它们对于同一个项目在同一时点的评价结果是一致的,只是表示的方式不同而已。CPI 指标反映的是相对量,CV 反映的是绝对量。同理,对于 SPI 和 SV 来说,也存在同样的关系。以指数形式表示的 CPI 与 SPI 可以用于与任何其他项目做比较,或在同一项目组合内的各项目之间进行比较。

最后,挣值法的两个预测变量如下。

(1) 完工尚需估算(Estimate To Completion,ETC):指完成项目预计还需要的成本。ETC 的本质就是将项目最开始建立在参照项目的数据基础上的估算,根据项目本身已完成的阶段的实际数据进行适当调整后得到的修正估算。

(2) 完工估算成本(Estimate At Completion,EAC):指按照项目迄今的实际成本调整原始的成本估算,通常表示为 EAC=迄今实际成本+ETC。

以上各指标间的关系反映出项目实施的进度、成本效率实际。具体对应关系如表 8.2 所示。

表 8.2 挣值分析法参数分析

序号	参数关系		分析结果
1	AC>PV>EV	SV<0,CV<0	效率低,进度较慢,投入超前
2	PV>AC>EV		效率较低,进度慢,投入延迟
3	EV>PV>AC	SV>0,CV>0	效率高,进度较快,投入延迟
4	EV>AC>PV		效率较高,进度快,投入超前
5	AC>EV>PV	SV>0,CV<0	效率较低,进度较快,投入超前
6	PV>EV>AC	SV<0,CV>0	效率较高,进度较慢,投入延迟

以上是运用挣值分析法分析项目的实际成本绩效,挣值分析法还可以用来预测项目未来完工成本以及预计竣工工期。预测项目未来完工估算成本(Estimate At Completion,EAC)的方法有以下三种情形。

(1) 假定项目未完工部分将按照目前的效率进行。其计算公式为:

$$\text{项目未来完工成本} = \text{总预算成本} / \text{成本绩效指数} \tag{8-1}$$

即 EAC=TPV/CPI,其中,TPV 表示项目总预算成本。

(2) 假定项目未完工部分将按照原本计划的效率进行。其计算公式为:

$$\text{项目未来完工成本} = \text{已经完成作业的实际成本} + (\text{总预算成本} - \text{挣值}) \tag{8-2}$$

即 EAC= AC+(TPV−EV),式中,AC 是 Actual Cost 的缩写。

(3) 重估所有剩余工作量的成本做出预测。这种方法不做任何特定的假设,重新估算所有剩余工作量的成本,并依次做出项目成本和工期预测的方法。其计算公式为:

$$\text{项目未来完工成本} = \text{已经完成分项工程的实际成本} + \text{重估剩余工作量的成本} \tag{8-3}$$

预计竣工工期(Estimated Completion Date,ECD)与预测完工成本类似,分别讨论:①假设未完成工作仍然按照原计划速度进行,将剩余工作的计划完成时间顺延得到项目的最终预测完工时间;②假设剩下的工作按照当前工作效率进行。由于工期受天气等偶然原因影响更为明显,所以工期预测难度更大一些。

例 8-2:某项目由 4 项活动组成,项目总工时为 4 周,总成本 10 000 元。项目进度和成本计划,以及项目在第 3 周末的状态见表 8.3。

表 8.3 项目进度和计划成本以及项目状态

活动	进度	计划成本	状态
项目计划	第一周	2000 元	已完成,实际成本 2000 元
项目设计	第二周	2000 元	已完成,实际成本 2500 元

续表

活　动	进　度	计划成本	状　　态
编程	第三周	3000 元	仅完成 50%,实际成本 2200 元
测试与实施	第四周	3000 元	未开始

用挣值法进行全面成本分析。

解:① 计算三个基本参数。

BCWS(计划完工、预算成本)=2000+2000+3000=7000 元

BCWP(实际完工、预算成本)=2000+2000+3000×50%=5500 元，　即为挣值

ACWP(实际完工、实际成本)=2000+2500+2200=6700 元

② 计算两个差异变量和指数变量。

CV(成本偏差)=BCWP－ACWP=5500－6700=－1200 元

SV(进度偏差)=BCWP－BCWS=5500－7000=－1500 元

CV 与 SV 都是负值,表示项目成本处于超支状态,实施落后于计划进度。

CPI=BCWP/ACWP=5500/6700=0.8209

SPI=BCWP/BCWS=5500/7000=0.7857

CPI 与 SPI 都小于 1,与 CV、SV 指标的结论相同,反映第三周末该项目的成本效率和进度效率分别为 82%和 79%,即该项目投入了 1 元钱仅获得 0.82 元的收益,如果说现在应该完成项目的全部工程量,但目前只完成了 79%。

③ 假定项目未完工部分将按照目前的效率进行,则

EAC=TPV/CPI=10 000/0.8209=12 181.75(元)

除以上分析方法以外,常用的分析方法还有以下几种。

(1) 月(季度)成本分析法:应用月成本分析表、成本周报或日报可以很清晰地进行成本比较研究。

(2) 成本累计曲线法:成本累计曲线又称时间-累计成本图,可以反映整个项目或项目中某个相对独立部分的开支状况。

(3) 分部分项工程成本分析法:分部分项工程成本分析的对象为已完分部分项工程。通过对预算成本、计划成本和实际成本的对比,分别计算实际偏差和目标偏差,分析偏差产生的原因,为今后的分部分项工程成本寻求节约途径。

8.4　项目成本控制过程中的注意事项

项目成本控制的过程必须和项目的其他控制过程紧密结合。一方面,只有同时分析进度、效率、质量状态,才能得到成本的实际信息,否则容易产生误导;另一方面,单纯强调控制项目成本可能会导致项目在范围、进度或质量等方面出现问题,损害项目的整体功能和效益。

项目成本控制一般可按月进行核算、对比,以近期成本为主,以提高控制的准确性和及时性。

成本与收益是相对应的,只有在不影响项目收益的情况下,降低的项目成本才能为企业带来利润。制定成本控制目标时,要注意在保证项目进度和项目质量的前提下控制和降低成本。

有些情况下,项目管理者可能没有办法或没有必要准确衡量项目某些活动的实际完成状况。此时往往按照某些管理规则来计算。常用的是“50/50 规则”,即认为某个进度期间的工作只要开始,就认为已经完成了 50%的工作量。此后,在工作的整个执行期间不再计算任何已完成工作量,要等到工作全部完成时才计为 100%的工作量。与此相对应,还有“25/75 法则”“20/80 规则”和“0/100 规则”,这些规则是比 50/50 规则更为保守的计算方法,即在工作开始时和执行过程中只计算 25%、20%或不计算任何已完成工作量,要等到工作全部完成后再计算 100%的已完成工作量。经验数据表明,项目在完成了 15%~20%以后,其累计 CPI 就比较稳定。所以,从这之后的 CPI 就可以为预测项目完成时的项目总成本提供一个比较快捷的方法。从另一个角度来说,这个法则表明,如果项目在完成 15%时的成本是超支的,那么项目最终有很大概率是成本超支的。

另外,如果发现无论如何进行调整都无法满足项目的成本计划时,虽然对管理层来说修改目标成本往往被视为项目失控,但也必须面对现实,修改项目的目标成本。

成本分析的一个重要目的就是要找出引起实际成本偏离计划成本的原因,从而有可能采取有针对性的措施,减少或避免相同原因的再次发生。产生偏差的原因很多,相对应的纠偏措施也需有针对性。一般要压缩已经超支的费用是十分困难的,往往需要比原计划更为有力的措施方案才能降低成本。

习　　题

一、简答题

1. 什么是全生命周期成本?

2. 什么是成本基准?

3. 什么是机会成本?

二、计算题

1. 某公路修建项目,预算单价为 400 元/m,计划用 30 天完成,每天 120m。开工后 5 天测量,已经完成 500m,实际付给承包商 35 万元。计算:①费用偏差(CV)和进度偏差(SV)是多少?说明了什么?②进度执行指数(SPI)和成本执行指数(CPI)是多少?

2. 某项目由 5 项活动组成,总工时 5 周,总成本 10 000 元。各项活动的进度、成本计划及第四周周末的实施状态如表 8.4 所示。

表 8.4 各项活动的进度、成本计划及第四周周末的实施状态

活　动	计划进度	计划成本	状　　态
计划	第一周	1000 元	已完成,实际成本 1100 元
设计	第二周	2000 元	已完成,实际成本 2500 元
建造	第三周	3000 元	已完成,实际成本 3000 元

续表

活　动	计划进度	计划成本	状　　态
安装	第四周	3000 元	完成工作的 50%，实际发生成本 2100 元
调试	第五周	1000 元	未开始

用挣值分析法分析项目实施情况。

3. 某项目的基本进度计划是 18 个月，而基本预算是 500 万美元。迄今为止，该项目已经持续了 9 个月，实际费用支出(AC)为 400 万美元，而项目完成了 20%，计划价值(PV)为 200 万美元。如果本项目将继续按照目前的进度实施，那么现在预测的项目最终费用是多少？

下篇　系统工程方法论

第9章

系统工程概述

大到宇宙系统，小到夸克系统，一切自成体系的整体都可以称为系统。在自然界和人类社会中，可以说任何事物都是以系统的形式存在的。人们在认识事物时，需要采用综合思维方式，根据事物内在本质必然的联系，从整体的角度进行分析和研究。

“系统”是一个内涵十分丰富的概念，是关于“系统”研究的各个学科所共同使用的一个基本概念，是系统科学和系统论研究的一个重要内容。

G. Gordon 在《系统仿真》一书中曾这样写道：“系统这个术语在各个领域用得如此广泛，以致很难给它下一个定义，一方面要使这个定义足以概括它的各种应用，另一方面又要能简明地把这个系统应用于实际。”

系统一词，的确很难用简明扼要的文字准确地定义，因为它实在是包罗万象。这里给出一种普遍接受的定义：系统是由相互联系、相互制约、相互依存的若干组成部分(要素)结合在一起形成的具有特定功能和运动规律的有机整体。上述定义中的各组成部分通常被称为子系统或分系统，而系统本身又可以看作它所从属的那个更大系统的组成部分。INCOSE(国际系统工程协会)定义系统为交互成分结合以实现一个或多个特定目的的组合。结合成分包括产品(硬件、软件和紧固件)、过程、人员、信息、技术、设施、服务和其他支持元素。IBM 对系统的解释是系统包含几个基本元素：系统组件与接口，参与者，环境与场景。IT 系统通常包括五种类别的交互，这五种交互类别分别是数据、信号、材料、能量和活动。

系统工程是一门跨多学科领域的工程和工程管理学，通常专注于如何设计和管理在其生命周期内的复杂系统。系统工程并非凭空出现，而是随着复杂项目设计经验完善总结出的经验学科，其核心思想是在开发阶段的早期对用户的需求进行定义，并进行设计综合与系统确认，将项目失败风险降到最低。

系统工程特别注重解决系统的整体问题，不仅关注系统本身，也关注系统与其他系统和环境的相互作用；不仅关注系统本身的工程设计和实现，也关注那些制约设计和实现的外部因素。系统工程是沟通各工程学科的桥梁，也即在设计和实现复杂系统时，不仅要优化各专业工程专家提供给系统的各特定性质的部件，更要获得最好的系统行为能力。系统工程与项目管理紧密联系，是项目管理的固有部分，即在寻求系统解决方案的同时，必须充分考虑时间、成本和进度，在实现与资源之间寻求正确或适当的平衡。

9.1 系统思想

9.1.1 系统思想的形成

系统思想的形成可追溯到远古时代。中国古代著作《易经》《尚书》中提出了蕴含有系统思想的阴阳、五行、八卦等学说。中国古代经典医著《黄帝内经》把人体看作由各种器官有机地联系在一起的整体,主张从整体上研究人体的病因。在《金刚经》中,佛陀告诉须菩提,若世界实有者,则是一合相。一合相者,则是不可说,但凡夫之人贪著其事。古希腊哲学家赫拉克利特在《论自然界》一书中指出:"世界是包括一切的整体。"古希腊哲学家德谟克利特认为一切物质都是原子和空虚组成的。他的《世界大系统》一书是最早采用系统这个名词的著作。古希腊哲学家亚里士多德提出整体大于部分之和的观点。

古代系统思想还表现在一些著名的古代工程中。埃及的金字塔和中国的长城、大运河、都江堰以及《梦溪笔谈》中叙述的皇宫重建工程无不体现朴素的系统思想。古代系统思想常用猜测和臆想的联系代替尚未了解的联系,是自然哲学式的。

16 世纪,近代自然科学兴起。在当时的条件下难以从整体上对复杂的事物进行周密的考察和精确的研究。因此,近代自然科学的研究方法是把整体系统逐步地分解,研究每个较简单的组成部分,排除臆想的内容。这种方法后来被称为还原论和机械唯物论。

19 世纪,自然科学得到了巨大发展,能量转化、细胞学说、进化论三大发现,使人类对自然过程相互联系的认识有了质的飞跃,能够更深入地了解局部细节,建立了事物整体与分部的桥梁,为辩证唯物主义的科学系统观奠定了物质基础。这个阶段的系统思想具有"先见森林,后见树木"的特点。恩格斯在《路德维希·费尔巴哈和德国古典哲学的终结》一文中指出:"一个伟大的基本思想,即认为世界不是一成不变的事物的集合体,而是过程的集合体。其中各个似乎稳定的事物以及它们在我们头脑中的思想反映即概念,都处在生成和灭亡的不断变化中。在这种变化中,前进的发展,不管一切表面的偶然性,也不管一切暂时的倒退,终究会给自己开辟出道路。"恩格斯的这段话标志着科学的现代系统思想的产生。

系统思想在辩证唯物主义那里取得了哲学的表达形式,在运筹学和其他学科中取得了定量的表达方式,并在系统工程应用中不断充实自己实践的内容,系统的思想方法从一种哲学思维逐步形成为专门的科学——系统科学。

9.1.2 系统的特点

系统的特点如下。

(1) 系统及其要素。系统是由两个以上要素组成的整体,构成这个整体的各个要素可以是单个事物(要素),也可以是一群事物组成的分系统、子系统等。系统与要素是一组相对的概念,取决于所研究的具体对象及其范围。

(2) 系统和环境。任一系统又是它所从属的一个更大系统的组成部分,并与其环境相互作用,保持较为密切的输入输出关系。系统连同其环境一起形成系统总体。系统与环境也是两个相对的概念。

(3) 系统的结构。在构成系统的诸要素之间存在着一定的有机联系,这样在系统的内部形成一定的结构和秩序。结构即组成系统的诸要素之间相互关联的方式。

(4) 系统的功能。任何系统都应有其存在的作用与价值,即其特定的功能。

(5) 系统存在输入端和输出端。

系统的基本概念如图 9.1 所示。

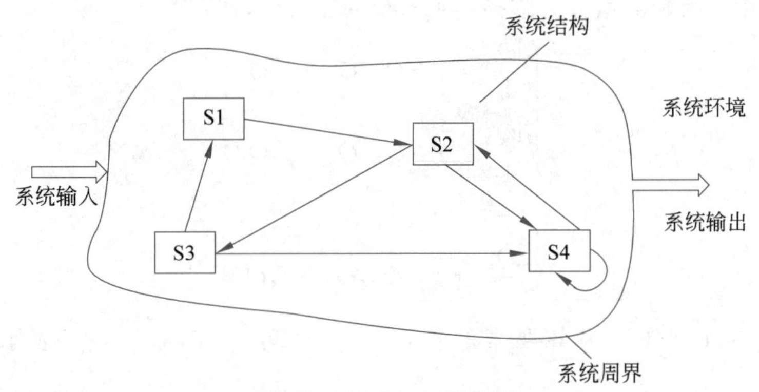

S1、S2、S3、S4——系统部件

图 9.1　系统的基本概念

例如,汽车是一个系统。它是由轮胎、发动机、传动系统、车体等相互联系和彼此影响的部件组成的一个整体。这些部件组成在一起可以去完成交通运输的特定功能。

又如,某个城市是一个系统。它是由交通系统、资源系统、商业系统、市政系统、卫生系统等相互作用着的部件组合而成的一个整体,通过系统的各个部件相互协调运转去完成城市生活和发展的特定目标。它与农村以及其他城市存在着界限,通过边界在物质、信息、人员等方面进行交流。

9.2　系统的基本特征

1. 集合性

集合性表明系统由多个可相互区别的要素组成。如图 9.2 所示表明了工业企业系统的集合要素。

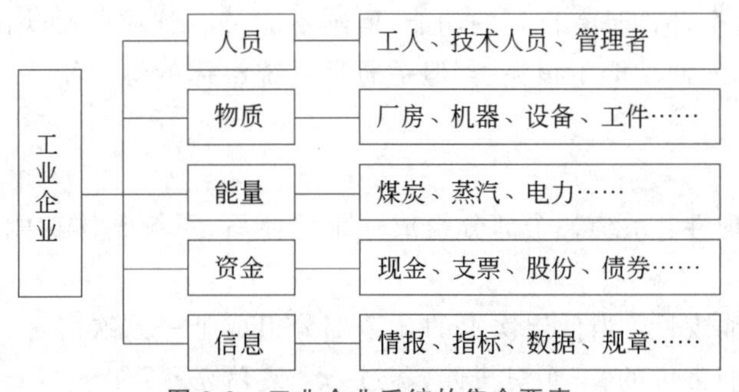

图 9.2　工业企业系统的集合要素

2. 相关性

系统内部各部件之间存在着相互联系、相互依存、相互制约的关系。它们通过特定的关系结合在一起,形成一个具有特定性能的系统。相关性包括:系统内部各要素间,要素与系统整体间,系统与环境间的有机联系。如不存在相关性,众多的要素如同一盘散沙,只是一个集合,而不是一个系统。

贝塔朗菲用一组独立微分方程描述了系统的相关性,即:

$$\begin{cases}\dfrac{dQ_1}{d_t}=f_1(Q_1,Q_2,\cdots,Q_n)\\ \dfrac{dQ_2}{d_t}=f_2(Q_1,Q_2,\cdots,Q_n)\\ \qquad\vdots\\ \dfrac{dQ_n}{d_t}=f_n(Q_1,Q_2,\cdots,Q_n)\end{cases}\tag{9-1}$$

式中,$Q_1,Q_2,\cdots,Q_n$ 分别为各要素的特征;t 为时间;$f_1,f_2,\cdots,f_n$ 表示相应的函数关系。

公式表明,系统任一要素随时间的变化是系统所有要素的函数,即任一要素的变化会引起其他要素的变化以至整个系统的变化。

3. 阶层性

一个大的系统,包含很多层次,上下层之间是包含与被包含的关系,或领导和被领导的关系,例如,行政系统、军队系统、企业系统。在组织管理工作中,系统的层次与管理的跨度是一对矛盾。

4. 整体性

系统是作为一个整体存在于特定环境中,与特定环境发生相互作用的。整体性是系统最基本、最核心的特性,是系统性最集中的体现。

系统的整体性主要表现为系统的整体功能。系统的整体功能不是各组成要素功能的简单叠加,也不是由组成要素简单地拼凑,而是呈现出各组成要素所没有的新功能,可概括地表达为“系统整体不等于其组成部分之和”,而是“整体大于部分之和”。

系统是由各个相互联系和彼此影响的部件结合而成的。系统是作为一个统一的整体存在着的,各部件的独立机能和相互关系只能统一和协调于系统的整体之中。如果一个部件脱离开整体,即使这个部件具有良好的功能,但绝不能具有整体所反映出来的功能。相反,如果有若干个部件,即使功能不很完善,但是通过系统整体的综合统一,很可能成为具有良好功能的系统。

5. 涌现性

系统整体的涌现性:系统各个部分组成一个整体后,系统整体功能大于其组成要素功能的总和。

系统层次间的涌现性:当低层次上的几个部分组成上一层次时,一些新的功能也会涌现出来。这就是人们常说的“三个臭皮匠,赛过一个诸葛亮。”

是否多个要素凑在一起,其功能都一定大于部分功能之和呢?答案是否定的!最典型的就是人们所说的“一个和尚挑水吃,两个和尚抬水吃,三个和尚没水吃”。

这是因为，这三个和尚没有形成一个“系统”，这些“和尚”要素相互不协调、不统一，才使得集体运水的效果急减。也即系统的功能也与要素间的关系，即系统的结构有关。

6. 目的性

目的性是系统存在的条件。开发系统工程项目的首要工作是确定系统的目的性。任何一个系统都有它的目的，否则，也就失去了这个系统存在的价值和意义。例如，生物系统的目的性就是增殖个体、繁衍物种、保存生命；同样，人造系统也有它的目的性，如企业的经营目的，就是以最少的资源消耗去取得最大的经济效益。

系统活动本身都具有明确的目的。系统各部件就是为实现系统的既定目标而协调于一个整体之中，并为此进行活动。系统活动的输出响应就是系统目的性的反映。

由于复杂系统是具有多目标和多方案的，当组织规划这个错综复杂的大系统时，常采用图解方式来描述目的与目的之间的相互关系，这种图解方式称为目的树。

从图 9.3 中可以看出，要达到目的 1，必须完成目的 2 和目的 3；要达到目的 2，必须完成目的 4、目的 5 和目的 6；以此类推。可明显地看出，在一个复杂系统内所包括的各项目的，即从目的 1 到目的 17，层次鲜明，次序明确，相互影响，而又相互制约。通过图解，可以对目的树各个项目的目的进行分析、探讨和磋商，统一规划和协调。

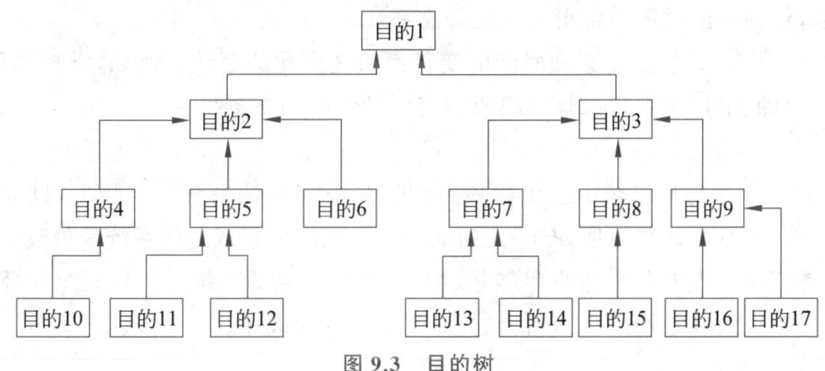

图 9.3　目的树

7. 环境适应性

任何一个系统都存在于一定的物质环境中，环境的变化对系统的变化有很大的影响，同时，系统的作用也会引起环境的变化。两者相互影响作用的结果，就有可能使系统改变或失去原有的功能。一个好的系统，必须不断地与外部环境产生物质的、能量的和信息的交换，才能适应外部环境的变化，这就是环境适应性。

例如，改革开放以后，我国在经济、政治、文化等各方面得到了发展，全国上下充满了生机勃勃的景象。

9.3　系统的分类

1. 按自然属性分

(1) 自然系统：是由自然物(矿物、植物、动物、海洋等)形成的系统，它的特点是自然形成的。例如，生态系统、水循环系统等。

(2) 人造系统：是为了达到人类的目的而由人类设计和建造的系统。例如,计算机系统、互联网系统。人造系统都存在于自然界之中,同时人造系统与自然系统之间存在着重要的联系。特别是一些人为改造的自然系统关系就更为密切。人们生活的世界就是由自然系统与人造系统组成的。

依埃及尼罗河建设的阿斯旺水库是人造系统影响自然系统的典型例子之一。当巨大的水坝建成之后,人造系统对尼罗河地区的自然系统产生了巨大的影响。虽然避免了尼罗河洪水泛滥,但由于该地区生态环境的变化而使鱼类遭受厄运,使水库周围大片土地盐碱化加重。在解决重大问题时,如何更好地用系统观点来均衡人造系统对自然系统带来的影响是值得思索的内容。

2. 按物质属性分

(1) 实体系统：是用一些实物和有形部件构成的系统。例如,机械系统。

(2) 概念系统：是用一些思想、规划、政策等概念或符号来反映系统的部件及其属性组成的系统。例如,软件系统。

3. 按运动属性分

(1) 静态系统：相对来说,系统要素不随时间的变化而变化或随时间变化缓慢变化的系统。例如,江河上的桥梁系统可认为是静态系统。

(2) 动态系统：系统的要素随时间的变化而快速变化的系统。例如,学校系统,这是由校舍、学生、教师、书以及各门课程等组成的有活动性的动态系统。

4. 按系统与环境的关系分

(1) 封闭系统：与环境较少发生物质、能量、信息交换的系统。实际上,世界上根本不存在封闭系统,只是为研究方便,有时人为地把一个系统假想成封闭系统来处理。

(2) 开放系统：与环境经常发生能量、物质、信息交换的系统。一旦系统与环境的联系切断,就会对系统的稳定性产生不利影响,而使系统遭到破坏。

5. 按复杂程度分

(1) 大系统。大系统和小系统之间无明显的界限之分。大系统具有结构复杂、规模庞大、变量众多、功能综合多样等特征。例如,国民经济体系、生物学、经济、社会学领域中的系统。

(2) 小系统。与大系统物理特征或时间特征相比较较小的就是小系统。

9.4 系统的结构与功能

9.4.1 系统的结构

系统的结构是系统的构成要素在时空连续区上的排列组合方式和相互作用方式。一般可抽象表达为

$$S=\{E,R\} \tag{9-2}$$

S：代表系统结构。

E：代表系统要素的集合。

R：代表要素之间各种关系的集合。

一个系统必须同时包括 E 和 R，两者缺一不可。

9.4.2　系统的功能

系统的功能如图 9.4 所示。

输入（物质、能量、信息）→ 处理和转换 → 输出（产品、人才、成果、服务等）

图 9.4　系统的功能示意图

当系统表示为输入输出系统时，系统的功能通常指系统的转换和输出。系统工程的任务在于提高系统的功能，特别是系统的处理或转换的效率，即在一定的输入条件下，输出越多越快越好；或在一定的输出条件下，输入越少越慢越好。

9.4.3　系统的结构和功能的关系

系统通常由要素、结构和环境组成。系统结构决定了系统功能。系统结构作为内在依据，决定着系统行为，同时功能也受要素的制约。要素性质的变化、结构类型、环境条件的变化都会影响系统的功能表现，甚至导致系统的质变。

9.5　系统工程

系统工程在近五十多年迅速崛起，日趋成熟，在各领域得到了广泛应用。

系统工程是从总体出发，合理开发、运行和革新一个大规模复杂系统所需思想、理论、方法论、方法与技术的总称，属于一门综合性的工程技术。也即根据问题导向和总体协调的需要，将自然科学、社会科学、数学、管理学、工程技术等领域的相关思想、理论、方法有机综合，应用定量和定性分析相结合的基本方法，采用现代信息技术等手段，对系统的功能培植、构成要素、组织结构、环境影响、信息交换、反馈控制、行为特点等进行系统分析，最终达到使系统合理开发、科学管理、持续改进、协调发展的目的。

9.5.1　系统工程的定义

系统工程(Systems Engineering，SE)是用系统的原理解决工程问题的各种方法的总称。钱学森提出“系统工程是组织管理系统的规划、研究、设计、制造、实验和使用的科学方法，系统工程是一门组织管理技术。”中国大百科全书对于系统工程的定义是“系统工程是从整体出发，合理地开发、设计、实施和运用系统的工程技术。”日本工艺标准定义“系统工程是为了更好地达到系统目的，对系统的构成要素、组织结构、信息流动和控制机构等进行分析与设计的技术。”

系统工程定义表明系统工程既是一种方法论，又是一种组织管理技术；系统工程是一门边缘学科；系统工程组织协调系统内各要素的活动，实现系统整体目标最优化。

9.5.2　系统工程的特点

系统工程用系统的观点和方法解决工程问题，用工程的方法建造系统，使之更加合理、更加完善、更加科学。它的特点如下。

1. 研究对象广泛

系统工程不同于一般的工程技术学科。一般工程技术学科,如水利工程、机械工程等都与形成实物的实体对象有关,国外称这类工程为"硬"工程,而系统工程的研究对象除了这类"硬"工程之外,还包括这种工程的组织与经营管理,因此也包括"软"科学的各种内容,包括人类社会、生态环境、自然现象和组织管理等。

2. 涉及交叉学科

把一个工程项目作为系统来处理,必然涉及方方面面的内容。如果把一般工程学科作为一条代表专业的纵线,则系统工程是跨越各条纵线的一条横线。它通过横向的综合,提出解决问题的方法和步骤,因此它是跨越不同学科的综合性科学。不仅要用到数、理、化、生物等自然科学,还要用到社会学、心理学、经济学、医学等与人的思想、行为、能力等有关的学科,是自然科学和社会科学的交叉。因此,系统工程形成了一套处理复杂问题的理论、方法和手段。

例如,建筑工程是专业技术工程学科,它主要研究建筑、设计和施工技术。而建筑系统工程则是综合社会、经济、生态及其他工程技术系统等进行城市的规划、设计与管理、建筑物的设计、施工组织等问题,开展以规划、设计、施工及管理为主线,以社会学、经济学、生态经济学、美学、工业工程学、电子学等为基础的学科。

3. 定量定性分析相结合

马克思曾明确指出,一种科学,只有当它成功地应用了数学的时候,才能达到完善的地步。数学方法已成为解决系统工程问题的主要方法。在定性分析的基础上进行定量分析,定量分析必须以定性分析为前提。只进行定性分析不能准确地说明一个系统,只有进行定量分析之后,对系统的认识才能达到精确和深刻。定性分析是前提,定量分析是深入,从而使系统达到最优化的目的。

4. 科学艺术和哲理相结合

因为系统工程所研究的对象往往涉及人,这就涉及人的价值观、行为学、心理学、主观判断和理性推理,因而系统工程所研究的大系统比一般工程系统复杂得多,处理系统工程问题不仅要有科学性,而且要有艺术性和哲理性。

9.5.3 系统工程的内涵

1. 系统工程强调思考问题的视角——系统视角

系统视角基于系统思维,系统思维是对现实世界的一种独特的视角,强调整体意识,要求人们从事物的整体出发去思考问题。既要考虑系统整体内部各部分之间的关联变化,同时还要考虑系统在一个更大的背景环境下的运行与管理。系统任何一个要素或外部环境的变化都可能引起整个系统的连锁反应。所谓"牵一发而动全身"就是系统思维的真实写照。

2. 系统工程是一个流程——系统工程流程

按照国际标准 ISO/IEC 15288—2008,系统工程流程包含 4 个流程组 25 个流程。其中核心的部分是项目流程与技术流程,因此在 NASA(美国宇航局)NPR7123.1《系统工程流程和需求》中将核心的包含系统设计、产品实现及技术管理的 17 个流程称为系统工程引擎。系统工程引擎中的流程以迭代递归方式应用。这就引出了系统工程流程的两个本质属性：迭代与递归。为了支持学习和持续改进而迭代；同时，当系统元素集合被很有把握地准确定义完成之前，一个预期的系统元素本身可能需要被当作系统来考虑，这样系统工程流程就会被递归应用于系统的不同层级之中。递归，即在系统不同层级之间层层递进。

9.5.4　系统工程的分类

系统工程可以分为通信系统工程、电子系统工程、生物医药工程、农业系统工程、军事系统工程、能源系统工程、交通系统工程等。

9.5.5　系统工程的理论基础

(1) 运筹学：线性规划、非线性规划、动态规划、排队论、决策论、图论、库存论等。

(2) 基础数学和计算机科学。

(3) 控制论。

(4) 信息论。

(5) 大系统理论等。

9.5.6　系统工程发展概况

图 9.5 较好地表达了系统工程的发展脉络。

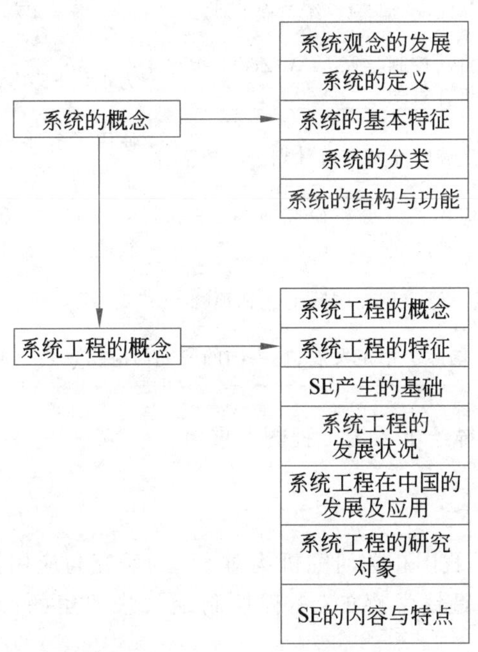

图 9.5　系统工程的发展脉络

表 9.1 清晰地表达了近代系统工程发展历史。

表 9.1　近代系统工程发展里程碑

<table>
<tr><th>阶段</th><th>年　代</th><th>重大工程实践或事件</th><th>重要理论与方法贡献</th></tr>
<tr><td rowspan="3">Ⅰ</td><td>1930</td><td>美国发展与研究广播电视</td><td>正式提出系统方法(Systems Approach)的概念</td></tr>
<tr><td rowspan="2">1940</td><td>美国实施彩电开发计划</td><td>采用系统方法,并取得巨大成功</td></tr>
<tr><td>美国 Bell 电话公司开发微波通信系统</td><td>正式使用系统工程(Systems Engineering)一词</td></tr>
<tr><td rowspan="3">Ⅱ</td><td>第二次世界大战期间</td><td>英、美等国的反空袭等军事行动</td><td>产生军事运筹学(Military Operations Research),即军事系统工程</td></tr>
<tr><td>20 世纪 40 年代</td><td>美国研制原子弹的“曼哈顿计划”</td><td>运用 SE,并推动了其发展</td></tr>
<tr><td>1945</td><td>美国空军成立兰德(RAND)公司</td><td>提出系统分析(Systems Analysis)概念,强调了其重要性</td></tr>
<tr><td>Ⅲ</td><td>20 世纪 40 年代后期到 20 世纪 50 年代初期</td><td colspan="2">运筹学的广泛运用与发展、控制论的创立与应用、电子计算机的出现,为 SE 奠定了重要的学科基础</td></tr>
<tr><td rowspan="5">Ⅳ</td><td>1957</td><td>H. Good 和 R. E. Machol 发表第一部名为《系统工程》的著作</td><td>系统工程学科形成的标志</td></tr>
<tr><td>1958</td><td>美国研制北极星导弹潜艇</td><td>提出 PERT (网络优化技术),这是最早的系统工程技术之一</td></tr>
<tr><td rowspan="2">1961</td><td>R. E. Machol 编著《系统工程手册》</td><td>表明系统工程的实用化和规范化</td></tr>
<tr><td>美国自动控制学家 L. A. Zedeh 提出模糊集合概念</td><td>为现代 SE 奠定了重要的数学基础</td></tr>
<tr><td>1961—1972</td><td>美国实施阿波罗登月计划</td><td>使用了多种 SE 方法,其成功极大地提高了 SE 的地位</td></tr>
<tr><td rowspan="2">Ⅴ</td><td>1972</td><td>国际应用系统分析研究所(IIASA)在维也纳成立</td><td>SE 的应用开始从工程领域进入社会经济领域,并发展到了一个重要的新阶段</td></tr>
<tr><td>20 世纪 70 年代</td><td colspan="2">SE 的广泛应用在国际上达到顶峰</td></tr>
<tr><td>Ⅵ</td><td>20 世纪 80 年代</td><td colspan="2">SE 在国际上稳定发展、在中国的研究与应用日趋完善</td></tr>
</table>

图 9.6 从另一个角度描绘了系统工程的发展。

9.5.7　系统工程在中国

20 世纪 50—60 年代,我国相关研究机构对 SE 的研究与应用做了理论探讨、应用尝试和技术准备,其主要标志是钱学森的《工程控制论》、华罗庚的《统筹法》和许国志的《运筹学》。

目前,MBSE(Model-Based Systems Engineering,基于模型的系统工程)是中国研究热点。

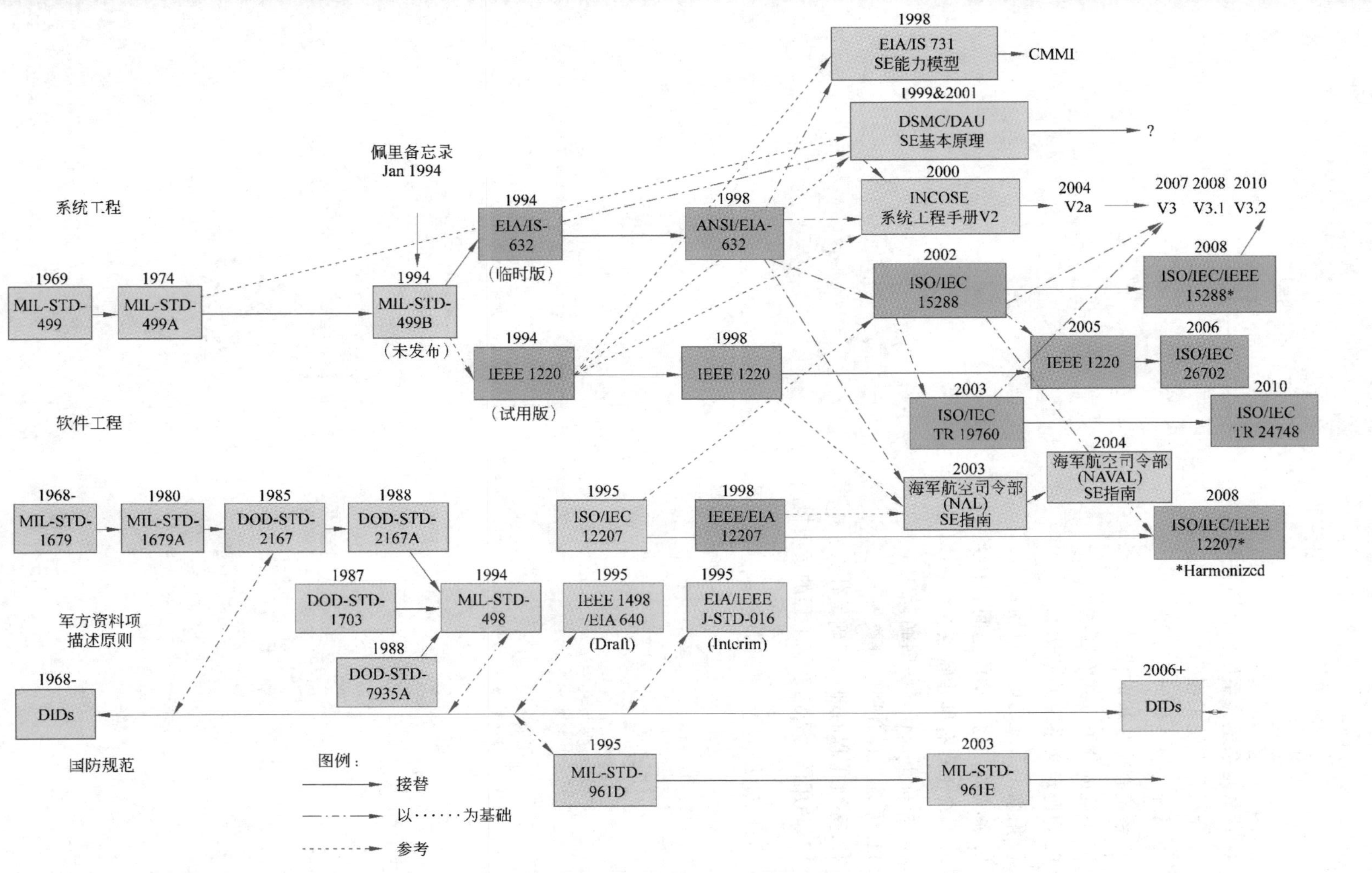

图 9.6　系统工程的发展年谱

习　　题

1. 什么是系统？系统的特点是什么？
2. 什么是系统工程？
3. 系统思想是如何形成的？
4. 系统有哪些基本特征？
5. 系统的分类方式有哪些？
6. 如何定义系统的结构？
7. 请画出系统功能示意图。
8. 系统的结构和功能之间有什么关系？
9. 系统工程有哪些特点？
10. 系统工程有哪些内涵？
11. 系统工程有哪些分类？
12. 系统工程的理论基础是什么？
13. 请用图示表达系统工程的发展概况。

第10章

系统工程方法论概述

系统工程方法论就是分析和解决系统开发、运行及管理实践中的问题所应遵循的工作程序、逻辑步骤和基本方法。它是系统工程思考问题和处理问题的一般方法和总体框架。

方法指的是用于完成一个既定任务的具体技术和操作。方法论是进行研究和探索的一般途径,是对方法如何使用的指导。系统工程方法论是研究和探索(复杂)系统问题的一般规律和途径。

常见的系统工程方法论包括霍尔体系结构,也即霍尔三维结构,并行工程方法学,综合集成系统方法学,或称综合集成研讨体系,物理-事例-人理(WSR)方法等。

系统工程方法可进一步分解为系统分析方法、系统评价方法、系统仿真方法、系统预测方法、系统决策方法等。

10.1 霍尔三维结构

霍尔三维结构是由美国贝尔电话公司霍尔等人在大量工程实践的基础上,于1969年提出,其内容反映在可以直观展示系统各项工作内容的三维结构图中。霍尔三维结构集中体现了系统工程方法的系统化、综合化、最优化、程序化和标准化等特点,是系统工程方法论的重要基础内容。

霍尔把工作进程或工作阶段叫时间维;把在系统各阶段中的思维过程叫作逻辑维;把每个思维过程中所涉及的专业知识叫作知识维。这就组成包括时间、逻辑、知识的三维结构空间,如图10.1所示。

10.1.1 时间维

霍尔把任一系统由规划设计起到更新为止的整个寿命周期划分为以下7个阶段。

(1) 规划阶段。根据总体方针和发展战略制定规划。

(2) 设计阶段。根据规划提出具体计划方案。

(3) 分析或研制阶段。实现系统的研制方案,分析、制定出较为详细而具体的生产计划。

(4) 生产阶段。运筹各类资源及生产系统所需要的全部“零部件”,并提出详

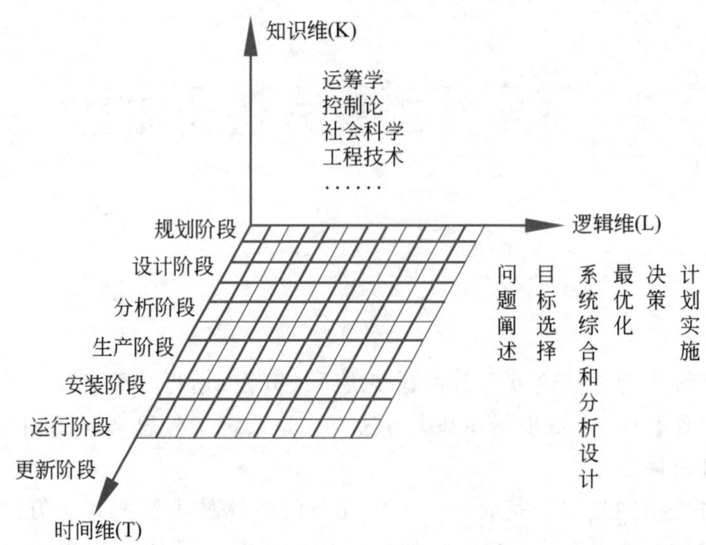

图 10.1 霍尔三维结构示意图

细而具体的实施和“安装”计划。

(5) 安装阶段。把系统“安装”好,制定出具体的运行计划。

(6) 运行阶段。系统投入运行,为预期用途服务。

(7) 更新阶段。改进或取消旧系统,建立新系统。

10.1.2 逻辑维

1. 问题阐述

主要包括对系统性质的认识,了解系统的环境、目的、系统的各组成部分及其联系等。该阶段就是把系统的一切情况需求阐述清楚,对系统进行定性分析。它为进一步分析和研究奠定基础。问题阐述清楚与否,将直接影响系统的分析、综合和优化,以及最后的决策。例如,日本曾对打开女士手表的销路进行研究,通过调查分析他们发现妇女戴表的目的,绝不仅是为了精准计时,而是当成装饰品,讲究时髦和漂亮。因此改变了计时准确、坚固耐用的设计思路,而在手表式样新颖上下功夫,结果可想而知。

2. 目标选择

在问题阐述之后,面临的问题就是制定改进方案,在制定改进方案之前,要确定评价方案优劣的标准,方便以此为根据对方案进行选择。目标选择得正确与否是至关重要的。霍尔曾指出:“选择一个正确的目标比选择一个正确的系统重要得多,选择一个错误的目标等于解决一个错误的问题,选择一个错误的系统,只不过是选择一个非最优化的系统。”例如,第二次世界大战时期,由于德军的轰炸,使美英商船受到威胁,有人建议在商船上安装高射炮来保护商船,但有人认为,商船安装高射炮,飞机击落率为 4%,故反对安装。但有人指出,以飞机击落率为目标是错误的,商船安装高射炮的目的是保护商船,应以商船被击沉率为目标。经统计,商船安装高射炮后,击沉率由原来的 25%下降到 10%,故以安装为宜。

3. 系统综合和分析设计

在目标选定之后即可拟订方案。该阶段需根据问题的性质和所确定的目标提出几套方案并确定每套方案的参数，以便从中选择较好的方案。在提出方案的时候要打破传统观念，要集思广益，群策群力，尽量挖掘实现系统的所有可能方案。

系统分析是对系统综合中所有备选方案进行模型化的过程，即把每个方案的参数与目标结合起来建立模型的过程，通过比选，进行方案选择的过程。

4. 最优化

最优化过程是处理模型的过程，是对所建立的模型求解，为决策者提供决策依据的过程。该过程经常使用各种单目标或多目标最优化方法。

5. 决策

一般地说，最优化过程即可得到最优化方案作为决策。但事实上，任何定量过程都不会十全十美，在处理问题时，涉及大量人的因素、社会因素和各种不确定因素，在当前科学技术的条件下，有些因素尚不能准确定量，因此就要决策者发挥自己的决策能力，在充分考虑定性因素的情况下，参考最优解，做出最后决定。

6. 计划实施

决策之后，需要把方案的详细实施步骤的内容，变成切实可行的计划，然后下达执行。

10.1.3　知识维

该维的内容表征从事系统工程所需要的知识(如工程、医药、建筑、商业、法律、管理、社会科学和艺术等)，也可反映系统工程的专门应用领域(如企业管理系统工程、社会经济系统工程、生物系统工程等)。

霍尔三维结构强调明确目标，核心内容最优化，并认为现实问题基本上都可归纳成工程系统问题。应用定量分析手段，求得最优解。该方法论具有研究方法上的整体性(三维)、技术应用上的综合性(知识维)、组织管理上的科学性(时间维与逻辑维)和系统工程工作的问题导向性(逻辑维)等突出特点。

10.1.4　切克兰德系统工程方法

进入 20 世纪 70 年代以来，系统工程越来越多地用于研究社会经济的发展战略和组织管理问题，涉及的人、信息和社会因素相当复杂，使得系统工程的对象系统软化，许多因素难以用逻辑的数学模型进行定量描述，只能用定性的方法，或定性、定量相结合，通过比较得出满意的可行解。

20 世纪 80 年代中期，英国兰卡斯特大学 P. 切克兰德(P. Chekland)提出“软系统方法论”。切克兰德方法论的核心是“比较”与“探寻”，它强调从理想模式与现实状况的比较中，探寻改善现状的途径，使决策者满意。

10.2　并行工程方法学

并行工程(Concurrent Engineering，CE)是美国在 20 世纪 80 年代末提出的，在计算机集成制造系统(CIMS)和系统工程中发展起来的工程技术，也是美国国防部在 20 世纪 90 年代乃至 21 世纪发展武器装备系统的基本管理模式。

这种方法力图使产品开发者从一开始就考虑到产品全寿命周期即从概念形成到产品报

废的所有因素,包括质量、成本、进度和用户需求。

也就是把以往的那种序列化的设计→生产→保障研制过程变为并行的、交互作用的综合研制过程,达到缩短研制周期的目的。

其核心内容是:强调用户需求,把用户需求转换为产品要求,并建立交互作用、互相协调的并行研制过程,以便将产品的设计、产品的制造过程和保障过程用系统工程方法综合在一起。

并行工程方法学的主要思想如下。

(1) 约束信息的并行性。

(2) 功能的并行性:各功能领域工程活动并行交叉进行。

(3) 集成性:要求实现产品及其过程的一体化并行设计。

(4) 协同性:指多学科并行工程小组协同工作。

(5) 科学性:采用先进的开发工具、方法和技术。

10.3 综合集成系统方法学

钱学森教授在研究、解决开放的复杂巨系统问题时,提出了从定性到定量的综合集成系统方法学,简称综合集成。

1. 实质

综合集成系统方法学的实质是将专家群体、数据和各种信息与计算机仿真有机结合,把各种学科的理论和人的经验与知识结合起来,发挥整体优势。

2. 什么是综合集成

(1) 综合集成即创造。

(2) 综合集成是实现大科学、大工程的基本途径。

(3) 综合集成的关键是解决整体与局部的关系问题,实现 1+1>2。

3. 综合集成的要点

(1) 直接诉诸实践经验。

(2) 建模、计算,使局部定性的知识达到整体定量的认识。

(3) 把人与计算机结合。

4. 工程技术层次上综合集成方法的基本步骤和要点

(1) 收集有关的信息资料。

(2) 确定系统建模思想。

(3) 建立数学模型。

(4) 计算机仿真。

(5) 组织专家群体对计算机仿真结果进行分析评价。

(6) 对系统模型做出修改。

10.4 物理-事理-人理系统方法

我国著名系统科学专家顾基发教授和朱志昌博士总结了国内很多系统工程的研究与实践,分析它们成功与失败的原因,从众多的案例分析中悟出了“关系协调”的重要性,1994 年从方法论角度提出了物理-事理-人理系统方法(简称 WSR)。

物理就是事物的道理,它研究自然,事理就是做事的道理,包括管理学、系统学、运筹学等,人理就是做人的道理,人理学研究如何处理好人的问题,包括人文科学、行为科学等。

把物理、事理和人理三者结合起来组成"WSR 系统方法论 "。WSR 系统方法论是具有东方文化传统的系统方法论,得到国际同行的认同。"懂物理、明事理、通人理"是帮助工程师实现"事半功倍"的效率放大器。

WSR 系统方法论的基本内容和主要步骤有理解领导意图,调查分析,形成目标,建立模型,协调关系,提出建议。

10.5　系统全生命周期模型

ISO/IEC/IEEE 15288—2015 将系统全生命周期模型分为四组:协议过程组(Agreement Processes)、组织的项目使能过程组(Organizational Project-Enabling Processes)、技术管理过程组(Technical Management Processes)和技术过程组(Technical Processes),具体包括 30 个过程。与 ISO/IEC/IEEE 15288—2008 相比较,增加了 5 个过程,分别是知识管理过程、质量保证过程、商业或任务分析过程、设计定义过程和系统分析过程。组织的项目使能过程组(Organizational Project-Enabling Processes)中增加了知识管理过程;技术管理过程组(Technical Management Processes)中增加了质量保证过程;技术过程组(Technical Processes)中增加了商业或任务分析过程,设计定义过程和系统分析过程。

ISO/IEC/IEEE 15288—2015 增加了更多关于建模的信息、逻辑与物理模型、功能模型、行为模型、时序模型、架构模型、质量模型、布局模型、网络模型等。这可能指引了一种基于模型应用的趋势。

ISO/IEC/IEEE 15288—2015 可以作为一个基础帮助组织建立业务环境,如方法、程序、技术、工具以及训练有素的人员。这些流程在实际应用中可以根据组织的实际情况进行裁剪。

此外,还有一些其他的系统方法论,如 TOP(Technical perspective, Organizational perspective, Personal perspective)、TSI(Total Systems Intervention)等。

习　　题

1. 什么是系统工程方法论?
2. 常见的系统工程方法论包括哪些结构和方法学?
3. 霍尔三维结构包括哪三维? 逻辑维包括哪几个阶段?
4. 切克兰德系统工程方法学的核心是什么?
5. 简述霍尔三维结构和切克兰德"调查学习"模式的含义。
6. 霍尔和切克兰德的系统工程方法论有什么不同?
7. 并行工程方法的主要思想是什么?
8. 运筹学和系统工程有什么不同?
9. 综合集成系统方法的创始人是哪位科学家?

10. 什么是综合集成?

11. 综合集成的要点是什么?

12. 工程技术层次上综合集成方法的基本步骤和要点是什么?

13. WSR 系统方法论与其他系统工程方法论的区别是什么?

14. WSR 系统方法论的基本内容和主要步骤是什么?

15. 系统全生命周期模型分为哪几组?

第11章

系统分析

11.1 系统分析概述

11.1.1 系统分析的概念

系统分析(System Analysis)一词来源于美国的兰德(Research and Development,RAND)公司。该公司1948年从美国道格拉斯飞机公司分离出来,是专门以研究和开发项目方案以及方案评价为主的软科学咨询公司。长期以来,兰德公司发展并总结了一套解决复杂问题的方法和步骤,他们称之为"系统分析"。

系统分析是一种决策辅助技术。它采用系统方法,对研究的问题提出各种可行方案或策略,进行定性分析和定量分析、评价和协调,帮助决策者提高对所研究的问题认识的清晰程度,以便决策者选择行动方案。系统分析是系统工程的一个逻辑步骤,系统工程在处理大型复杂系统的规划、研制和运用问题时,必须经过这个逻辑步骤。

系统分析,就是为了发挥系统的功能及达到系统的目标,利用科学的分析方法和工具,对系统的目的、功能、结构、环境、费用与效益等问题进行周详的分析、比较、考察和实验,而制定一套经济有效的处理步骤或程序,或提出对原有系统改进方案的过程。

系统分析的应用包括武器系统分析、国防战略和国家安全政策的系统分析、政府机构和企业界政策与决策问题研究(人口结构等)等。

系统分析步骤如下。

(1) 明确主要问题,确定系统目标。

(2) 开发可行方案。

(3) 建立系统模型,进行定性与定量相结合的分析。

(4) 全面评价和优化可行方案,从而为领导者选择最优方案或满意方案提供可靠的依据。

问题的整体认识,既不忽略内部各因素的相互关系,又能顾全外部环境变化所可能带来的影响,特别是通过信息及时反映系统的作用状态,随时都能了解和掌握新形势的发展。在已知的情况下,以最有效的策略解决复杂的问题,以期顺利地达到系统的各项目标。

11.1.2 系统分析的意义

1. 系统与环境

系统与所处的环境发生着物质、能量和信息等的交换关系,系统同环境的任何不适应即违反环境约束状态或行为都将对系统的存在产生不利的影响。

2. 系统与分系统

系统与分系统之间关系复杂,如纵向的上下关系、横向的平行关系,以及纵横交叉的相互关系等,各附属新系统要为实现系统整体目的而存在。因此,任何分系统的不适应或不健全,都将对系统整体的功能和目标产生不利的影响。

3. 分系统之间

系统内各分系统的上下左右之间往往会出现各种矛盾和不确定因素,这些因素能否及时了解、掌握和正确处理,将影响系统整体功能和目标的达成。

系统分析应为系统决策提供各种分析数据、各种可供选择方案的利弊分析和可行条件等。决策的正确与否关系到事业的成败,那么,系统分析则是构造这些成败的基石。

系统设计的基础是由系统分析提供的。系统设计的任务就是充分利用和发挥系统分析的成果,并把这些成果具体化和结构化。

11.1.3 系统分析的要素

系统是千变万化的,且所处环境不同;不同的系统,它产生的功能也不相同,内部的构造、因素的组成也不相同,即使是同一系统,由于分析的目的不同,所采用的方法和手段也不相同。因此要找出技术上先进、经济上合理的最佳系统,系统分析时必须具备若干个要素,才能使系统分析顺利进行,以及达到分析的要求。

美国兰德公司曾对系统分析的方法论做过如下论述。

(1) 期望达到的目标。

(2) 分析达到期望目标所需的技术与设备。

(3) 分析达到期望目标的各种方案所需要的资源和费用。

(4) 根据分析,找出目标、技术设备、环境资源等因素间的相互关系,建立各方案的数学模型。

(5) 根据方案的费用多少和效果优劣为准则,依次排队,寻找最优方案。

归纳起来就是五要素:目的、可行方案、费用与效益、模型和评价基准。

系统分析的目的是帮助决策者对所要决策的问题逐步提高清晰度。系统分析的方法是采用系统的观点和方法,用定性和定量的工具,对所研究的问题进行系统结构和系统状态的分析,提出各种可行方案和替代方案,并进行比较、评价和协调。系统分析的任务是向决策者提供系统方案和评价意见,以及建立新的系统的建议。

系统分析的原则如下。

(1) 内部因素和外部因素相结合。

(2) 当前利益和长远利益相结合。

(3) 局部效益和总体效益相结合。

(4) 定性分析和定量分析相结合。

11.1.4　系统分析的内容

1. 环境分析

了解系统所处环境是解决问题的第一步。环境给出了系统的外部约束条件，系统分析的资料要取自环境，一旦环境发生变换，将引出新的系统分析课题。

2. 目标分析

(1) 论证系统总目标的合理性、可行性和经济性，并确定建立系统的社会经济价值。

(2) 系统总目标比较概括时，需要分解为各级分目标，建立目标系统（或目标集）以便逐项落实与保证总目标的实现；可以采用目标-手段系统图。

3. 结构分析

保证在系统总目标和环境因素的约束下，系统的要素集与要素间的相互关系集在阶层分布上的最优结合，以得到能实现最优输出（结果）的系统结构，主要内容有以下几个方面。

(1) 系统要素集的确定。

(2) 相关关系分析。对于复杂的相关关系，常可将其简化为二元或少元关系。

(3) 阶层性分析。主要解决系统分层和各层规模的合理性问题。可从两个方面考虑：一是传递物质、能量和信息的效率、费用和质量；二是功能单元的合理结合与归属。

(4) 系统整体性分析。综合上述分析成果，从整体最优上进行概括和协调，着重解决三个问题：建立评价指标体系，用以衡量和分析系统的整体结合效果；建立反映系统的集合性、相关性、阶层性等特定的结合模型；建立结合模型的优选程序。

4. 建立模型与仿真分析

系统分析最常用的方法之一是在建立的数学模型上开展仿真和仿真实验。

5. 系统优化

在指定环境约束条件下，使系统具有最优功能，达到最优目标或系统整体结合效果最佳的过程。

6. 综合评价

综合分析选择出适当且能实现的最优方案或提出若干结论，供决策者抉择。除了在方案优选阶段需进行综合评判外，在方案选出并进行试运行之后还需再做进一步检验与评判。

11.1.5　系统分析的特点

系统分析是以系统整体效益为目标，以寻求解决待定问题的最优策略为重点，运用定性和定量分析方法，给予决策者以价值判断，以求得有利的预测。其特点如下。

(1) 以整体为目标。

(2) 以特定问题为对象。

(3) 运用定量方法。

(4) 凭借价值判断。

11.1.6　系统分析的步骤

通常系统分析是由明确系统问题到给出系统方案评价结束，其步骤可概括如下。

1. 明确问题与确定目标

明确问题的性质与范围,对所研究的系统及其环境给出确切的定义,并分析组成系统的要素、要素间相互关系和对环境的相互作用关系。

2. 搜集资料,探索可行方案

明确问题的性质与范围,对所研究的系统及其环境给出确切的定义,并分析组成系统的要素、要素间相互关系和对环境的相互作用关系。

这是开展系统分析的基础,对于不确定和不能确定的数据,还应进行预测和合理推断。

搜集资料包括:

(1) 调查系统的历史与现状,收集国内外的有关资料。

(2) 对有关资料进行分析和对比,排列出影响系统的各因素并且找出主要因素。

(3) 建立模型。将现实问题的本质特征抽象出来,化繁为简,用以帮助了解要素之间的关系,确认系统和构成要素的功能和地位等。并借助模型预测每一方案可能产生的结果,求得相应于评价标准的各种指标值,并根据其结果定性或定量分析各方案的优劣与价值。

(4) 综合评价。利用模型和其他资料所获得的结果,将各种方案进行定性与定量相结合的综合分析,显示出每一种方案的利弊得失和效益成本,同时考虑到各种有关的无形因素,如政治、经济、军事、科技、环境等,以获得对所有可行方案的综合评价和结论。

(5) 检验和核实。以实验、抽样、试运行等方式检验所得到的结论,提出应采取的最佳方案。

11.2 系统目标分析

11.2.1 系统目标分析的意义

系统目标是系统分析与系统设计的出发点,是系统目的的具体化。系统的目标关系到系统的全局或全过程,它的正确合理与否将影响到系统的发展方向和成败。

11.2.2 系统目标分析的目的

论证目标的合理性、可行性和经济性;获得分析的结果——目标集。

11.2.3 系统目标制定的要求

制定的目标应当是稳妥的,制定目标应当注意到它可能起到的所有作用,应当把各种目标归纳成目标系统,对于出现的目标冲突不要隐蔽。

11.2.4 系统目标分类

目标是要求系统达到的期望状态。人们对系统的要求和期望是多方面的,这些要求和期望反映在系统的目标上就形成了不同类型的目标。

1. 总体目标和分目标

总体目标集中地反映对整个系统总的要求,通常是高度抽象和概括的,具有全局性和总体性特征。分目标是总目标的具体分解,包括各子系统的子目标和系统在不同时间阶段上的目标。

2. 战略目标和战术目标

战略目标是关系到系统全局性、长期性发展方向的目标，它规定着系统发展变化所要达到的总的预期成果，指明了系统较长期的发展方向。战术目标是战略目标的具体化和定量化，是实现战略目标的手段。

3. 近期目标和远期目标

根据系统在不同发展时期的情况和任务，根据总目标制定在不同发展阶段上的目标，包括短期内要实现的近期目标和未来要达到的远期目标。

4. 单目标和多目标

单目标是指系统要达到和实现的目标只有一个，具有目标单一、制约因素少、重点突出等特点。但在实际中，追求单一的目标往往具有很大的局限性和危害性。多目标是指系统同时存在两个或以上的目标。多目标符合人的利益多面性的要求。由单目标决策向多目标决策的发展是必然的趋势。

5. 主要目标和次要目标

在系统的多个目标中，有些目标相对重要一些，是具有重要地位和作用的主要目标；而另一些目标则相对次要一些，是对系统整体影响相对较小的次要目标。

11.2.5　系统目标的建立

系统目标就相当于控制理论中的给定值，所以确定系统的目标是十分重要的。

1. 系统目标的确定

总目标的提出一般有如下几种情况。

（1）由于社会发展需要而提出的必须予以解决的新课题。

（2）由于国防建设发展提出的新要求。

（3）目的明确，但目标系统有较多选择的情况，如目的是获取高额利润，这在多数中小型企业中是常见的。但目的系统要通过市场需求分析来回答，并有若干种可行方案。

（4）由于系统改善自身状态而提出的课题，如开发计算机管理系统、建立某种组织机构等。

（5）要有全局的、发展的、战略的眼光，要注意目标的合理性、现实性、可能性和经济性。

2. 建立系统的目标集

目标集是各级分目标和目标单元的集合，也是逐级逐项落实总目标的结果。在分解过程中要注意使分解后的各级分目标与总目标保持一致。分目标之间可能一致，也可能不一致，甚至是矛盾的，但在整体上要达到协调。

（1）目标树。对总目标进行分解而形成的一个目标层次结构称为目标树。构造目标树的原则是目标子集按照目标的性质进行分类，把同一类目标划分在一个目标子集内。目标分解到可度量为止。

（2）目标手段分析。目标和手段是相对而言的。心理学的研究表明，人类解决问题的过程就是目标与手段的变换、分解与组合，以及从记忆中调用解决问题、实现子目标的手段的过程。

11.2.6 建立系统目标集的基本原则

1. 一致性原则

各分目标应与总目标保持一致,以保证总目标的实现。分目标之间应在总体目标下,达到纵向与横向的协调一致。

2. 全面性和关键性原则

一方面突出对总目标有重要意义的子目标,另一方面还要考虑目标体系的完整性。

3. 应变原则

当系统自身的条件或环境条件发生变化时,必须对目标加以调整和修正,以适应新的要求。

4. 可检验性与定量化原则

系统的目标必须是可检验的,否则达成的目标很可能是含糊不清的,无法衡量其效果。要使目标具有可检验性,最好的办法就是用一些数量化指标来表示有关目标。

11.2.7 目标冲突的协调

根据涉及的范围,目标冲突可分为以下两种情况。

(1) 属于技术领域的目标冲突,无碍于社会,影响范围有限。这时,对于两个相互冲突的目标,往往可以通过去掉一个目标,也可以通过设置或改变约束条件,或按实际情况给某一目标加限制,而使另一目标充分实现,由此来协调目标间的冲突关系。

(2) 属于社会性质的目标冲突,由于涉及了一些集团的利益,通常称为利益冲突。这类目标冲突不像前一类型容易协调,在处理时应持慎重态度。

11.3 系统环境分析

11.3.1 系统环境的定义

系统环境是指存在于系统之外的系统无法控制的自然、经济、社会、技术、信息和人际关系的总称。

系统与环境是依据时间、空间、所研究问题的范围和目标划分的,故系统与环境是个相对的概念。系统方案的完善程度、可靠程度依赖于对系统环境的了解程度。对环境了解得不准确,分析中就会出现大的失误,导致系统方案实施的失败或蒙受重大损失。例如,世界著名的埃及阿斯旺达水电工程,由于在方案研制中忽视了因高坝的建立,尼罗河下游水量和其他物质数量的减少而引起区域水文地质环境的改变,从而导致土地贫瘠化、红海海岸受海浸向内陆后退、地中海沙丁鱼的绝迹等严重后果。

11.3.2 系统环境分析的主要目的

了解和认识系统与环境的相互关系、环境对系统的影响和可能产生的后果。为达到目的,系统环境分析需要完成环境的概念、环境因素及其影响作用、系统与环境边界划定等分析内容。

11.3.3　系统环境分析的意义

系统环境分析的意义如下。

(1) 环境是提出系统工程课题的来源。环境发生某种变化，如某种材料、能源发生短缺，或者发现了新材料、新油田，都将引出系统工程的新课题。

(2) 课题的边界的确定要考虑环境因素，如有无外协要求或技术引进问题。

(3) 系统分析的资料，包括决策资料，要取自于环境，如市场动态资料、外企业的新产品发展情况。对一个企业编制产品开发计划起着重要的作用。

(4) 系统的外部约束通常来自环境，如资源、财力、人力、时间等方面的限制。

(5) 系统分析的质量要由系统所在环境提供评价资料。

11.3.4　环境因素的确定与评价

根据实际系统的特点，通过考察环境与系统之间的相互影响和作用，找出对系统有重要影响的环境要素的集合，即划定系统与环境的边界。

通过对有关环境因素的分析，区分有利和不利的环境因素，弄清环境因素对系统的影响、作用方向和后果等。先凭直观判断和经验，确定一个边界，在以后逐步深入的研究中，随着对问题有了深刻的认识和了解，再对前面划定的边界进行修正。

11.4　系统结构模型概述

11.4.1　系统结构的概念

系统结构是系统保持整体性和使系统具备必要的整体功能的内部依据；反映系统内部要素之间相互关系、相互作用的形式的形态化；使系统中要素的秩序稳定化和规范化。

可以定义系统结构为系统的构成要素在时空连续区上的排列组合方式和相互作用方式。

11.4.2　系统结构的要素

(1) 整体性：系统内部综合协调的表征。

(2) 环境适应性：以系统为一方，环境为另一方的外部协调的表征。

(3) 目的性：构造系统结构的出发点。

系统结构合理是指在对应系统总目标和环境因素的约束条件下，系统的组成要素集、要素间的相互关系集以及它们在阶层分布上的最优结合，并使得系统有最优的或最满意的输出。

11.4.3　系统结构分析的主要内容

1. 构成系统的要素集分析

系统要素是构筑系统结构的基本单元。

系统要素集分析有以下两项工作。

首先是确定要素集,其确定方法是在已定的目标树基础上进行的。例如,要达到运载飞行的目标,就要有火箭或飞机的实体系统;如果要达到运载飞行就要有能源、推力、力的传递等分目标,相应地从系统要素集看,则要有液体或固体燃料的存储、运输及控制部分,发动机部分,力的传递机构部分等。

其次,对已得到的要素进行价值分析,这是因为实现某一目标可能有多种要素,因此存在着择优问题,其择优的标准是在满足给定目标前提下,使所选要素的构成成本最低。其方法主要运用价值分析技术。

2. 系统相关性分析

要素集实现系统目标的作用还取决于要素间的相关关系。

(1) 对系统进行二元关系分析,确定要素之间是否存在关系。具体做法是将系统的要素列成方阵表,用 R_{ij} 表示要素 i 与要素 j 的关系,并规定 R_{ij} 只取 1 或 0 值,即若 i 与 j 之间存在关系,则 R_{ij} 为 1;反之为 0。

(2) 对 R_{ij} 取值为 1 的两个相关要素之间存在的具体关系进行分析,即确定属于何种关系,是物理、化学、机械,还是经济、组织等。

3. 系统阶层性分析

系统的阶层性关系分析主要是针对大多数系统都具有多阶层递阶形式而进行的。

由于系统目标的多样性和复杂性,任何单一或比较简单的功能都不能达到目的,需要组成功能团和功能团间的相互联合。而这些功能团必然会形成某种层次结构形式。

系统阶层性分析的目的是解决系统分层数目和各层规模的合理性问题,即解决层次的纵向和横向规模的合理性问题。

4. 系统的整体性分析

系统整体性分析是结构分析的核心,是解决系统整体协调和优化的基础。整体性分析是综合要素集、关系集、层次性分析结果,以整体最优为目的协调,也就是使要素集、关系集、层次分布达到最优结合,并取得系统整体的最优输出。

11.5 系统结构模型化基础

系统是由许多具有一定功能的要素(如设备、事件、子系统等)所组成的,而各个要素之间总是存在相互支持或相互制约的逻辑关系。在这些关系中,又可分为直接关系和间接关系等。因此,在开发或改造一个系统的时候,首先要了解系统中各要素间存在怎样的关系,是直接关系还是间接关系,然后建立系统的结构模型。

11.5.1 结构模型的概念

结构模型,就是应用有向连接图来描述系统各要素间的关系,以表示一个作为要素集合体的系统的模型,如图 11.1 所示。

11.5.2 结构模型的基本性质

1. 几何模型

结构模型是由结点和有向边构成的图或树图来描述一个系统的结构。结点往往用来表

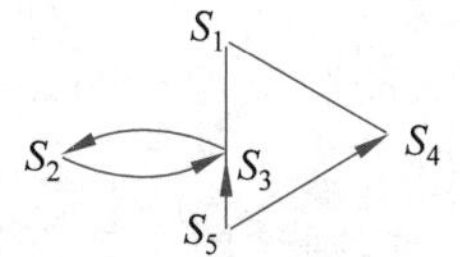

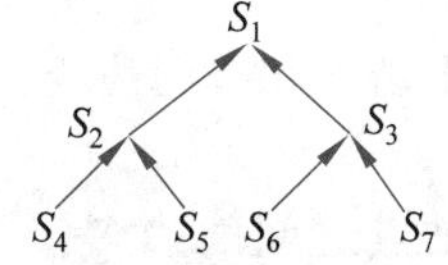

图 11.1　系统的结点和有向边

示系统的要素，而有向边则表示要素间所存在的关系。

2. 是一种以定性分析为主的模型

通过结构模型，可以分析系统的要素选择得是否合理，还可以分析系统要素及其相互关系变化时对系统总体的影响等问题。

3. 可以用矩阵形式来描述

矩阵可以通过逻辑演算用数学方法进行处理，因此，在研究各要素之间关系时，就能通过矩阵形式的演算，使定性分析和定量分析相结合。

4. 可以处理各种问题

结构模型作为对系统进行描述的一种形式，正好处在数学模型形式和以文章表现的逻辑分析形式之间。因此，可以处理宏观微观、定性定量、抽象具体等各类问题。

11.5.3　结构模型化技术

结构模型化技术是指建立结构模型的方法论。下面是国外有关专家、学者对结构模型法的描述。

J. 华费尔特(John Warfield，1974)对结构模型法的解释是“在仔细定义的模式中，使用图形和文字来描述一个复杂事件(系统或研究领域)的结构的一种方法论”。M.麦克林(Mick Mclean)和 P.西菲德(P.Shephed，1976)说“结构是任何数学模型的固有性质。所有这样的模型都是由相互间具有特定的相互作用部分组成的。一个结构模型着重于一个模型组成部分的选择和清楚地表示出各组成部分间的相互作用。”D.希尔劳克(Dennis Cearlock，1977)认为结构模型所强调的是“确定变量之间是否有连接以及其连接的相对重要性，而不是建立严格的数学关系以及精确地确定其系数。结构模型法关心的是趋势及平衡状态下的辨识，而不是量的精确性”。

11.6　系统结构模型的建立

11.6.1　解释结构模型法

解释结构模型法(Interpretative Structural Modeling，ISM)属于概念模型，它可以把模糊不清的思想、看法转换为直观的具有良好结构关系的模型。

应用对象从能源问题等国际性问题到地区经济开发、企事业甚至个人范围的问题等。尤其适用于变量众多、关系复杂而结构不清晰的系统分析中，也可用于方案的排序等。

1. 有向连接图

有向连接图是指由若干结点和有向边连接而成的图像,如图 11.2 所示。

2. 回路

当有向连接图的两个结点之间的边多于一条时,则这两个结点的边就构成了回路,如图 11.3 所示。

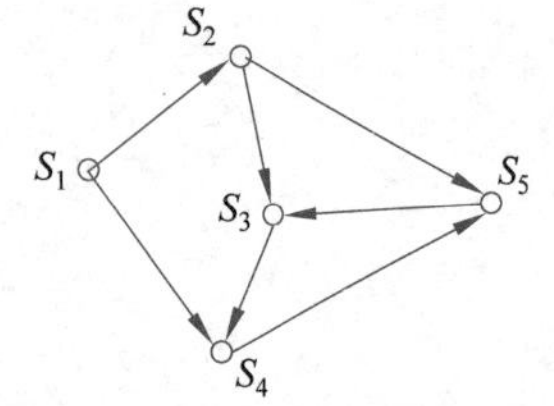

表示方法:
结点的集合为S;
有向边的集合为E,
则左边有向连接图可表示为:
$G=\{S,E\}$
其中:
$S=\{S_i \mid i=1,2,3,4,5\}$

$E=\{[S_1,S_2],[S_1,S_4],[S_2,S_3],[S_2,S_5],[S_3,S_4],[S_4,S_5],[S_5,S_3]\}$

图 11.2 有向连接图

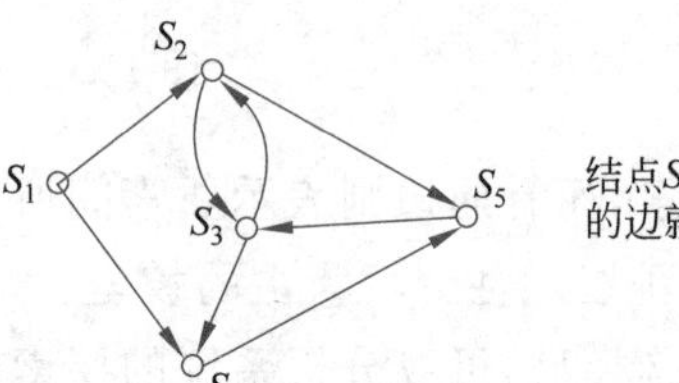

图 11.3 回路

3. 环

一个结点的有向边若直接与该结点相连接,就构成了一个环,如图 11.4 所示。

4. 树

当图中只有一个源点(指只有有向边输出而无输入的结点)或只有一个汇点(指只有有向边输入而无输出)的图,称作树。树的两个相邻点间只有一条通路相连,不存在回路或环,如图 11.5 所示。

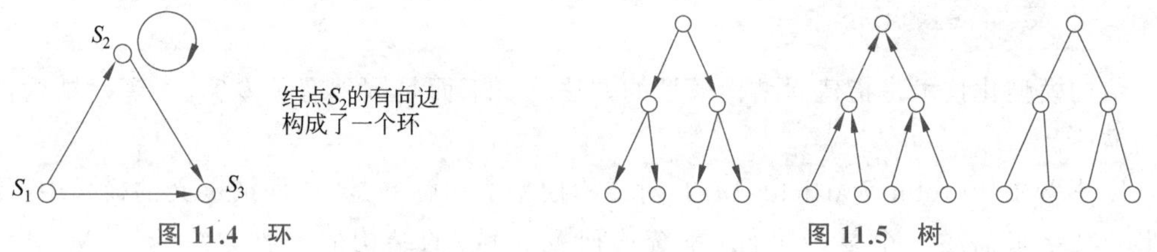

图 11.4 环　　　　图 11.5 树

5. 关联树

结点上带有加权值 W,而在边上有关联值 r 的树称作关联树,如图 11.6 所示。

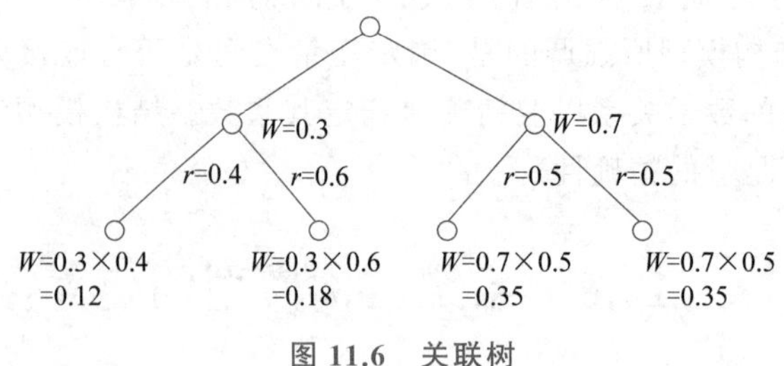

图 11.6 关联树

11.6.2 图的矩阵表示法

1. 邻接矩阵

邻接矩阵是图的基本的矩阵表示,它用来描述图中结点两两之间的关系。邻接矩阵 A 的元素 a_{ij} 可定义为:

$$a_{ij}=\begin{cases}1, & S_iRS_j \quad R\ \text{表示}\ S_i\ \text{与}\ S_j\ \text{有头系}\\ 0, & S_i\bar{R}S_j \quad \bar{R}\ \text{表示}\ S_i\ \text{与}\ S_j\ \text{没有关系}\end{cases} \tag{11-1}$$

S_i 与 S_j 有关系表明从 S_i 到 S_j 有长度为 1 的通路，S_i 可直接到达 S_j。

2. 可达矩阵

可达矩阵是指用矩阵的形式来描述有向连接图各结点之间，经过一定长度的通路后可以到达的程度。

可达矩阵 $\boldsymbol{R}$ 的一个重要特性是推移律特性。推移律特性指，当 S_i 经过长度为 1 的通路直接到达 S_k，而 S_k 经过长度为 1 的通路直接到达 S_j，那么 S_i 经过长度为 2 的通路必可到达 S_j。

11.6.3　解释结构模型法 ISM 的工作程序

（1）组织实施 ISM 的小组。

（2）设定问题。

（3）选择构成系统的要素。

（4）根据要素明细表构思模型，并建立邻接矩阵和可达矩阵。

（5）对可达矩阵进行分解后建立结构模型。

（6）根据结构模型建立解释结构模型。

ISM 工作原理如图 11.7 所示。

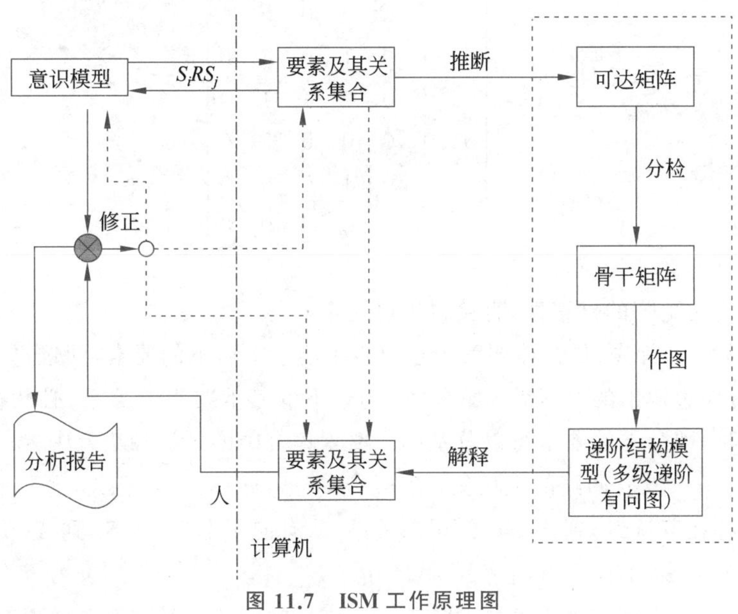

图 11.7　ISM 工作原理图

ISM 的建模步骤如下。

（1）建立邻接矩阵。

（2）建立可达矩阵。

（3）可达矩阵的推断。

（4）可达矩阵的分解。

(5) 求缩减可达矩阵。

(6) 求骨干阵。

(7) 作出阶梯有向图。

下面用一个实例来具体说明 ISM 建模步骤。

例 11-1：现有由 7 个要素组成的系统，如图 11.8 所示。试建立它的关系，并求出邻接矩阵和可达矩阵。

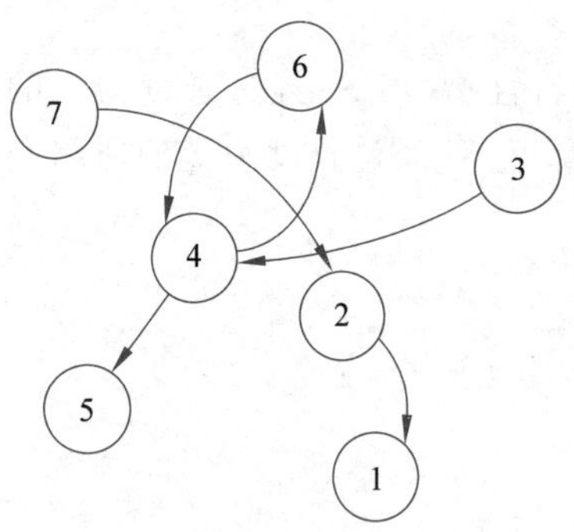

图 11.8　7 个要素组成的系统

1. 建立邻接矩阵

一般先根据小组成员的实际经验，对系统结构有一个大体或模糊的认识，建立一个构思模型，接下来判断要素之间有无关系。

(1) $S_i \times S_j$，即 S_i 与 S_j 和 S_j 与 S_i 互有关系，即形成回路。

(2) $S_i \bigcirc S_j$，即 S_i 与 S_j 和 S_j 与 S_i 均无关系。

(3) $S_i \wedge S_j$，即 S_i 与 S_j 有关，而 S_j 与 S_i 无关。

(4) $S_i \vee S_j$，即 S_j 与 S_i 有关，而 S_i 与 S_j 无关。

采用上三角阵法比较，对于一个 $n \times n$ 的矩阵来说，只需比较 $(n^2-n)/2$ 次即可。

根据系统结构中各要素之间的关系，可得到例 11-1 中的邻接矩阵 $\boldsymbol{C}$，见式(11-2)。

$$\boldsymbol{C}=\begin{bmatrix}0&0&0&0&0&0&0\\1&0&0&0&0&0&0\\0&0&0&1&0&0&0\\0&0&0&0&1&1&0\\0&0&0&0&0&0&0\\0&0&0&1&0&0&0\\0&1&0&0&0&0&0\end{bmatrix} \tag{11-2}$$

2. 建立可达矩阵

通过分析可达矩阵的推移性，直接得出可达矩阵。

具体做法如下：首先，从全体要素中选出一个能承上启下的要素，即选择一个既有有向边输入，又有有向边输出的要素 S_i，那么，S_i 与余下的其他要素的关系，必然存在着下述几种关系中的一种，即余下的要素可以分别归入要素集合中的某一种集合中去，这些集合是：

(1) $A(S_i)$——没有回路的上位集，指 S_i 与 $A(S_i)$ 中的要素有关，而 $A(S_i)$ 中的要素与 S_i 无关，即存在着从 S_i 到 $A(S_i)$ 的单向关系，从有向图上看，从 S_i 到 $A(S_i)$ 有有向边存在，而从 $A(S_i)$ 到 S_i 不存在有向边。

(2) $B(S_i)$——有回路的上位集，指 S_i 与 $B(S_i)$ 间的要素具有回路的要素集合，从有向图上看，从 S_i 到 $B(S_i)$ 有有向边存在，而从 $B(S_i)$ 到 S_i 也存在有向边。

(3) $C(S_i)$——无关集，指既不属于 $A(S_i)$，也不属于 $B(S_i)$ 的要素集合，即 S_i 与 $C(S_i)$ 中要素完全无关。

(4) $D(S_i)$——下位集，即下位集 $D(S_i)$ 要素与 S_i 有关，反之则无关。从有向图上看，只有从 $D(S_i)$ 到 S_i 的有向边存在，反之则不存在。

3. 可达矩阵的推断

根据 $A(S_i)$、$B(S_i)$、$C(S_i)$、$D(S_i)$的定义可知，$A(S_i)$与 $C(S_i)$及 $D(S_i)$不会有关系；同样，$B(S_i)$与 $C(S_i)$及 $D(S_i)$也不会有关系；$A(S_i)$与 $B(S_i)$无关；$B(S_i)$与 S_i 有关，S_i 与 $A(S_i)$有关，所以 $B(S_i)$ 与 $A(S_i)$有关；$C(S_i)$与 $B(S_i)$无关；$C(S_i)$与 $D(S_i)$无关；$D(S_i)$与 S_i 有关，S_i 与 $A(S_i)$及 $B(S_i)$有关，所以 $D(S_i)$与 $A(S_i)$及 $B(S_i)$有关。

因此例 11-1 的可达矩阵表达为式(11-3)。

$$\boldsymbol{M}=\begin{bmatrix}1&0&0&0&0&0&0\\1&1&0&0&0&0&0\\0&0&1&1&1&1&0\\0&0&0&1&1&1&0\\0&0&0&0&1&0&0\\0&0&0&1&1&1&0\\1&1&0&0&0&0&1\end{bmatrix}\tag{11-3}$$

4. 划分

先介绍几个有关的定义。

$R(n_i)$表示要素 n_i 的可达集合：

$$R(n_i)=\{n_j\in N \mid m_{ij}=1\}\tag{11-4}$$

$R(n_i)$表示的集合就是要素 n_i 的上位集合，是由可达矩阵中第 n_i 行中所有矩阵元素为 1 的列所对应的要素集合而成；N 为所有结点的集合，m_{ij} 为 i 结点到 j 结点的关联(可达)值。

式(11-3)中的矩阵 $\boldsymbol{M}$ 也可表达为式(11-5)。

$$\boldsymbol{M}=\begin{array}{c}\\S_1\\S_2\\S_3\\S_4\\S_5\\S_6\\S_7\end{array}\begin{array}{c}\begin{array}{ccccccc}S_1&S_2&S_3&S_4&S_5&S_6&S_7\end{array}\\\begin{bmatrix}1&0&0&0&0&0&0\\1&1&0&0&0&0&0\\0&0&1&1&1&1&0\\0&0&0&1&1&1&0\\0&0&0&0&1&0&0\\0&0&0&1&1&1&0\\1&1&0&0&0&0&1\end{bmatrix}\end{array}\tag{11-5}$$

第 1 行共有 1 个元素为 1，并位于第 1 列，则可达集 $R(1)=\{1\}$；同理，$R(2)=\{1,2\}$等，$\boldsymbol{R}$ 可表达为式(11-6)。

$$\boldsymbol{R}=\begin{array}{c}\\S_1\\S_2\\S_3\\S_4\\S_5\\S_6\\S_7\end{array}\begin{array}{c}\begin{array}{ccccccc}S_1&S_2&S_3&S_4&S_5&S_6&S_7\end{array}\\\begin{bmatrix}1&0&0&0&0&0&0\\1&1&0&0&0&0&0\\0&0&1&1&1&1&0\\0&0&0&1&1&1&0\\0&0&0&0&1&0&0\\0&0&0&1&1&1&0\\1&1&0&0&0&0&1\end{bmatrix}\end{array}\tag{11-6}$$

与可达集合的定义 $R(n_i)$类似用 $A(n_i)$表示要素 n_i 的先行集合,系统要素 S_i 的先行集合是可达矩阵或有向图中可以到达 S_i 的诸要素所构成的集合。

$$A(n_i)=\{n_j \in N \mid m_{ji}=1\} \tag{11-7}$$

$A(n_i)$表示的集合就是要素 n_i 的下位集合,是由可达矩阵中第 n_i 列中所有矩阵元素为 1 的行所对应的要素集合而成;N 为所有结点的集合,m_{ij} 为 i 结点到 j 结点的关联(可达)值。

如式(11-5)的矩阵 $\boldsymbol{M}$ 中,第 1 列共有 3 个元素为 1,并位于第 1 行、第 2 行与第 7 行,则先行集合 $A(1)=\{1,2,7\}$;同理,$A(2)=\{2,7\}$等。表 11.1 显示了 $A(n_i)$对应每一要素的集合值。

表 11.1 $A(n_i)$对应每一要素的集合值

要　素	$A(n_i)$	要　素	$A(n_i)$
1	1,2,7	5	3,4,5,6
2	2,7	6	3,4,6
3	3	7	7
4	3,4,6		

用 T 表示共同集合,也即所有要素 n_i 的可达集合 $R(n_i)$与先行集合 $A(n_i)$的交集。如式(11-8)所示。

$$T=\{n_i \in N \mid R(n_i) \cap A(n_i)\} \tag{11-8}$$

表 11.2 所示是 $R(n_i)$,$A(n_i)$,$R(n_i)\cap A(n_i)$对应每一要素的集合值。

表 11.2 $R(n_i)$,$A(n_i)$,$R(n_i)\cap A(n_i)$对应每一要素的集合值

要　素	$R(n_i)$	$A(n_i)$	$R(n_i)\cap A(n_i)$
1	1	1,2,7	1
2	1,2	2,7	2
3	3,4,5,6	3	3
4	4,5,6	3,4,6	4,6
5	5	3,4,5,6	5
6	4,5,6	3,4,6	4,6
7	1,2,7	7	7

通过可达矩阵的分解,可求得系统结构模型,其分解方法与步骤如下。

(1) 区域划分,即把元素分解成几个区域,不同区域的元素相互之间是没有关系的;区域划分就是把要素之间的关系分为可达与不可达,并判断哪些要素是连通的,即把系统分为有关系的几个部分或子部分。

(2) 级间划分,对属于同一区域内的元素进行分级分解;级间划分就是把系统中的所有要素,以可达矩阵为准则,划分成不同级(层)次。

首先,确定 $R(n_i)$与 $A(n_i)$及 $R(n_i)\cap A(n_i)$。

接着，求出 $R(n_i)=R(n_i)\cap A(n_i)$ 的要素集合，即求出最上一级的要素集合。

然后，从可达矩阵中划去最高级要素的行和列，再从剩下的可达矩阵中寻找新的最高级要素。

在进行级间划分后，每级要素中可能有强连接要素。在同一区域内同级部分相互可达的要素，就称为强连通块。

(3) 求解结构模型。

5. 求缩减可达矩阵

由于要素中存在着强连通块，而且在构成它的要素集中相互可达且互为先行的，它们就构成一个回路，在上例中第二级要素 n_4 和 n_6 行和列的相应元素完全相同，所以只需要选择其中一个代表元素即可。

6. 做出梯阶有向图

经过前面的划分，就可以构成系统的结构模型。对于前面的例子，可将其步骤归结如下。

(1) 通过区域划分，得出最底层的要素为 n_3，n_7，并由分布划分可知，系统结构可分为两个连通域{1,2,7}与{3,4,5,6}。

(2) 通过级间划分，n 各要素分在三个级别内。1、5 为第一级，2、4、6 为第二级，3、7 在第三级。

(3) 从强连通划分，4、6 为强连通块。

利用上述信息，可以得出该系统的分级递阶结构模型，如图 11.9 所示。

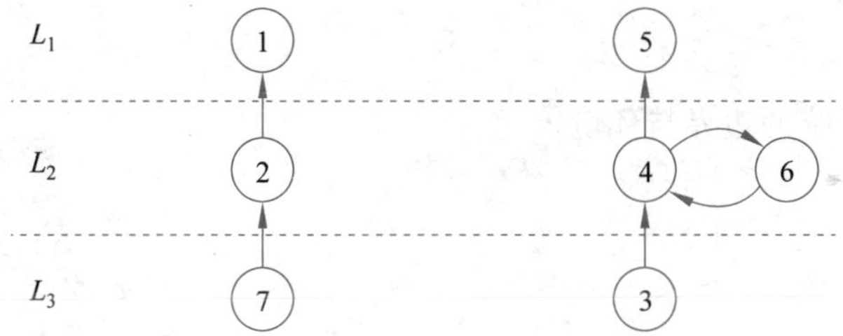

图 11.9　系统的分级递阶结构模型

在进行了系统分析后，就需要进行系统仿真和建模来进一步研究。第 12 章将讲解系统仿真的相关内容。

习　　题

1. 什么是系统分析？
2. 系统分析有哪些步骤？
3. 系统分析有哪些意义？
4. 系统分析的方法论包括哪些要求？
5. 系统分析有哪些要素？
6. 系统分析的原则是什么？
7. 系统分析的内容是什么？

8. 系统分析的特点是什么?
9. 系统分析的步骤包括哪些?
10. 系统目标分析有什么意义?
11. 系统目标分析是为了获得什么?
12. 系统目标制定有什么要求?
13. 系统目标有哪些分类?
14. 如何建立系统的目标?
15. 建立系统目标集的基本原则是什么?
16. 如何协调目标之间的冲突?
17. 如何定义系统环境?
18. 系统环境分析的主要目的是什么?
19. 系统环境分析有哪些意义?
20. 系统与环境的边界会随时间改变吗?
21. 对于下列一些系统各举出一个实例,并指出系统边界与系统环境。
(1) 人-机系统。
(2) 交通控制系统。
(3) 生物系统。
(4) 工程系统。
(5) 社会经济系统。
(6) 管理系统。
(7) 政治系统。
22. 确定下列系统的边界与环境。
(1) 飞机。
(2) 坦克。
(3) 医院。
(4) 饭馆。
(5) 人体。
23. 什么是系统结构?
24. 系统结构有哪些要素?
25. 系统结构分析的主要内容是什么?
26. 什么是系统结构模型?
27. 结构模型的基本性质有哪些?
28. 什么是结构模型法?

第12章

系统仿真

系统仿真是20世纪40年代末以来伴随着计算机技术的发展而逐步形成的一门新兴学科。仿真就是通过建立实际系统模型并利用所建模型对实际系统进行实验研究的过程。自20世纪40年代仿真技术与计算机技术结合以来，先后出现了模拟机仿真、混合机仿真(仿真与数字技术相结合)、数字机仿真以及数学-物理仿真(数学模型与物理效应模型相结合)。最初，仿真技术主要用于航空、航天、原子反应堆等代价昂贵、周期长、危险性大、实际系统实验难以实现的少数系统，后来逐步发展到电力、石油、化工、冶金、机械等一些主要工业部门，并进一步扩大到社会系统、经济系统、交通运输系统、生态系统等一系列非工程系统领域。可以说，现代系统仿真技术和综合性仿真系统已经成为任何复杂系统特别是高技术产业不可缺少的分析、研究、设计、评价、决策和训练的重要手段，其应用范围在不断扩大，应用效益也日渐显著。

系统仿真就是根据系统分析的目的，在分析系统各要素性质及其相互关系的基础上，建立能描述系统结构或行为过程的且具有一定逻辑关系或数量关系的仿真模型，据此进行实验或定量分析，以获得正确决策所需的各种信息。

仿真泛指基于实验或训练为目的，将原本的真实或抽象的系统、事务或流程，建立一个模型以表征其关键特性或者行为、功能，予以系统化与公式化，以便进一步对关键特征做出分析研究。模型表示系统自身，而仿真表示系统的时序行为。

计算机实验常被用来研究仿真模型。仿真也被用于对自然系统或人造系统的科学建模以获取深入理解。仿真可以用来展示可选条件或动作过程的最终结果。仿真也可用在真实系统不能做到的情景中，这是由于不可访问、太过于危险、不可接受的后果，或者设计了但还未实现，或者压根没有被实现等。仿真的主要论题是获取相关选定的关键特性与行为的有效信息源，仿真时使用简化的近似或者假定，保证仿真结果的保真度与有效性。

系统仿真的基本方法是建立系统的结构模型和量化分析模型，并将其转换为适合在计算机上编程的仿真模型，然后对模型进行仿真实验。

由于连续系统和离散(事件)系统的数学模型有很大差别，所以系统仿真方法基本上分为两大类，即连续系统仿真方法和离散系统仿真方法。

在以上两类基本方法的基础上，还有一些用于特定系统(特别是社会经济和管理系统)仿真的特殊而有效的方法，如系统动力学方法、蒙特卡罗法等。系统动力学方法通过建立系统动力学模型(流图等)、利用 DYNAMO 仿真语言在计算机上实现对真实系统的仿真实验,从而研究系统结构、功能和行为之间的动态关系。

本章主要讲述系统仿真的基本概念,并说明系统仿真技术的应用范围及其今后的发展方向,以及系统动力学仿真和结构模型、蒙特卡罗仿真方法等内容。

12.1 系统仿真的基本概念

从普遍意义上讲,仿真技术是应用于系统的,就是说系统是仿真的研究对象,而系统模型化又是进行仿真的核心和必要前提,可见系统、系统模型和系统仿真三者之间是密切相关的。

12.1.1 实际系统的仿真模型

如图 12.1 所示是一个加热炉温度调节系统,它是一个工程系统。在这个系统中,给定温度值与温度计所测到的实际温度进行比较,得到温度偏差,这个温度偏差被送到调节器中用来控制加热炉的喷油量,从而实现控制加热炉温度的目的。

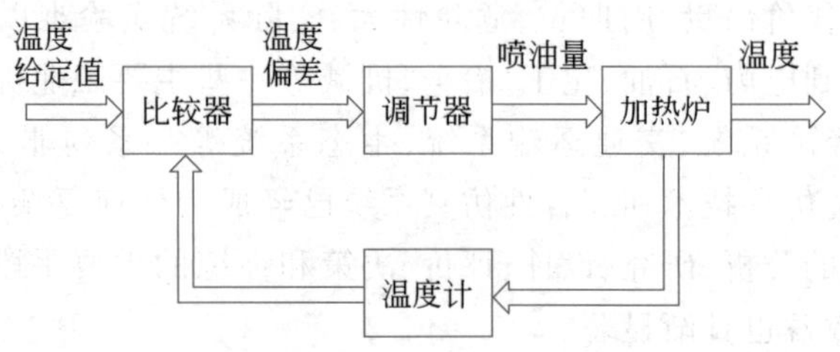

图 12.1 加热炉温度调节系统

如图 12.2 所示为人体手臂位置控制系统。在这个系统中,首先是眼睛观察到书本的位置,并将这一位置信息传给大脑,大脑控制手臂去取书,在手臂伸向书本的运动过程中,眼睛时刻都在把手与书之间的相对位置信号传输给大脑以便做出正确的决策,最终取到书。

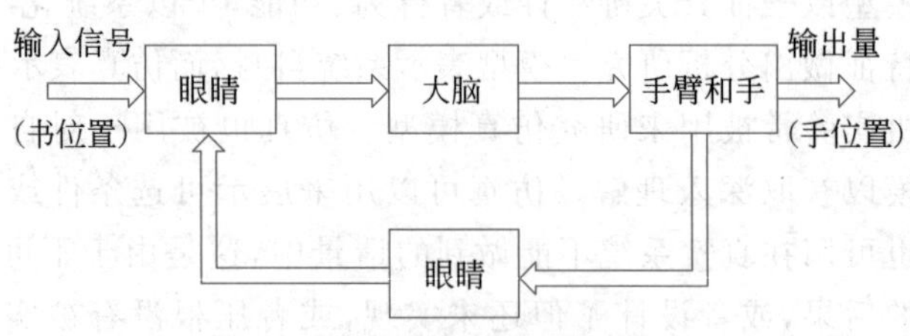

图 12.2 人体手臂位置控制系统

如图 12.3 所示为工厂生产管理系统收到订单后的系统图。在这个系统中有多个生产部门和管理部门,每个部门各司其职;同时各个部门之间又相互联系,一旦某一部门发生问题而影响到该部门的生产与管理情况时,也势必影响到其他部门的生产与管理。

以上几个系统的物理性质、功能、构成是截然不同的,然而它们却具有以下共性。

(1) 系统是实体的集合。这里的实体指组成系统的个体。加热炉系统中的实体有比较器、调节器、加热炉、温度计等。工厂系统中的实体有车间、部门、订单、原料、零件、产品等。

(2) 组成系统的实体具有一定的属性。属性指组成系统的每一实体所具有的全部有效

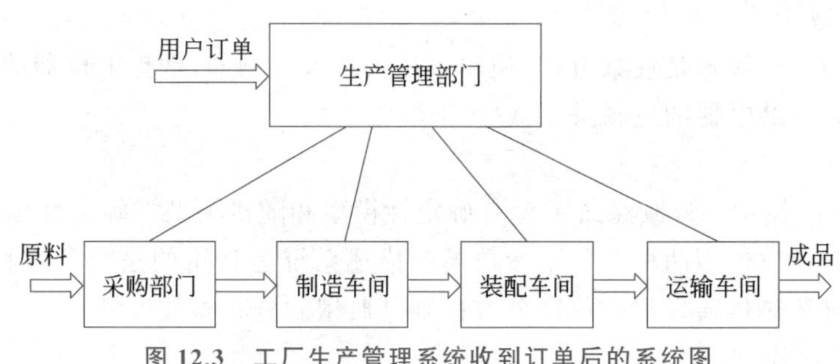

图 12.3　工厂生产管理系统收到订单后的系统图

特征(如状态和参数等)。在加热炉系统中,温度、温度偏差、喷油量等是属性;在工厂系统中,产品类型和数量、零件的质量和数量、各部门所拥有的设备性能、机器数量、员工的素质和数量等是各实体的属性。

(3) 系统处于活动之中。活动是指实体随时间推移而发生的属性变化。加热炉系统的主要活动是控制喷油量的变化,而工厂系统中各车间的生产过程就是该系统的主要活动。各种系统,不论是简单或是复杂,总是由一些实体组成,而每一实体又有其属性,整个系统有其主要活动。因此,实体、属性与活动构成了系统的三大要素。把由这三大要素组成的系统整体性能状态称为系统状态。研究系统,往往是研究系统状态的变化,即研究系统的动态特性和运动规律。

系统有各种各样的分类方法,例如,可以根据系统的描述特性分为连续系统,用微分方程或差分方程来描述的系统和离散事件系统,用逻辑条件或流程图来描述的系统;或者按照系统的物理结构和数学性质将系统分为线性系统和非线性系统;定常系统和时变系统;集中参数系统和分布参数系统等。

12.1.2　模型

为了研究系统特性,从理论上讲可以用实际系统来做实验。但是出于经济、安全及可能性方面的考虑,人们不希望首先在真实系统上进行实验,而希望在模型上进行实验;另外,在一个人造系统未建立之前,为预见它的性能,要用实际系统做实验也是不可能的,因此必须借助于系统的模型。

模型是系统某种特定性能的一种抽象形式。通过模型可以描述系统的本质和内在的关系。无论是工程系统还是非工程系统都可以建立起一定形式的模型。模型一般分为物理模型和数学模型两大类。

1. 物理模型

物理模型与实际系统有相似的物理性质。这些模型可以是按比例缩小了的实物外形,如风洞实验的飞行器外形和船体外形,或生产过程中试制的样机模型,如导弹上的陀螺、导引头样机等。

2. 数学模型

用抽象的数学方程描述系统内部物理变量之间的关系而建立起来的模型,称为该系统的数学模型。通过对系统的数学模型的研究可以揭示系统的内在运动和系统的动态性能。数学模型又可以分为静态模型和动态模型两类。

1）静态模型

静态模型的一般形式是代数方程、逻辑表达关系式。例如，理想电位器的转角和输出电压之间的关系式或继电器的逻辑关系式等。

2）动态模型

（1）连续系统模型。连续系统模型有确定性模型和随机模型。确定性模型又分为集中参数模型和分布参数模型两种。集中参数模型描述系统运动用的是微分方程、状态方程和传递函数。而描述热传递过程的偏微分方程则是典型的分布参数模型。

（2）离散系统模型。

① 时间离散系统。这种系统又称为采样控制系统，一般用差分方程、离散状态方程和脉冲传递函数来描述。这种系统的特性其实是连续的，差分方程等仅在采样的时刻点上来研究系统的输出。各种数字式控制器的模型均属于这一类。

② 离散事件模型。这种系统用概率模型描述。这种系统的输出，不完全由输入作用的形式描述，往往存在着多种可能的输出。它是一个随机系统，如库存系统、管理车流的交通系统、排队服务系统等。输入和输出在系统中是随机发生的，一般要用概率模型来描述这种系统。

按照系统数学描述的差别，系统模型分类如表 12.1 所示。

表 12.1 系统模型分类

模型类型	静态系统模型	动态系统模型			
		连续系统模型		离散系统模型	
		集中参数	分布参数	时间离散	离散事件
数学描述	代数方程	微分方程 传递函数 状态方程	偏微分方程	差分方程、Z 变换 离散状态方程	概率分布、排队论
应用举例	系统稳态解	工程动力学 系统动力学	热传导场	计算机数据采样系统等	交通系统、市场系统、电话系统、计算机分时系统等

仿真界专家和学者对仿真下过不少定义。学者雷诺于 1966 年在其专著中对仿真做了如下定义："仿真是在数字计算机上进行实验的数字化技术，它包括数字与逻辑模型的某些模式，这些模型描述某一事件或经济系统（或者它们的某些部分）在若干周期内的特征。"仿真就是模仿真实系统，利用模型来做实验等。从仿真的定义中不难看出，要进行仿真实验，系统和系统模型是两个主要因素。同时由于对复杂系统的模型处理和模型求解离不开高性能的信息处理装置，而现代化计算机又责无旁贷地完成了这一使命，所以系统仿真，尤其是数学仿真实质上应该包括三个基本要素：系统、系统模型、计算机。而联系这三项要素的基本活动则是：模型建立、仿真模型建立和仿真实验。

系统仿真技术作为分析和研究系统运动行为、揭示系统动态过程和运动规律的一种重要手段和方法，随着 20 世纪 40 年代第一台计算机的诞生而迅速发展。特别是近些年来，随着系统科学研究的深入，控制理论、计算技术、信息处理技术的发展，计算机软件、硬件技术的突破，以及各个领域对仿真技术的迫切需求，使得系统仿真技术进展迅猛，在理论研究、工程应用、仿真工程和工具开发环境等许多方面都取得令人瞩目的成就，形成一门独立发展的综合性科学。

综上可以认为，系统仿真是建立在控制理论、相似理论、信息处理技术和计算技术等理论基础之上，以计算机和其他专用物理效应设备为工具，利用系统模型对真实或假想系统进行实验，并借助于专家经验知识、统计数据和信息资料对实验结果进行分析研究，进而做出决策的一门综合性和实验性学科。

系统仿真定义中模型分为定量和定性模型，或物理和数学及综合模型。要对某一系统进行研究，其"白色"部分，可以建立定量的解析模型；"灰色"部分则可以通过实验、观测和归纳推理获得其模型结构，并根据专家经验和知识来辨识其参数；而对于"黑色"部分则只能借助于各种信息知识（感性的、理性的、经验的、意念的、行为的等）给予定性描述。

12.1.3　相似理论

相似理论是系统仿真学科的最主要的基础理论之一。相似理论包括相似性原理、相似方式和实现相似的方法。

1. 相似性原理

相似性是一个非常朴素和极其普遍的概念，是自然界一种普遍存在的现象。相似性原理就是指按某种相似方式或相似规则对各种事物进行分类，获得多个类集合；在每一个类集合中选取一个具体事物并对它进行综合性研究，获得有关信息、结论和规律性的东西；这种规律性的东西可以方便地推广到该类集合的其他事物中去。

如图 12.4 所示为汽车车厢的支撑系统（机械系统）与一个发射机振荡电路（电系统）。

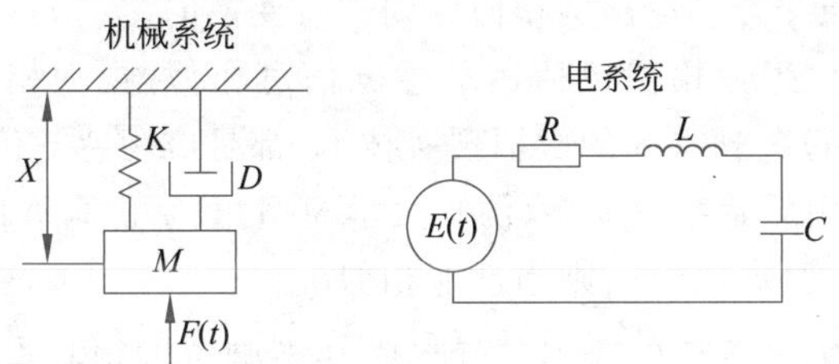

图 12.4　机械系统与电系统互为相似模型

机械系统的数学模型为：

$$M\frac{\mathrm{d}^2x}{\mathrm{d}t^2}+D\frac{\mathrm{d}x}{\mathrm{d}t}+Kx=F(t) \tag{12-1}$$

电系统的数学模型为：

$$L\frac{\mathrm{d}^2q}{\mathrm{d}t^2}+R\frac{\mathrm{d}q}{\mathrm{d}t}+\frac{1}{C}q=E(t) \tag{12-2}$$

式中，M 为惯性，D 为阻尼，K 为弹性比例，x 为位移，L 为电感，R 为电阻，C 为电容，q 为电量。

这两个系统的数学模型是互为相似的，这使得我们可以通过研究电系统来揭示机械系统的运动规律；可以借助数学模型研究实际系统的运动规律。

再如，温度场系统、电势场系统和重力场系统等都可以用下述方程来描述。

$$\frac{\mathrm{d}^2\varphi}{\mathrm{d}x^2}+\frac{\mathrm{d}^2\varphi}{\mathrm{d}y^2}+\frac{\mathrm{d}^2\varphi}{\mathrm{d}z^2}=0 \tag{12-3}$$

对于相似性,有以下定理。

相似定理 1:以 S 表示系统整体或其部分所具有的某些特征,则相似具有下列性质。

(1) 自反性。$S \propto S$(这里符号$\propto$表示相似)。

(2) 对称性。即若 $S_1 \propto S_2$,则 $S_2 \propto S_1$。

(3) 传递性。若 $S_1 \propto S_2$,$S_2 \propto S_3$,则 $S_1 \propto S_3$。

对于性质(3)应该指出,传递性会直接影响相似度,即 S_1 与 S_2,S_2 与 S_3 以及 S_1 与 S_3 之间的相似度可能两两都不相等。

相似定理 2:相似具有下列性质。

(4) 相似的系统可用文字相同的方程组描述,或者说它们具有相同的数学描述。

(5) 表征相似系统的对应量在四维空间(通常意义下的三维空间加上一维的时间空间)互相匹配且成一定的比例关系。

(6) 由于描述相似系统的对应量互成比例,同时描述相似系统的方程又是相同的,所以各对应量的比值(相似倍数)不能是任意的,而是彼此相约束的。

2. 相似方式

在系统仿真学科中有多种相似方式,例如:

(1) 比例相似。比例相似包括几何相似和综合参量比例相似。

几何比例相似是几何尺寸按一定比例放大或缩小,如飞行器的风洞实验模型,就是按照几何相似原则制作的。而将原始方程变换成模拟计算机的方程或某些定点运算的模拟计算机的仿真程序,就是按照综合参量比例相似原则进行变换的。

(2) 感觉信息相似。感觉相似包括运动感觉信息相似、视觉相似和音响感觉相似等。各种训练仿真器及当前正蓬勃兴起的虚拟现实技术,都是应用感觉信息相似的例子。

(3) 数学相似。应用原始数学模型,仿真数学模型,数字仿真近似而且尽可能逼真地描述某一系统的物理或主要物理特征,则为性能相似。

(4) 逻辑相似。思维是人脑对客观世界反映在人脑中的信息进行加工的过程,逻辑思维是科学抽象的重要途径之一,它在感性认识的基础上,运用概念、判断、推理等思维形式,反映客观世界的状态与进程。由于客观世界的复杂性,人们的认识在各方面都受到一定的限制,人的经验也是有限的,因此人们用以分析、综合事物的思维方法以及由此而得出的结论,一般来说也只能是相似的。

3. 实现相似的方法

实现相似的方法多种多样,下面给出几种常用的方法。

(1) 模式相似方法。模式相似方法又包括统计决策法和句法或结构方法。统计决策法是指选择某一类事物的特征空间的某些典型或主要特征,实际上是使特征空间降维,设计有效的模式分类器。在多类多特征情况下,则设计有效的多级判决树形模式分类器。对某种要求识别其模式的事物,按一定操作步骤,经若干次与参考模式的匹配,即可判定待识别事物的类型。

句法或结构方法是将事物的模式类比语言中的句子,借用形式语言来描述和表达模式。待分类的模式,只需根据各模式方法进行句法分析即可判别它的类型,并给出其结构描述。

无论哪种模式识别方法，其识别结果都是对实际模式的相似。

(2) 模糊相似法。如果说概率统计是研究一级不确定性问题的话，那么模糊理论则是研究双重或多级不确定性。对仿真系统来说，相似方法是用来分析仿真系统与真实系统的相似程度。仿真系统在很多情况下确实存在模糊问题，需要用模糊相似方法才能进行分析研究。

(3) 组合相似方法。在仿真系统中，即使各个部件和子系统均已获得精度足够高的相似处理，已经满足各自的性能指标，但未必能保证系统的整体性能满足要求，故有必要对各子系统建立组合相似模块并进行综合补偿处理，形成组合相似方法，以适应不同模态和不同情况的需要。

(4) 坐标变换相似方法。坐标变换相似法是研究空中运动体系统不可缺少的一种方法，经常用于飞行器状态数学模型中，在视景系统的相似变换中更是常用。

(5) 多级和循环仿真结构方法。如图 12.5 所示，是 CIMS（Computer Integrated Manufacturing Systems，计算机集成制造系统）的一个仿真结构，它是一个典型的多级和循环仿真结构，用于实现 CIMS 的决策设计、加工、检测、通信、仿真的复杂任务。

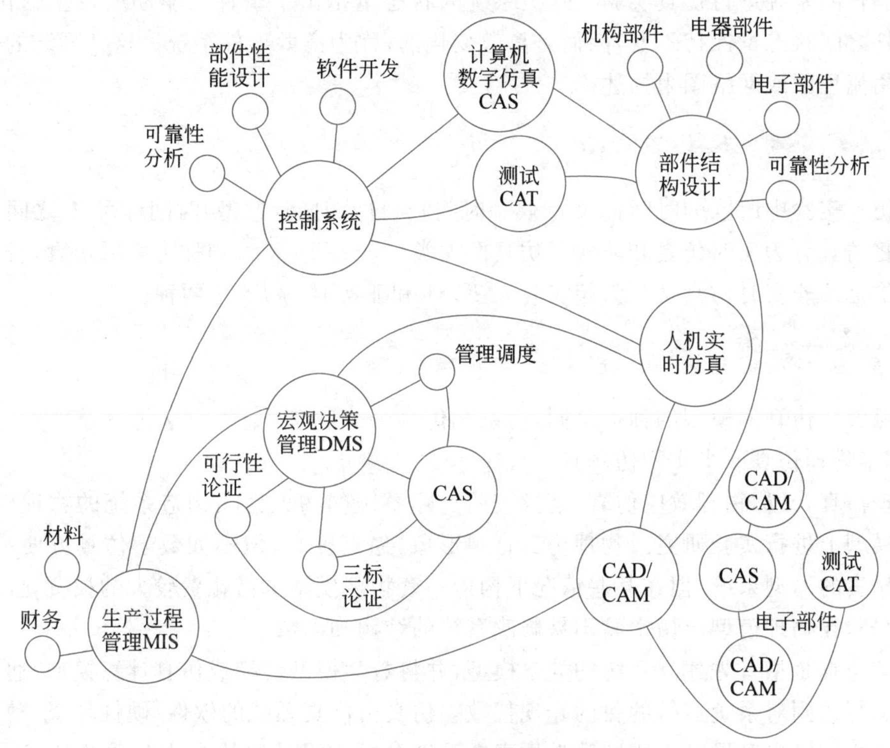

图 12.5　CIMS 结构原理图

其中英文缩略解释如下。

DMS：Decision Management，决策管理。

CAD：Computer Aided Design，计算机辅助设计。

CAT：Computer Aided Test，计算机辅助检测。

CAE：Computer Aided Engineering，计算机辅助工程。

CAS：Computer Aided Simulation，计算机辅助仿真。

CAD/CAM：Computer Aided Design/Computer Aided Manufacturing，计算机辅助设计/计算机辅助制造。

MIS：Management Information System，管理信息系统。

12.2 系统仿真的分类

依据不同的分类标准，可将系统仿真进行不同的分类。

12.2.1 连续系统仿真及离散事件系统仿真

连续系统仿真是指对那些系统状态量随时间连续变化的系统的仿真研究，包括数据采集与处理系统的仿真。这类系统的数学模型包括连续模型(微分方程等)、离散时间模型(差分方程等)以及连续-离散混合模型。

离散事件系统仿真则是指对那些系统状态只在一些时间点上由于某种随机事件的驱动而发生变化的系统进行仿真实验。这类系统的状态量是由于事件的驱动而发生变化的，在两个事件之间状态量保持不变，因而是离散变化的，称为离散事件系统。这类系统的数学模型通常用流程图或网络图来描述。

12.2.2 实时仿真和非实时仿真

按仿真实验中所取的时间标尺 t(模型时间)与自然时间(原型)时间标尺 T 之间的比例关系可将仿真分为实时仿真和非实时仿真两大类。若 $t/T=1$，则称为实时仿真，否则称为非实时仿真。非实时仿真又分为超实时 $t/T>1$ 和亚实时 $t/T<1$ 两种。

12.2.3 物理仿真、数学仿真及物理-数学仿真

按照参与仿真的模型的种类不同，将系统仿真分为物理仿真、数学仿真及物理-数学仿真(又称半物理仿真或半实物仿真)。

物理仿真，又称物理效应仿真，是指按照实际系统的物理性质构造系统的物理模型，并在物理模型上进行实验研究。物理仿真直观形象，逼真度高，但不如数学仿真方便；尽管不必采用昂贵的原型系统，但在某些情况下构造一套物理模型也需花费较大的投资，且周期也较长，此外，在物理模型上做实验不易修改系统的结构和参数。

数学仿真是指首先建立系统的数学模型，并将数学模型转换成仿真计算模型，通过仿真模型的运行达到对系统运行的目的。现代数学仿真由仿真系统的软件/硬件环境、动画与图形显示、输入/输出等设备组成。数学仿真在系统分析与设计阶段是十分重要的，通过它可以检验理论设计的正确性与合理性。数学仿真具有经济性、灵活性和仿真模型通用性等特点，今后随着并行处理技术、集成化软件技术、图形技术、人工智能技术和先进的交互式建模/仿真软硬件技术的发展，数学仿真必将获得飞速发展。

物理-数学仿真，又称为半实物仿真，准确称谓是硬件(实物)在回路中(Hardware In the Loop)的仿真。这种仿真将系统的一部分以数学模型描述，并把它转换为仿真计算模型；另一部分以实物(或物理模型)方式引入仿真回路。半实物仿真有以下几个特点。

（1）原系统中的若干子系统或部件很难建立准确的数学模型，再加上各种难以实现的非线性因素和随机因素的影响，使得进行纯数学仿真十分困难或难以取得理想效果。在半实物仿真中，可将不易建模的部分以实物代之参与仿真实验，可以避免建模的困难。

（2）利用半实物仿真可以进一步检验系统数学模型的正确性和数学仿真结果的准确性。

（3）利用半实物仿真可以检验构成真实系统的某些实物部件乃至整个系统的性能指标及可靠性，准确调整系统参数和控制规律。在航空航天、武器系统等研究领域，半实物仿真是不可缺少的重要手段。

12.3 系统仿真的一般过程与步骤

12.3.1 系统仿真的一般过程

系统仿真是对系统进行实验研究的综合性技术学科。对于任一项系统的仿真研究都是一项或简或繁的系统工程，特别是对复杂系统或综合系统的总体仿真研究是一件难度很大的工作。诸如系统仿真实验总体方案设计，仿真系统的集成，仿真实验规范和标准的制定，各类模型（数学模型、物理模型、由数学模型转换而来的仿真模型等）的建立、校核验证及确认，仿真系统的可靠性和精度分析与评估，仿真结果的认可和置信度分析，等等，涉及面十分广泛。为了使仿真实验顺利进行并获得预期效果，必须将某一实际系统的仿真实验切实作为一项系统工程来重视。通常系统仿真实验是为特定目的而设计的，是为仿真用户服务的，因此，复杂的系统仿真实验需要仿真者与仿真用户共同参与，从这个意义上讲，仿真实验过程应包括以下这样几个阶段工作。

（1）建模阶段。在这一阶段中，通常是先分块建立子系统的模型。若为数学模型则需要进行模型变换，即把数学模型变为可以在模拟计算机上运行的模型，并对其进行初步的校验；若为物理模型，它需在功能与性能上覆盖系统的对应部分。然后根据系统的工作原理，将子系统的模型进一步集成为全系统的仿真实验模型。

（2）模型实验阶段。在这一阶段中，首先要根据实验目的制定实验计划和实验大纲，在计划和大纲的指导下，设计一个好的流程，选定待测变量和相应的测量点，以及适当的测量仪表。之后转入模型运行，即进行仿真实验并记录结果。

（3）结果分析阶段。结果分析在仿真过程中占有重要地位。在这一阶段中需要对实验数据进行去粗取精、去伪存真的科学分析，并根据分析结果做出正确的判断和决策。因为实验结果反映的是仿真模型系统的行为，这种行为能否代表实际系统的行为，往往由仿真用户或熟悉系统领域的专家来判定。如能得到认可，则可以转入文档处理，否则，需返回建模和模型实验阶段查找原因，或修改模型结构和参数，或检查实验流程和实验方法，然后再进行实验，如此往复，直到获得满意的结果。

12.3.2 系统仿真的步骤

对于一般意义下的系统仿真，通常将它分为以下十个步骤。

（1）系统定义。确定所研究系统的边界条件与约束。

(2) 数据准备。收集和整理各类有关信息,简化成适当形式,同时对数据可靠性进行核实,为建模做准备。

(3) 模型表达。把实际系统抽象成数学公式或逻辑流程图,并进行模型验证。

(4) 模型变换。用计算机语言描述模型,即建立仿真模型,并进行模型校核。

(5) 模型认可。断定所建立的模型是否正确合理,是整个建模与仿真过程中极其困难而又非常重要的一步,与模型校核、模型验证及其他各步都有密切联系。

(6) 战略设计。根据研究目的和仿真目标,设计一个实验,使之能提供所需要的信息。

(7) 战术设计。确定实验的具体流程,如仿真执行控制参数、模型参数与系统参数等。

(8) 仿真执行。运行仿真软件并驱动仿真系统,得出所需数据,并进行敏感度分析。

(9) 结果整理。由仿真结果进行推断,得到一些设计和改进系统的有益结论。

(10) 实现与维护。使用模型或仿真结果,形成产品并进行维护。

12.4 计算机仿真

数学仿真的基本工具是计算机,通常又将数学仿真称为计算机仿真。按照所使用的计算机的种类不同,可将计算机仿真分为模拟计算机仿真、数字计算机仿真和混合计算机仿真。

12.4.1 模拟计算机仿真

模拟计算机是由运算放大器组成的模拟计算装置,它包括运算器、控制器、仿真结果输出设备和电源等。模拟计算机的基本运算部件为加(减)法器、积分器、乘法器、函数器和其他非线性部件。这些运算部件的输入输出变量都是随时间连续变化的仿真量电压,故称为模拟计算机。

模拟仿真是以相似原理为基础的,实际系统中的物理量,如距离、速度、角度和质量等都用按一定比例变换的电压来表示,实际系统某一物理量随时间变化的动态关系和模拟计算机上与该物理量对应的电压随时间的变化关系是相似的。因此,原系统的数学方程和模拟机上的解题方程是相似的。只要原系统能用微分方程、代数方程(或逻辑方程)描述,就可以在模拟机上求解。

模拟仿真具有以下特点。

(1) 能快速求解微分方程。模拟计算机运行时各运算器是并行工作的,模拟机的解题速度与原系统的复杂程度无关。

(2) 可以灵活设置仿真实验的时间标尺。模拟机仿真既可以进行实时仿真,也可以进行非实时仿真。

(3) 易于和实物相连。模拟计算机仿真是用直流电压表示被仿真的物理量,因此和连续运动的实物系统连接时一般不需要 A/D、D/A 转换装置。

(4) 模拟仿真的精度由于受到电路元件精度的制约和易受外界干扰,所以一般低于数字计算机仿真,且逻辑控制功能较差,自动化程度也较低。

12.4.2 数字计算机仿真

数字计算机的基本组成是存储器、运算器、控制器和外围设备等。由于数字计算机只能对数码进行操作,因此任何动态系统在数字计算机上进行仿真时都必须将原系统变换成能在数字计算机上进行数值计算的离散时间模型。故数字仿真需要研究各种仿真算法,这是数字计算机仿真与模拟仿真的最基本的差别。

数字仿真的特点如下。

(1) 数值计算的延迟。任何数值计算都有计算时间的延迟,其延迟的大小与计算机本身的存取速度、运算器的解算速度、所求解问题本身的复杂程度及使用的算法有关。

(2) 仿真模型的数值化。数字计算机对仿真问题进行计算时采用数值计算,仿真模型必须是离散模型,如果原始数学模型是连续模型,则必须转换成适合数字计算机求解的仿真模型,因此需要研究各种仿真算法。

(3) 计算精度高。特别是在工作量很大时,与模拟机相比更显其优越性。

(4) 实现实时仿真比模拟仿真困难。对复杂的快速动态系统进行实时仿真时,对数字计算机本身的计算速度、存取速度等要求高。

(5) 利用数字计算机进行半实物仿真时需要有 A/D、D/A 转换装置与连续运动的实物连接。

随着数字计算机技术的发展,目前我国已经有自己研制的专门用于连续动态系统实时半实物仿真的数字式模拟计算机 YHF-1 和 YHF-2,以及海鹰仿真工作站等。其计算速度和存取速度均能满足大多数动态系统实时和半实物仿真的需要,并提供了多路接口可方便地和连续实物系统相连接,从而为数字仿真开辟了良好的应用前景。

12.4.3 混合计算机仿真

混合计算机系统是由模拟计算机、数字计算机通过一套混合接口(A/D、D/A 装置)组成的数字仿真集成计算机系统,该系统具有模拟计算机的快速性和数字计算机的高精度和灵活性的优点。

混合仿真系统的特点如下。

(1) 混合仿真系统可以充分发挥模拟仿真和数字仿真的特点。

(2) 仿真任务同时在模拟计算机和数字计算机上执行,这就存在按什么原则分配模拟机和数字机的计算任务的问题,一般是模拟计算机承担精度要求不高的快速计算任务,数字计算机则承担高精度、逻辑控制复杂的慢速变化任务。

(3) 混合仿真的误差包括模拟机误差、数字机误差和接口操作转换误差,这些误差在仿真中均应予以考虑。

(4) 一般混合仿真需要专门的混合仿真语言来控制仿真任务的完成。由于混合仿真组成复杂、造价高,过去只在航空、宇航等部门使用较多。目前随着多处理器的并行处理数字计算机的快速发展,混合模拟计算机已有被其替代的趋势。

12.5 系统仿真技术及应用

在计算机出现之前,只存在所谓的物理仿真,系统仿真是依附于其他有关学科的。后来随着计算机硬、软件技术的突破,系统科学研究的深入,控制理论、计算技术、信息处理技术等提出了大量的共性的技术问题,使得系统仿真逐步发展成为一门独立的综合性学科。国际上成立了专门的计算机仿真协会(International Association for Mathematics and Computer in Simulation,IAMCS)。美国、英国、日本等国都有各自的仿真协会。1988 年,中国系统仿真学会成立,标志着系统仿真学科在我国已经获得了蓬勃的发展。

12.5.1 系统仿真的应用

系统仿真在系统分析与设计、系统理论研究、专职人员训练等方面都有着十分重要的应用。

1. 系统仿真技术在系统分析与设计中的应用

(1) 对尚未建立起来的系统进行方案论证及可行性分析,为系统设计打下基础。

(2) 在系统设计过程中利用仿真技术可以帮助设计人员建立系统模型,进行模型简化及验证,并进行最优化设计。

(3) 在系统建成之后,可以利用仿真技术来分析系统的运行状况,寻求改进系统的最佳途径,找出最优的控制策略。

2. 系统仿真技术在系统理论研究中的应用

对系统理论的研究,过去主要依靠理论推导。今天,系统仿真技术为系统理论研究提供了一个十分有力的工具。它不仅可以验证理论本身的正确与否,而且还可能进一步暴露系统理论在实现中的矛盾与不足,为理论研究提供新的研究课题。目前,在最佳控制系统、自适应控制、大系统的分解协调等理论问题的研究中都应用了仿真技术。

3. 仿真在专职人员训练与教育方面的应用

系统仿真用于训练与教育是它的一个重要特点。现在已经为各种运载工具(飞机、汽车、船舶等)以及各种复杂设备及系统(电站、电网、化工设备等)制造出各种训练仿真器。它们在提高训练效率、节约能源、安全训练等方面起着十分重要的作用。据统计,1978—1983 年,世界各国用于训练仿真器的费用达 82 亿美元,其中仅美国就占了 50 亿美元。

4. 系统仿真在高科技中的地位

今天,系统仿真技术已经受到各级政府部门、工业和科研单位的普遍重视。在国际上,系统仿真技术在高科技中所处的地位在日益提高。

(1) 根据国外统计资料,20 世纪 70 年代,世界上整个科学技术领域内,系统仿真费用约占总经费的 1%,至于某些科学技术领域内,系统仿真所占的费用更高一些,如导弹系统研制过程中,仿真费用约占导弹研制费用的 5%,到了 20 世纪 90 年代,仿真所占的费用的比例更有了大幅度提高。

(2) 1989 年,北约组织的欧洲盟国制定了一个“欧几里得计划”,把仿真技术作为 11 项优先合作发展的重点项目之一。

(3) 1992 年,美国提出了 22 项国家关键技术,系统仿真技术被列在第 16 位。

(4) 1993 年,美国提出了 21 项国防科技关键技术,系统仿真被列为第 6 位。美国甚至还提出要把仿真技术作为今后科技发展战略的关键推动力。

(5) 1994 年,美国国防部预研工作的七大重点中,仿真技术是其中之一。

(6) 1995 年,美国国防部高级研究计划局投资战略的核心有四个方面,即开发先进的信息技术、创建与国力相称的国防技术、促进军民一体化工业基础的建设、加强新技术向军品转移等,在每个方面里面都把仿真,特别是先进的分布式仿真系统开发列为年度投资重点之一。

12.5.2　系统仿真技术的发展方向

1. 仿真实验任务的扩展

仿真实验的任务随着科学技术与生产水平的不断发展而不断扩大,当前已提出:基于仿真的设计、基于仿真的工程、全生命周期的仿真、分布仿真等方面的仿真任务要求,即对整个设计任务、整个大型工程项目、仿真对象的整个生命周期,以及分布于广阔时空的各类事物,都能进行高逼真度的仿真,从而达到做出正确决策,指导科学研究、系统开发与生产实践,培训乘务人员、操纵人员、指挥人员、决策人员的目的。

2. 仿真技术的发展动向

由于仿真理论、方法的提高,仿真实验任务的扩大以及相关学科的发展,当前发展技术主要向下列几个方向发展。

1) 向广阔时空发展

以现代复杂军事系统为例,它涉及:战略、战术、技术决策系统,指挥、通信、运输系统,外层空间、内层空间、武器和运载系统,地面与空间各军兵种、我友协同作战系统,作战环境、武器群配置及后勤管理系统等。这种激烈对抗军事系统对时空一致、任务协同、实时性、实用性等都要求很高,因而在这种复杂仿真系统中有很多复杂、艰巨的技术问题亟待解决。

2) 向快速、高效与海量信息通道发展

对大型复杂系统、分布系统、综合系统进行实时仿真,由于信息量庞大,必须进行快速、高效传输变换和处理。

3) 向规模化模型校核、验证、确认技术发展

模型建立后,如果没有规模化模型校核、验证、确认来检验、评价模型的正确性和置信度,仿真的精度和可靠性是无法保证的。目前,规模化模型校核和验证已引起仿真界的高度重视。

4) 向虚拟现实技术发展

虚拟现实是将真实环境、模型化物理环境、用户融为一体,为用户提供视觉、听觉和嗅觉感官逼真感觉信息的仿真系统,使人感到如同身临其境。

5) 向高水平一体化、智能化仿真环境发展

开展仿真科学研究,开发仿真系统技术,需要向一体化、智能化仿真环境发展,中国在这方面的差距还相当大,值得引起注意。

6) 向广阔的应用领域扩展与其他有关学科融合

由于仿真的对象愈来愈广阔和复杂,也就是应用领域愈广泛,相关的学科不断增多且日趋密切。中国科学家应该敏锐地洞察这一趋势,抓住机遇,使系统仿真向广阔的应用领域扩展,并及时与相关学科融合,协同开拓新的科技园地。

12.6 系统动力学仿真

12.6.1 系统动力学仿真概念

系统动力学(System Dynamics,SD)是一门分析研究复杂反馈系统动态行为的系统科学方法,它是系统科学的一个分支,也是一门沟通自然科学和社会科学领域的横向学科,是分析研究复杂反馈大系统的计算仿真方法。

系统动力学模型是指以系统动力学的理论与方法为指导,建立用以研究复杂系统动态行为的计算机仿真模型体系,其主要含义如下。

(1) 系统动力学模型的理论基础是系统动力学的理论和方法。

(2) 系统动力学模型的研究对象是复杂反馈大系统。

(3) 系统动力学模型的研究内容是社会经济系统发展的战略与决策问题,故称之为计算机仿真法的“战略与策略实验室”。

(4) 系统动力学模型的研究方法是计算机仿真实验法,要有计算机仿真语言DYNAMIC的支持。

(5) 系统动力学模型的关键任务是建立系统动力学模型体系。

(6) 系统动力学模型的最终呈现是计算机仿真实验结果,即二维坐标图像和数字报表,以供决策使用。

系统动力学模型建立的一般步骤是:明确问题,绘制因果关系图,绘制系统动力学模型流图,建立系统动力学模型,仿真实验,检验或修改模型或参数,战略分析与决策。

12.6.2 系统动力学仿真发展概况

系统动力学是在20世纪50年代末由美国麻省理工学院史隆管理学院教授福雷斯特提出。目前已经风靡全球,成为社会科学的重要实验手段,已广泛应用于社会、经济、管理、科技和生态各个领域。

我国关于系统动力学方面的研究始于1980年,国家加强人才培养和专著出版,引进专业软件MICRO-DYNAMO,DYNAMAP,STELLA,PD PLUS,VENSIM等,并自主研制相关专用软件。开设系统动力学专业课程,成立全国系统动力学委员会,组建专门研究机构和教学机构,开展了专项研究工作,建立了国家总体系统动力学模型,省和地区的发展战略研究系统动力学模型,省级能源、环境预测系统动力学模型及科技、工业、农业、林业等行业发展战略研究系统动力学模型等。

12.6.3 系统动力学仿真主要特点

系统动力学是一门分析研究信息反馈系统的学科,是跨越自然科学和社会科学的横向学科。系统动力学在系统论、控制论、信息论的基础上不断发展。

从系统方法论来说,系统动力学的方法是结构方法、功能方法和历史方法的统一。以系统的结构决定着系统行为前提条件而展开研究的。它认为存在系统内的众多变量在它们相互作用的反馈环里有因果联系。反馈之间系统的相互联系形成了系统的结构,而正是这个结构成为系统行为的根本性决定因素。

人们在求解问题时都是想获得较优的解决方案和较优的结果，所以系统动力学解决问题的过程实质上也是寻优过程。系统动力学强调系统的结构并从系统结构角度来分析系统的功能和行为，系统的结构决定了系统的行为。因此系统动力学是通过寻找系统的较优结构，来获得较优的系统行为。系统动力学把系统看成一个具有多重信息因果的反馈机制。

系统动力学在经过系统剖析获得深刻、丰富的信息后，建立系统的因果关系反馈图，再转变为系统流图，形成系统动力学模型，最后通过仿真语言和仿真软件对系统动力学模型进行计算机仿真，完成对真实系统的仿真。

寻找较优的系统结构被称作为政策分析或优化，包括参数优化、结构优化、边界优化。参数优化就是通过改变其中几个比较敏感的参数来寻找较优的系统行为。结构优化是指增加或减少模型中的水平变量、速率变量来获得较优的系统行为。边界优化是指系统边界及边界条件发生变化时获得的较优的系统行为。

系统动力学把系统的行为模式看作由系统内部的信息反馈机制决定的。通过建立系统动力学模型，利用 DYNAMO 仿真语言和 Vensim 软件在计算机上实现对真实系统的仿真，研究系统的结构、功能和行为之间的动态关系，以便寻求较优的系统结构和功能。

12.7 系统动力学结构模型

12.7.1 因果关系

因果关系是指由原因产生结果的相互关系。从哲学角度讲，原因和结果是揭示客观事物联系的重要哲学概念，它们是客观事物普遍联系和相互作用的表现形式之一。原因是某种事物或现象，是造成某种结果的条件；结果是原因所造成的事物或现象，是在一定阶段上事物发展所达到的目标状态。通常用箭头线来表示，有正因果关系和负因果关系两种。

正因果关系是指两个变量呈同方向变化趋势，例如，因值增加则果值增加或因值减少则果值减少。负因果关系是指两个变量呈异方向变化趋势，例如，因值增加时果值减少或因值减少时果值增加，例如，随着农村迁出人口增加，农村总人数下降。

12.7.2 因果关系环图

因果关系环图是指由两个或两个以上的因果关系连接而成的闭合回路图示。它定性描述了系统中变量之间的因果关系。它有正负因果关系环图两种，正因果关系环图会引起系统内部活动加强。判断准则是若各因果关系均为正，则该环为正因果关系环；若各因果关系为负的个数是偶数时，则该环也为正因果关系环。

负因果关系环图会引起系统内部活动减弱。判断准则是若各因果关系均为负，则该环为负因果关系环；若因果关系为负的个数是奇数，则该环为负因果关系环。

12.7.3 流图

系统动力学模型流图简称 SD 流图，是指由专用符号组成用以表示因果关系环中各个变量之间相互关系的图示。它能表示出更多系统结构和系统行为的信息,是建立 SD 模型必不可少的环节,对建立 SD 模型起着重要作用。其专用符号主要有以下八个。

(1) 水准变量。水准变量符号是表示水平变量的积累状态的符号,它是 SD 模型中最主要的变量。它由五部分组成,即:输入速率,输出速率,流线,变量名称及方程代码。

(2) 速率变量。速率变量符号是表示水平变量变化速率的变量。它能控制水平变量的变化速度,是可控变量。它由三部分组成,即:输入信息变量,变量名称及方程代码(R)。

(3) 辅助变量。辅助变量符号是辅助水平变量等的变量。

(4) 外生变量。

(5) 表函数。

(6) 常数。

(7) 流线。

流线符号又有物质流线、信息流线、资金流线,及订货流线四种;物质流线符号是表示系统中流动着的实体;信息流线符号是表示连接积累与流速的信息通道;资金流线符号是表示资金、存款及货币的流向;订货流线符号是表示订货量与需求量的流向。

(8) 源与洞。

12.8 蒙特卡罗仿真方法

12.8.1 蒙特卡罗基本思想

蒙特卡罗(Monte Carlo)仿真是在第二次世界大战期间原子弹研制的项目中,为了仿真裂变物质的中子随机扩散现象,由美国数学家冯·诺依曼和乌拉姆等发明的一种统计方法。之所以起名叫蒙特卡罗仿真,是因为蒙特卡罗是欧洲袖珍国家摩纳哥的一个城市,这个城市在当时是非常著名的一个赌城。因为赌博的本质是算概率,而蒙特卡罗仿真正是以概率为基础的一种方法,所以用赌城的名字为这种方法命名。

蒙特卡罗仿真通过随机性的概率达到估计未知。蒙特卡罗仿真的基本原理是大数定理,当样本容量足够大时,事件发生的频率即为概率。蒙特卡罗方法又称随机抽样技巧或统计实验方法,是用来解决数学和物理问题的非确定性(概率统计的或随机的)数值方法。

它是用一系列随机数来近似解决问题的一种方法。通过寻找一个概率统计的相似体并用实验取样过程来获得该相似体的近似解的处理数学问题的一种手段。运用该近似方法所获得的问题的解更接近于物理实验结果,而不是经典数值计算结果。通俗来讲,蒙特卡罗仿真就是通过计算机产生大量样本进行系统仿真,用离散数据代替连续变量,用频率代替概率。其原理是当问题或对象本身具有概率特征时,可以用计算机仿真的方法产生抽样结果,来计算所需变量或者参数值;通过增加仿真次数可以获得统计量或参数的估计平均值。

具体步骤如下。

(1) 根据提出的问题构造一个简单适用的随机模型,使问题的解对应于该模型中随机变量的某些特征,如概率、均值和方差等,所构造的模型在主要特征参量方面要与实际问题或系统相一致。

(2) 根据模型中各个随机变量的分布,在计算机上产生一次仿真过程所需的足够数量的随机数。

(3) 根据概率模型的特点和随机变量的分布特性,设计和选取合适的抽样方法,并对每个随机变量进行抽样(包括直接抽样、分层抽样、相关抽样、重要抽样等)。

(4) 按照所建立的模型进行仿真实验计算,求出问题的随机解。

(5) 统计分析仿真实验结果,给出问题的概率解以及解的精度估计。随机模型,使问题的解对应于该模型中随机变量的某些特征(如概率、均值和方差等),所构造的模型在主要特征参量方面要与实际问题或系统相一致。

12.8.2　蒙特卡罗模型一般应用领域

数学公式难以表示的系统,或者没有有效的方法解决的数学模型等都可以采用蒙特卡罗仿真。例如,求解过于复杂的解析问题和希望在短时间内观察出系统的发展过程,以估计某些参数对系统的影响,或者数据量过大,需要在大量方案中选优以及模型的灵敏度分析等。

当实际环境中进行实验复杂和困难时,计算机仿真是最好的选择。

习　　题

1. 什么是系统仿真?
2. 系统仿真可以分为哪几大类型?
3. 请画出物联网系统的仿真模型。
4. 系统模型可以分为哪两类?其中,数学模型又可以分为哪几类?
5. 数学仿真包括哪三个基本要素?
6. 系统仿真的综合定义是什么?
7. 什么是相似性原理?
8. 找出一个实际系统,人们能够对它进行物理实验(用实际系统实验或其原型实验)。
9. 找出一个真实系统,人们无法对它进行物理实验。
10. 什么是相似性原理?
11. 试举例说明不同的实际系统可以用同样的数学模型来表达。
12. 给出两个系统,其模型互为相似。
13. 相似方式有哪几种?
14. 实现相似有哪几种方法?
15. 系统仿真模型的划分有哪几种方法?
16. 系统仿真的十个步骤是什么?
17. 什么是计算机仿真?计算机仿真分为哪几种?
18. (1) 举出一个物理仿真的实例。

(2) 举出一个不能进行物理仿真而只能进行数学仿真的系统实例。

(3) 举出一个混合仿真的实例。

19. 混合仿真系统的特点是什么?
20. 系统仿真可以应用于哪些领域?

21. 仿真技术的发展动向有哪些?

22. 什么是系统动力学仿真?

23. 请简述我国系统动力学仿真概况。

24. 系统动力学的主要特点是什么?

25. 系统动力学结构模型有哪些内容?

26. SD 流图的八个专用符号是什么?

27. 什么是蒙特卡罗基本思想?

28. 试述蒙特卡罗仿真的具体步骤。

29. 蒙特卡罗仿真在什么情况下可以采用?

30. 查阅尽可能多的文献,对有关系统和系统仿真的不同观点进行综述,并阐述自己的一些看法。

31. 为什么要对系统仿真模型进行校核与验证? 校核与验证有何区别与联系?

第13章

系统建模

系统仿真中不可缺少的一个环节就是系统建模。

系统建模是使用模型在工程开发中概念化和构建系统的跨学科研究。

系统建模的一种常见类型是功能建模，具有特定的技术，例如，功能流程图和集成计算机辅助设计定义(Integrated computer aided manufacturing DEFinition，IDEF)方法。这些模型可以使用功能分解进行扩展，并且可以链接到需求模型以进行进一步的系统划分。

另一种类型的系统建模是体系结构建模，使用系统体系结构在概念上对系统的结构、行为和更多视图进行建模。可以分为数学模型、物理模型和半实物模型等。

第三种类型业务流程建模记法(BPMN)，用于在工作流程中指定的业务流程的图形表示，也被认为是语言建模的一个系统。

系统建模可以分为硬系统建模或运筹学建模和软系统建模以及所有其他特定类型的系统建模，例如，表单示例复杂系统建模、动态系统建模和关键系统建模等。建模是仿真的基础，系统模型化技术是系统仿真的核心。

13.1 系统建模方法

建立系统模型是一种创造性的劳动。建模方法有推理法、实验和统计分析法、类似法等。

13.1.1 推理法

对于内部结构和特性已经清楚的系统，即所谓的“白箱”系统(例如，大多数的工程系统)，可以利用已知的物理、化学、经济定律和定理，经过一定的分析和推理，得到系统模型。

13.1.2 实验和统计分析法

对于那些内部结构和特性不清楚或不很清楚的系统，即所谓的“黑箱”或“灰箱”系统，如果允许进行实验性观察，则可以通过实验方法测量其输入和输出，然后按照一定的辨识方法，得到系统模型。对于那些属于“黑箱”，但又不允许直接进行实验观察的系统,例如非工程系统,可以采用数据收集和统计分析的方法来建造系统模型。

数据分析包括抽样调查与统计分析(例如,全国人口普查)、时间序列分析、相关分析和横断面数据分析。时间序列分析和相关分析通常是用最小二乘法寻找拟合曲线或回归曲线,然后合理外推,预测系统未来的情况。横断面数据分析(某一年度或其他时点的数据)有多种模型,线性规划也是利用横断面数据进行分析的。

13.1.3 类似法

类似法即建造原系统的相似模型(类似模型)。有的系统,其结构和性质虽然已经清楚,但其模型的数量描述和求解却不好办,这时如果有另一种系统的结构和性质与之相同,因而建造出的模型也类似,但是该模型的建立及处理要简单得多,我们就可以把后一种系统的模型看成原系统的相似模型。利用相似模型,按对应关系就可以很方便地求得原系统的模型。例如,很多机械系统、气动力学系统、水力学系统、热力学系统与电路系统之间某些现象彼此相似,特别是通过微分方程描述的动力学方程基本一致,因此可以利用研究得很成熟的电路系统来构造上述系统的相似模型。

13.1.4 混合法

大部分系统模型的建立往往是上述几种方法综合运用的结果。

上述方法可以供系统建模者参考,而要真正解决系统建模问题还须充分开发人的创造力,综合运用各种科学知识,针对不同的系统对象,或者建立新模型,或者巧妙地利用已有的模型,或者改造已有模型,才能创造出更加适用的系统模型。因此,有人把建立系统模型看成一种艺术,不能生搬硬套,而要灵活裁剪,适应环境。

13.2 建模数学模型分类

仿真专家 T.I.Oren 从系统仿真的角度出发,对系统的数学模型进行了综合性分类,采用了如下准则。

(1) 模型的时间集。

(2) 变量的存在性和值域。

(3) 描述性变量的轨迹。

(4) 变量的函数关系。

(5) 空间分布。

(6) 子模型的组织方式。

(7) 目标集。

表 13.1～表 13.3 总结了上述仿真数学模型的分类。

表 13.1　依据变量轨迹的仿真建模分类

基于描述变量轨迹的模型分类			
		连续(变化)模型	离散(变化)模型
基于时间集的模型分类	连续时间模型	常微分方程模型 偏微分方程模型(PDE) 连续时间 PDE 连续空间 离散空间	目标 面向进程模型 面向事件模型 排队模型 活动扫描模型
	离散时间模型	偏微分方程模型(PDE) 离散时间 PDE 连续空间 离散空间 系统动力学模型	差分方程模型 离散运算模型 有限态自动机 Mealy-moore 自动机 确定或随机型自动机 马尔可夫链模型

表 13.2　基于时间、变量和变量轨迹的仿真模型分类

分类依据		模型分类	
时间	连续时间		连续时间模型
	离散时间		离散时间模型
	混合时间		混合时间模型
描述变量	存在性	输入变量	自治模型,非自治模型
		输入、输出变量	封闭系统模型,开放系统模型
		状态变量	记忆模型,无记忆模型
	值域	连续	连续值模型
		离散	离散值模型
		混合	混合值模型
描述变量的轨迹	连续变化	连续时间模型	常微分方程模型 偏微分方程模型
		离散时间模型	偏微分方程模型 系统动力学模型
	离散变化	连续时间模型	面向进程模型 面向事件模型 排队模型 活动扫描模型
		离散时间模型	差分方程模型 离散运算模型 有限态自动机模型 马尔可夫链模型
	拟连续变化即突变产生	实验条件(初始条件,输入轨迹)	跳跃间断模型
		模型(状态转换函数或输出函数)	变化结构模型,包括导数间断模型
		各子模块之间的连接	连续、离散混合模型

续表

分类依据		模型分类	
空间分布	边界值	固定拓扑边界值问题	固定边界模型
		变化拓扑边界值问题	变化边界模型
	网络	能量键	Bond 图模型
		优先关系	Petri 网模型 变化拓扑 Petri 网模型 PERT 模型 动态 PERT 模型
		等待队列	排队模型
		网络流	网络流模型 材料路径(临时实体流) 机器路径(永久实体的生命周期)

表 13.3　基于描述应变函数关系的仿真模型分类

分类依据		模型分类
描述应变量的函数关系	确定性	确定性模型,统计模型
	预测性	非预测模型,行为预测模型
	线性	线性模型,非线性模型,线性和非线性耦合模型
	刚性	刚性模型,非刚性模型

13.3　建模模式学

13.3.1　系统建模的抽象化与形式化描述

模型与真实世界之间最重要的关系之一就是抽象和映射。抽象过程是建模的基础。例如,研究飞行器(宇宙飞船、火箭、卫星等)的飞行轨道时,可以将飞行器当作一个质点,使用质点运动学、质点动力学等基本运动定律,对于飞行器在飞行过程中的姿态等性质可以暂不去考虑,这就是一种抽象。

在建立一个数学描述时,首先需要建立几个抽象,即定义以下几个集合:输入集、输出集、状态变量集。定义了上述集合之后,再在这些抽象的基础上,建立复合的集合结构,包括一些特定的函数关系,通常称这个过程为理论构造。

另一方面,由于建立数学描述的目的是要帮助我们去分析和解决实际问题,去认识客观世界,所以我们所构造的集合最终要应用到现实世界中去,也就是说,抽象必须与真实目标相联系,否则便失去了其存在的意义。

为了实现抽象模型结构与真实系统之间的联系,提出如下基本公理:存在一个复杂程度适度的抽象模型,它详细而精确地描述了一个给定的系统。上述联系过程称为具体化。

理论构造是根据充分的抽象概念来建立系统的集合结构,从而使模型具有更广泛的应用能力和适用范围。而具体化则相当于添加细节，用集合结构代替抽象集合，使抽象模型逐渐靠近实际。

基于上述分析，可以给出一个通用的抽象化的系统模型的形式，它在建模与仿真领域尤其是在模型的理论分析方面是十分有用的。

1. 系统模型的形式化描述

一个系统可以定义成如下的集合结构：

$$S=\langle T,X,\Omega,Q,Y,\delta,\lambda\rangle \tag{13-1}$$

其中，T 是时间集，X 是输入集，Ω 是输入段集，Q 是内部状态集，Y 是输出集，δ 是状态转移函数，λ 是输出函数。

它们的含义和限制如下。

(1) 时间集 T：T 是描述时间和为事件排序的一个集合。通常 T 为整数集 I 或实数集 R，相应的 S 分别被称为离散时间系统或连续时间系统。

(2) 输入集 X：X 代表界面的一部分，外部环境通过它与系统发生关系。因此，可以认为系统在任何时刻都受着输入流集合 X 的作用，而系统本身并不直接控制集合 X。通常取 $X=R^n$，$n\in I^+$，即 X 代表 n 个实值的输入变量；有时取 $X=X_m\cup\{\varnothing\}$，其中，X_m 是外部事件集合，$\varnothing$是空事件。

(3) 输入段集 Ω：一个输入段描述了在某时间间隔内系统的输入模式。当系统嵌套在一个大系统中时，上述模式由系统的环境所决定。当系统处于孤立的情况，环境被某一个段集所替代，既然 S 是某个大系统的一个组成部分，考虑到重构，该段集应该包括 S 所能接收到的所有模式。可以将输入段集整理成这样一个映射：$\omega:\langle t_0,t_1\rangle\rightarrow X$，其中，$\langle t_0,t_1\rangle$是时间集从 t_0(初始时刻)到 t_1(终止时刻)的一个区间。所有上述输入段所构成的集合都记作(X,T)，输入片段 Ω 是(X,T)的一个子集。

通常选取 Ω 为分段连续段集，这时 $T=R$，$X=R^n$；或者选取 Ω 为 X_m(外部事件集)上的离散事件集段，这时 $T=R$。

(4) 内部状态集 Q：内部状态集 Q 表示系统的记忆，即过去历史的继承，它影响着现在和未来的响应。集合 Q 是内部结构建模的核心。

(5) 状态转移函数 δ：状态转移函数 δ 是一个映射 δ：$QX\Omega\rightarrow\Delta$。其含义是：若系统在时刻 t_0 处于状态 q，并且施加一个输入段 $\omega:\langle t_0,t_1\rangle\rightarrow X$，则 $\delta(q,\omega)$表示系统在 t_1 时刻的状态。因此，任意时刻的内部状态和从该时刻起的输入段唯一地决定了段终止时的状态。

根据给定的状态定义可知，状态集的选择不是唯一的，甚至其维数也是不固定的。因此寻找系统的一个合适而有利的状态空间，如一个具有组合特性的状态空间是一件十分有意义的事。而且一旦寻找到这样的空间，它将使我们能用当前的一个抽象的数值去替代过去的数值。这种内部结构的形成也大大简化了处理分解(内部结构的具体化)和仿真的过程。

(6) 输出集 Y：输出集合 Y 代表界面的一部分，系统通过它作用于环境。除方向不同外，输入集的含义和输出集完全相同，如果系统嵌套在一个大系统中，那么，该系统的输入(输出)部分恰是其环境的输出(输入)集的组成部分。

(7) 输出函数 λ：输出函数的最简单形式是映射 λ：$Q\rightarrow Y$。它使假想的系统内部状态与系统对其环境的影响相联系。但是，在多数情况下输出映射通常并不允许输入直接影响输出，因此，更为普遍的一种输出函数是这样一个映射：λ：$Q\times X\times T\rightarrow Y$，即当系统处于状

态 Q,且系统的当前输入是 X 时,$\lambda(q,x,t)$能够通过环境检测出来。进一步讲,输出函数未必是不变的,通常 λ 是一个多对一的映射,因此,状态常常不能直接观测到,输出函数给出了一个输出段集。

2. 关于系统模型的几种描述模式

图 13.1 给出了系统描述的三种模式,它对模型可信性分析及模型验证也许能提供一些启示和帮助。

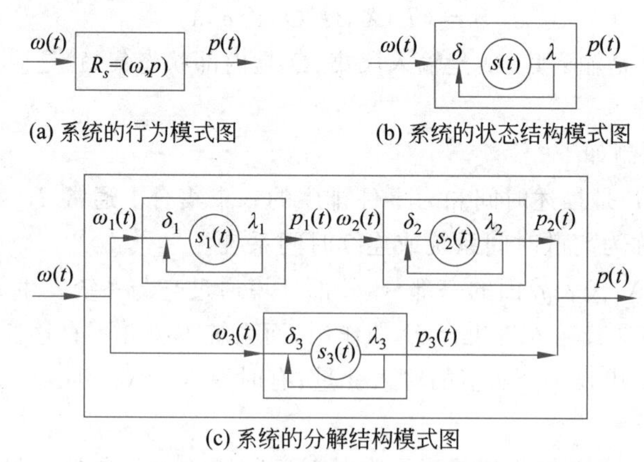

(a) 系统的行为模式图 (b) 系统的状态结构模式图

(c) 系统的分解结构模式图

图 13.1 系统描述的三种模式

1)行为模式

人们在这个模式上描述系统,是将系统看成一个黑盒,并且对它施加一个输入信号,然后观测其输出信号。为此,至少需要一个"时间基",它一般是一个实数的区间(连续时间)或者是一个整数区间(离散时间)。一个基本的描述单位是"轨迹",它是从一个时间基的区间到表示可能的观测结果的某个集合上的映射。一个"行为描述"是这样一组轨迹的集合组成的,这种描述也可称为系统的"行为"。通常,在系统仿真概念上,加到黑盒上的以箭头表示的某个变量被视为输入,它不受盒子本身的控制;而另外一个是输出,它指向系统以外的环境。因此,对系统的实验往往是处于行为模式的,故而该模式就显得十分重要。这个模式上的描述比下面将要介绍的结构要简单一些。

2)状态结构模式

在这个模式上描述系统时是将它看成一个已经了解其内部工作情况的机构。这样一种描述通过在整个时间上的递推足以产生一种轨迹,也即一个行为。能够产生这种递推的基本单位是"状态集"以及"状态转移函数",前者表示任意时刻所有可能的结果,而后者则提供从当前给定状态计算未来状态的规则,应当指出,这些状态集不一定能直接观测,但是一旦测得状态集,则将足以计算出系统的行为。

3)分解结构模式

在这个模式上描述系统,是将它看作由许多基本的黑盒互相连接而成的一个整体,这种描述也可称为网络描述。具体的基本黑盒称为"成分"或"子系统",每个基本黑盒都给出一个在状态结构上的描述;此外,每个子系统都标明"输入变量"和"输出变量",并且还须给出各子系统之间的"耦合关系描述"。必要时可以进一步分解系统,以便获得更高一层的描述。

3. 特定的建模形式举例

下面列举一些特定的模型形式，它们在具体化以后在工程领域和非工程领域中经常被使用。

1）时不变，连续时间集中参数模型（常微分方程）

$$M_1:\langle U,X,Y,f,g\rangle$$

其中，$u\in U$ 为输入集合；$x\in X$ 为状态集合；$y\in Y$ 为输出集合。

$$x=f(x,y),\quad y=g(x,u) \tag{13-2}$$

式中，f 为函数变化率，满足 Lipschitz 条件；g 为输出函数。

上述模型形式是前面定义的集合结构 S 的一个特例，即下述形式化模型集合结构的特殊情况：

$$S_1:\langle T_1,X_1,\Omega_1,Q_1,Y_1,\delta_1,\lambda_1\rangle \tag{13-3}$$

事实上，$M_1=S_1$，其中，$t\in T_1$：$[t_0,+\infty)\subset R$，$X_1\overset{\text{def}}{=}U:R^m$，$m\in I^+$，$Q_1\overset{\text{def}}{=}X:R^n$，$n\in I^+$，$Y_1\overset{\text{def}}{=}Y:R^p$，$p\in I^+$，$\Omega_1:\{\omega:[t_0,t_0+\tau]\to U$ 遍连续函数，$\tau>0\}$；

δ_1：假设微分模型式具有唯一解 $\Phi(t)$，以使得

$$\Phi(0)=q,\quad \frac{\mathrm{d}\Phi(t)}{\mathrm{d}t}=f(\Phi(t),\omega(t))$$

则映射 $\delta_1:Q\times\Omega\to\Delta$ 能在解 $\Phi(t)$ 情况下被确定。

$\lambda_1=g$。

2）随机的连续时间集中参数模型

在许多场合下，人们希望有一个可选项，用它来表示不可测量和随机的输入（如干扰等）。它们体现在模型中的不可控或不可观部分，这样得到更加有代表性的模型行为：

$$M_2:\langle U,V,W,X,Y,f,g\rangle$$

$$x=f(x,u,w,t)$$

$$y=g(x,v,t) \tag{13-4}$$

附加量 v 和 w 是随机模型干扰，提供了一个解的存在条件和随机微分方程的内部规律。假设 v 和 w 是一个随机数或是一个随机矢量过程，那么 x 和 y 也将是这样一个过程。式(13-4)所给出的模型形式与本章前面定义的集合结构 S 是否相符还有待进一步的讨论与研究。

通常，并不将 v 和 w 矢量看成一个输入，其随机特性不属于模型本身的说明范围。当 v 及 w 已知确定时，式(13-3)可被看成一个集合结构。

$$M_2\equiv S_2:\langle T_2,X_2,\Omega_2,Q_2,Y_2,\delta_2,\lambda_2\rangle$$

其中，$t\in T_2$：$[t_0,+\infty)\subset R$，$X_2\overset{\text{def}}{=}U\cup W\cup V:R^{m+m_1+m_2}$，$m,m_1,m_2\in I^+$，$Q_1\overset{\text{def}}{=}X:R^n$，$n\in I^+$，$Y_2\overset{\text{def}}{=}Y:R^p$，$p\in I^+$，$\Omega_2$：$\{\omega:[t_0,t_0+\tau]\to U$ 遍连续函数，$\tau>0\}$

δ_2：假设微分模型具有唯一解 $\Phi(t)$，以使得

$$\Phi(0)=q,\quad \frac{\mathrm{d}\Phi(t)}{\mathrm{d}t}=f(\Phi(t),\omega(t)) \tag{13-5}$$

则映射 $\delta_2:Q\times\Omega\to Q$ 能在解 $\Phi(t)$ 情况下被确定。

$$\lambda_2\overset{\text{def}}{=}g:X_2\times Q_2\times T_2\to Y_2$$

由于存在许多种 v 和 w 的实现,所以一个“随机”模型就是一组确定的集合结构。

3) 离散事件模型

如果实际系统的过程是由一组事件所构成,而这些事件又是在特定的时间点上发生的,则可以给出离散事件模型 M_3 的公式来作为该系统的数学描述。

$$M_3:\langle X_m,S_m,Y_m,\delta_m,\lambda_m,\tau_m\rangle \tag{13-6}$$

其中,X_m:外部事件集合。

S_m:序列离散事件状态集合。

Y_m:输出集合。

δ_m:准转移函数,这个函数可用以下两种方式之一来描述。

λ_m:输出函数,映射关系为 $Q_m \to Y_m$。

τ_m:时间拨动函数,它是一个映射关系:$S_m \to R^+$,说明系统在没有外部事件作用下,在一个新的转移发生之前它将在状态 S_m 下保持多长时间。

4) 分布参数模型(偏微分方程)

许多真实系统有空间连续变化的特性,由于很难列出一种普遍的偏微分方程的通用形式,这里仅给出以下描述。

$$M_4:\langle U,\Phi,Y,f',b,g\rangle \tag{13-7}$$

$$0=f'\left(\Phi,\frac{\partial\varphi}{\partial t},\frac{\partial\varphi}{\partial z_i},u,z,t\right),z\in Z$$

$$0=b(\Phi,z,t),\quad z\in\delta Z$$

$$y=g(\Phi,z,t),\quad z\in Z$$

其中,t:独立的时间变量。

$z=(z_2,z_2,\cdots,z_n)$:引入的空间坐标。

Φ:应变量,可在空间及时间上变化。

Z:使式(13-7)有意义的空间域。

δZ:式(13-7)的空间边界,在该边界上给出边界条件。

u:输入。

y:输出。

4. 系统描述之间的关系

建模的本质是在一对系统之间建立一种相似关系,而仿真的本质则是在建模和仿真程序两者之间建立某种相似关系。因为系统具有内部结构和外部行为,因此所建立的这些相似关系应具有两个基本的模式,即行为模式和结构模式。

1) 行为模式上的相似关系

在行为模式上最基本的关系是等价关系。

定义 13.1 系统行为等价

两个系统 $S_1:\langle T_1,X_1,\Omega_1,Q_1,Y_1,\delta_1,\lambda_1\rangle$ 和 $S_2:\langle T_2,X_2,\Omega_2,Q_2,Y_2,\delta_2,\lambda_2\rangle$ 是行为等价的,如果它们具有完全相同的输入输出关系。

两个系统的等价关系表明,无论我们是在主观分析判断方面,还是在客观上用任何的观测装置或环境去衡量两个系统,都无法将两个等价的系统区分开来。

人们在进行模型验证时,往往就是利用了系统行为等价这种相似关系。考虑到对于现实世界中的两个系统，要使它们的输入和输出集完全相同几乎是不可能的，而只能是一种近似相等关系，故提出如下准行为等价关系，以便于工程应用。

定义 13.2　系统准行为等价

两个系统 S_1 和 S_2，如果它们的输入集之间的差异 E_x 和输出集之间的差异 E_y，都没有超出各自的最大误差限，则说 S_1 和 S_2 是准行为等价的。

2）结构模式上的相似关系

结构模式上的相似关系有同态和同构之别。

（1）系统的同态。

定义 13.3　系统同态

两个系统 $S_1:\langle T_1, X_1, \Omega_1, Q_1, Y_1, \delta_1, \lambda_1\rangle$ 和 $S_2:\langle T_2, X_2, \Omega_2, Q_2, Y_2, \delta_2, \lambda_2\rangle$，如果：

① 具有相同的时间基、输入集、输入段集及输出集，即 $T_1 \overset{\text{def}}{\equiv} T_2$，$x_1 \overset{\text{def}}{\equiv} x_2$，$\Omega_1 \overset{\text{def}}{\equiv} \Omega_2$，$y_1 \overset{\text{def}}{\equiv} y_2$。

② 具有不同的内部结构，即 $Q_1 \neq Q_2$，$\delta_1 \neq \delta_2$，$\lambda_1 \neq \lambda_2$。

③ 存在 S_1 到 S_2 的同态映射 $h: Q_1 \to Q_2$，则称 S_1 与 S_2 是同态系统。

S_1 到 S_2 的同态映射具有以下性质。

① S_1 的状态集 Q_1 到 S_2 的状态集 Q_2 的同态映射即为 S_1 到 S_2 的同态映射。

② 转移函数的保留性：对所有 $\omega \in \Omega, q \in Q_i, (i=1,2)$，有 $h[\delta_1(q,w)] = \delta_2[h(q),w]$。

③ 输出函数的保留性：对所有 $q \in Q_i, (i=1,2)$，有 $\lambda_1(q) = \lambda_2[h(q)]$。

（2）系统的同构。

定义 13.4　系统同构

如果两个系统 S 与 S' 是同态的，而且 S 到 S' 的同态映射 h 又是系统 S 的状态集 Q 到系统 S' 的状态集 Q' 上的一一映射，则 S 与 S' 是一对同构系统。

3）系统行为模式上的等价关系与系统结构模式上的同态及同构之间的关系

（1）如果存在一个从 S 到 S' 的同态映射 h，则 S 与 S' 必是行为等价的，这就为简化复杂系统的建模与仿真奠定了理论基础。

（2）同构系统必是同态的，反过来未必成立。

（3）同构是一种系统的等价，就是说两系统从状态抽象上看具有相同的内部结构，所以，同构必定具有行为等价的特性，但行为等价的两个系统未必具有同构关系。

13.3.2　数学建模方法学

前面介绍的抽象化和形式化的集合结构描述，一般来说只起到理论上的指导作用，而在工程实践中真正用到的是具体化的各类数学模型。本节简单介绍一下数学模型的建立方法及一般过程，13.3.3 节再给出常用的描述连续系统的数学模型。

1. 建模过程中的信息源

建模过程中有三类主要的信息源，如图 13.2 所示。

1）建模目标

正如前面所叙述的那样，数学模型是对实际系统的一种相似描述，从认识论观点看，它

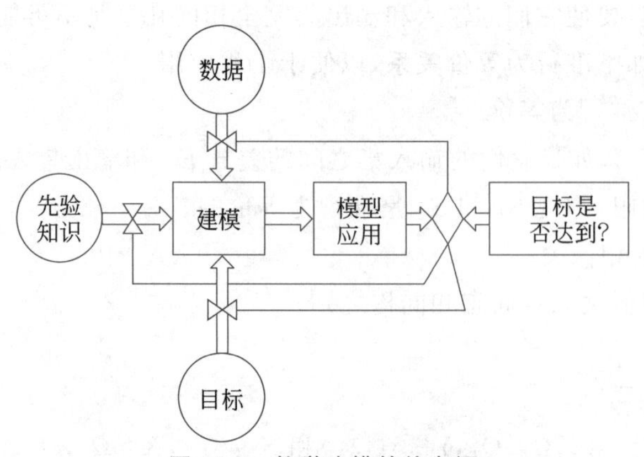

图 13.2 数学建模的信息源

是对真实系统给出了一个极有限的映像。同一个实际系统中可能有多个等待研究的具体对象，而这些对象又是相互耦合的，选择的侧重点不同将导致建模过程沿不同方向进行。

2）先验知识

包括前人或他人的各种可以利用的研究成果，如公理、定理、定律等；也包括本领域及非领域内的各种专家知识。

3）实验数据

在进行建模时，关于过程的信息也能通过现象的实验与量测而获得。合适的定量观测是解决建模的另一个途径。

2. 数学建模方法

数学建模方法大致有以下三类。

1）机理建模

这种方法倾向于运用先验信息，根据构成系统的假设和基本原理，通过数学上的逻辑推导和演绎推理，从理论上建立描述系统中各部分的数学表达式或逻辑表达式。这是一种从一般到特殊的方法，并且将模型看作是在一组前提下经过演绎而得到的结果，此时实验数据只被用来证实或否定原始的假设或原理。机理建模法又称演绎法或理论建模法。

用演绎法建模时有一个模型存在性问题，一组完整的公理和一些给定的假设将导致一个唯一的模型，必须对这唯一的模型的有效性进行验证。此外，演绎法还面临着一个基本问题，即实质不同的一组公理可能导致一组非常类似的模型。

2）实验建模法

根据观测到的系统行为结果，导出与观测结果相符合的模型，这是一个从特殊到一般的过程。它是基于系统的实验和运行数据建立系统模型的方法，即根据系统的输入、输出数据的分析和处理来建立系统的模型。这种方法又称归纳法或系统辨识法。

3）综合（混合）建模法

通常情况下，对于那些内部结构和特性基本清楚的系统，如飞行器轨道、电子电路系统等，可采用机理建模法；对于那些内部结构和特性尚不清楚的系统，一般采用实验建模法；而对于那些内部结构和特性有些了解但又不十分清楚的“灰色”系统，则只能采用综合建模法（机理法、辨识法，以及其他一些方法）。

要获得一个满意的模型是十分不易的，特别是在建模阶段，它会受到客观因素和建模者主观意志的影响，所以必须对所建立的模型进行反复检验。

3. 模型可信性

模型可信性就是数学描述体现真实系统的程度。可信性本身是一个十分复杂的问题，它一方面取决于模型的种类，另一方面又取决于模型的构造过程。模型本身可通过实验在不同的模式上建立起来，所以可以区别不同的可信度模式。一个模型的可信度可以根据获得它的困难程度分为：

(1) 行为模式上的可信性，即模型是否能复现真实系统的行为。

(2) 在状态结构模式上的可信性，即模型能否与真实系统在状态上相互对应。

(3) 在分解结构上的可信性，即模型能否表示出真实系统内部的工作情况，而且是唯一地表示出来。

根据前面的一些讨论，建模过程如图13.3所示。

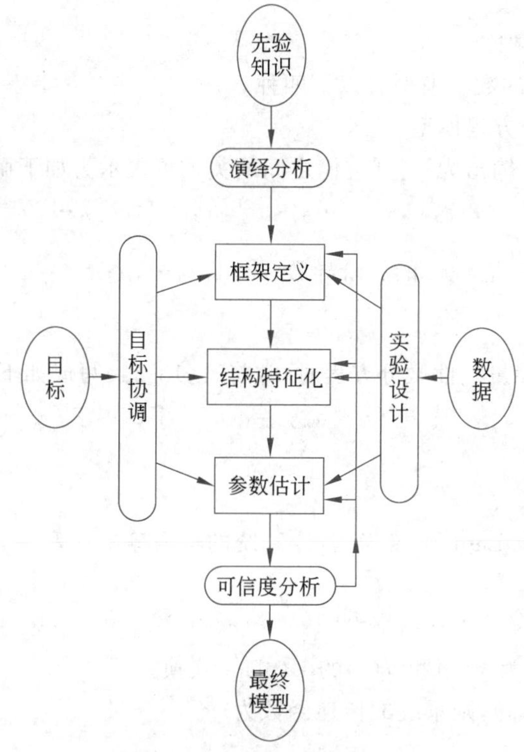

图13.3　建模过程的框架表示

13.3.3　动力学系统数学模型

动力学系统的数学模型一般是非线性连续状态空间模型，其通用形式是如下的常微分方程组形式。

$$\begin{cases} \boldsymbol{x}_t = f(\boldsymbol{x}_{t-1}, \boldsymbol{u}, p, t) \\ \boldsymbol{y} = g(x, \boldsymbol{u}, \boldsymbol{q}, t) \\ x(t_0) = x_0 \end{cases} \tag{13-8}$$

$$h(\boldsymbol{x}, \boldsymbol{u}, p, \boldsymbol{q}, t) \geqslant 0 \tag{13-9}$$

其中,$\boldsymbol{x}$ 为 n 维状态矢量;$\boldsymbol{u}$ 为 m 维输入矢量;$\boldsymbol{y}$ 为 l 维输出矢量;p 为 r 维未知常数;t 为时间变量;$\boldsymbol{q}$ 为 s 维未知常数矢量;h 为约束方程。

考虑到在真实世界中,系统往往带有一定的不确定因素,所以有时将式(13-8)和式(13-9)处理成如下带有噪声 w 和 v(w 和 v 是维数适当的噪声矢量)的模型。

$$\boldsymbol{x}_t = f(\boldsymbol{x}_{t-1}, \boldsymbol{u}, w, p, t) \tag{13-10}$$

$$\boldsymbol{y} = g(\boldsymbol{x}, \boldsymbol{u}, v, \boldsymbol{q}, t) \tag{13-11}$$

$$x(t_0) = x_0 \tag{13-12}$$

$$0 \leqslant h(\boldsymbol{x}, \boldsymbol{u}, p, \boldsymbol{q}, t) \tag{13-13}$$

在工程领域,常用微分方程、传递函数、状态空间方程或权函数(过渡脉冲函数)等描述连续系统;用差分方程、离散传函、离散状态空间方程、权序列模型等描述离散时间系统;而用连续时间模型和离散时间模型联合起来描述一个采样控制系统等,下面对以上几类模型做进一步的介绍。

1. 连续时间系统模型

连续时间系统常用的数学模型有以下四种。

1) 输入输出的微分方程模型

设系统的输入为 u,输出为 y,则它们之间的关系可表示为如下微分方程。

$$y^{(n)} = f(t, y, y^{(1)}, \cdots, y^{(n-1)}, u, u^{(1)}, u^{(2)}, \cdots, u^{(m)}) \tag{13-14}$$

其中,$y^{(r)} = y^{(r)}(t) = \dfrac{\mathrm{d}^r y}{\mathrm{d}t^r}$ 是 $y(t)$ 的 r 阶导数,$r=1,2,\cdots,n$;$u^{(s)} = u^{(s)}(t) = \dfrac{\mathrm{d}^s u}{\mathrm{d}t^s}$,是 $u(t)$ 的 s 阶导数,$s=1,2,\cdots,m$。

当式(13-14)是常参量线性微分方程时,常将式(13-11)写成如下形式:

$$a_0 y^{(n)} + a_1 y^{(n-1)} + \cdots + a_n y = c_0 u^{(m)} + c_1 u^{(m-1)} + \cdots + c_m u \tag{13-15}$$

通常取 $a_0 = 1$。

2) 传递函数

对式(13-15)两边取 Laplace 变换,且令系统的输入输出 u 和 y 及其各阶导数的初值均为零,则有

$$(a_0 s^n + a_1 s^{n-1} + \cdots + a_n)Y(s) = (c_0 s^m + c_1 s^{m-1} + \cdots + c_m)U(s) \tag{13-16}$$

其中,$Y(s)$ 和 $U(s)$ 分别为 $y(t)$ 和 $u(t)$ 的 Laplace 变换。

记 $G(s) = Y(s)/U(s)$,则系统的传递函数为 (13-17)

$$G(s) = \frac{c_0 s^m + c_1 s^{m-1} + \cdots + c_m}{a_0 s^n + a_1 s^{n-1} + \cdots + a_n} \tag{13-18}$$

3) 状态空间方程

式(13-14)和式(13-18)仅描述了系统的外部特性,即仅确定了输出和输入之间的关系,故称为它们的外部模型。

为了描述一个连续系统内部的特性及其运动规律,即描述组成系统的实体之间相互作用而引起实体属性的变化情况,通常采用“状态”的概念。动态系统的状态变量是指能够完全刻画系统行为的最小的一组变量。研究系统主要就是研究系统状态的改变,即系统的进展,状态变量能够完整地描述系统的当前状态及其对系统未来状态的影响。换句话说,只要知道了 $t=t_0$ 时刻的初始状态量 x_0 和 $t>t_0$ 时的输入 $u(t)$,那么就能完全确定系统在任何

$t>t_0$ 时刻的行为。

选定一组状态变量后，系统状态的变化可由下列微分方程组描述。

$$\left.\begin{aligned}\dot{x}_1&=f_1(x_1,x_2,\cdots,x_n,u_1,u_2,\cdots,u_m,t)\\\dot{x}_2&=f_2(x_1,x_2,\cdots,x_n,u_1,u_2,\cdots,u_m,t)\\&\vdots\\\dot{x}_n&=f_n(x_1,x_2,\cdots,x_n,u_1,u_2,\cdots,u_m,t)\end{aligned}\right\}\tag{13-19}$$

式中，$x_i(i=1,2,\cdots,n)$是系统的状态变量；$u_j(j=1,2,\cdots,m)$是输入变量，t 为时间变量；f_i 为状态变换函数。式(13-19)为系统的状态方程。

若记系统的输出变量为 $y_1,y_2,\cdots,y_p$，则输出与状态变量和输入变量之间的关系可表示为

$$\left.\begin{aligned}y_1&=g_1(x_1,x_2,\cdots,x_n,u_1,u_2,\cdots,u_m,t)\\y_2&=g_2(x_1,x_2,\cdots,x_n,u_1,u_2,\cdots,u_m,t)\\&\vdots\\y_p&=g_p(x_1,x_2,\cdots,x_n,u_1,u_2,\cdots,u_m,t)\end{aligned}\right\}\tag{13-20}$$

记 $x=(x_1,x_2,\cdots,x_n)^\tau$，$u=(u_1,u_2,\cdots,u_m)^\tau$，$y=(y_1,y_2,\cdots,y_p)^\tau$，$f=(f_1,f_2,\cdots,f_n)^\tau$，$g=(g_1,g_2,\cdots,g_p)^\tau$，则状态方程式(13-19)和输出方程式(13-20)可分别简记为

$$\dot{x}=f(x,u,t)\tag{13-21}$$

$$y=g(x,u,t)\tag{13-22}$$

特别是对线性定常系统，方程式(13-21)和式(13-22)表示为

$$\dot{x}=\boldsymbol{A}x+\boldsymbol{B}u\tag{13-23}$$

$$y=\boldsymbol{C}x+\boldsymbol{D}u\tag{13-24}$$

系统矩阵 $\boldsymbol{A},\boldsymbol{B},\boldsymbol{C},\boldsymbol{D}$ 含义如下。

$\boldsymbol{A}_{n\times n}$：参数矩阵(又称动态矩阵)。

$\boldsymbol{B}_{n\times m}$：输入矩阵。

$\boldsymbol{C}_{p\times n}$：输出矩阵。

$\boldsymbol{D}_{p\times m}$：交联矩阵(输出和输入直接交联)。

4) 权函数(脉冲过渡函数)

一个连续系统在零初始条件下，受到一个 Dirac 函数(理想脉冲函数)$\delta(t)$的作用，其响应称为该系统的权函数或脉冲过渡函数，记为 $g(t)$。

如果已知系统的权函数 $g(t)$，那么该系统在任意外部作用函数 $u(t)$作用下的输出响应 $y(t)$可由以下卷积公式给出。

$$y(t)=\int_0^t g(t-\tau)u(\tau)\mathrm{d}\tau=\int_0^t g(\tau)u(t-\tau)\mathrm{d}\tau\tag{13-25}$$

式(13-25)称为系统的权函数模型。由于式(13-25)仅描述了系统的输入输出关系，所以属于外部模型。特别对于线性系统，其传递函数 $G(s)$与权函数 $g(t)$构成一个 Laplace 变换对，即 $G(s)=L[g(t)]$。

2. 离散时间系统模型

同连续时间系统模型相对应，离散时间系统数学模型也有以下四种形式。

1) 差分方程模型

设系统的输入序列为$\{u(k)\}$,输出序列为$\{y(k)\}$,它们之间的关系可表示为

$$\begin{aligned} a_0 y(n+k)+a_1 y(n+k-1)+\cdots+a_n y(k)= \\ b_0 u(n+k)+b_1 u(n+k-1)+\cdots+b_n u(k) \end{aligned} \tag{13-26}$$

引进后移算子 q^{-1} 使得

$$q^{-1} y(k)=y(k-1)$$

则式(13-26)可写为

$$\sum_{j=0}^{n} a_j q^{-j} y(k+n)=\sum_{j=0}^{n} b_j q^{-j} u(k+n)$$

记 $A(q^{-1})=\sum_{j=0}^{n} a_j q^{-j}, B(q^{-1})=\sum_{j=0}^{n} b_j q^{-j}$, 则

$$\frac{y(n+k)}{u(n+k)}=\frac{B(q^{-1})}{A(q^{-1})} \tag{13-27}$$

2) 离散传递函数(Z 函数)

对式(13-26)两边取 Z 变换,若系统的初始条件为零,即 $y(k)=0, u(k)=0(k\leqslant 0)$,则可得

$$(a_0+a_1 z^{-1}+\cdots+a_n z^{-n})Y(z)=(b_0+b_1 z^{-1}+\cdots+b_n z^{-n})U(z) \tag{13-28}$$

其中,$Y(z)$和$U(z)$分别为序列$\{y(k)\}$和$\{u(k)\}$的 Z 变换。定义

$$H(z)=Y(z)/U(z)$$

则称 $H(z)$为系统的 Z 传递函数,而且

$$H(z)=\left(\sum_{j=0}^{n} b_j z^{-j}\right)\Big/\left(\sum_{j=0}^{n} a_j z^{-j}\right) \tag{13-29}$$

可见,此时 z^{-1}与 q^{-1}等价。

3) 权序列模型

一个初始条件为零的系统,受到一个 Kronecker δ 函数(单位脉冲序列)的作用,则其响应被称为该系统的权序列,记为$\{h(k);k=0,1,\cdots\}$。

Kronecker 函数可以表示为

$$\delta(k)=\begin{cases}1 & k=0 \\ 0 & k\neq 0\end{cases}$$

对任意的输入序列$\{u(k)\}$,系统的输出$\{y(k)\}$由以下卷积公式给出。

$$y(k)=\sum_{i=1}^{R} h(k-i)u(i) \tag{13-30}$$

可以证明:权系列$\{h(k)\}$的 Z 变换为离散传递函数 $H(z)$,所以系统的权系列与 Z 函数构成 Z 变换对。

4) 离散状态空间模型

以上三种模型只叙述了系统输入序列与输出序列之间的关系。为了进行仿真,通常需采用内部模型,即离散状态空间模型。通常通过引进状态变量序列$\{x(k)\}$,构造系统离散状态空间模型。

$$\begin{cases} x(k+1)=f(x(k),u(k),k) \\ y(k+1)=g(x(k+1),u(k+1),k+1) \end{cases} \tag{13-31}$$

对于线性定常系统，有

$$\begin{cases} x(k+1)=Ax(k)+Bu(k) \\ y(k+1)=Cx(k)+Du(k) \end{cases} \tag{13-32}$$

13.4 建模仿真软件

数学建模常用的软件分别是 MATLAB、Mathematica、LINGO 和 SAS。下面简单介绍一下前三种建模软件。

1. MATLAB

MATLAB 除具备卓越的数值计算能力外，还提供了专业水平的符号计算、文字处理、可视化建模仿真和实时控制等功能。

MATLAB 的基本数据单位是矩阵，它的指令表达式与数学、工程中常用的形式十分相似，故用 MATLAB 来解算问题要比用 C、FORTRAN 等语言简洁得多。当前流行的 MATLAB 5.3/Simulink 3.0 包括拥有数百个内部函数的主包和三十几种工具包(Toolbox)。工具包又可以分为功能性工具包和学科工具包。功能性工具包用来扩充 MATLAB 的符号计算、可视化建模仿真、文字处理及实时控制等功能；学科工具包是专业性比较强的工具包，控制工具包、信号处理工具包、通信工具包等都属于此类。开放性使 MATLAB 广受用户欢迎。除内部函数外，所有 MATLAB 主包文件和各种工具包都是可读可修改的文件，用户通过对源程序的修改或加入自己编写的程序构造新的专用工具包。

2. Mathematica

Wolfram Research 是高科技计算机运算的先驱，由复杂理论的发明者 Stephen Wolfram 成立于 1987 年，在 1988 年推出高科技计算机运算软件 Mathematica，是一个足以媲美诺贝尔奖的天才产品。

Mathematica 是一套整合数字以及符号运算的数学工具软件，提供了全球超过百万的研究人员、工程师、物理学家、分析师以及其他技术专业人员容易使用的顶级科学运算环境。目前已在学术界、电机、机械、化学、土木、信息工程、财务金融、医学、物理、统计、教育出版、OEM 等领域广泛使用。

Mathematica 的特色是具有高阶的演算方法和丰富的数学函数库和庞大的数学知识库，在线性代数方面的数值运算，例如，特征向量、反矩阵等，都比 MATLAB R13 做得更快更好，能提供最精确的数值运算结果。

Mathematica 不但可以做数值计算，还提供最优秀的可设计的符号运算，含有丰富的数学函数库，可以快速解答微积分、线性代数、微分方程、复变函数、数值分析、概率统计等问题。

Mathematica 可以绘制各专业领域专业函数图形，提供丰富的图形表示方法，结果呈现可视化。还可以编排专业的科学论文期刊，让运算与排版在同一环境下完成，提供高品质可编辑的排版公式与表格，屏幕与打印的自动最佳化排版，组织由初始概念到最后报告的计划，并且对 txt、html、pdf 等格式的输出提供了最好的兼容性。可与 C、C++、FORTRAN、Perl、Visual Basic 以及 Java 结合，提供强大的高级语言接口功能，使得程序开发更方便。Mathematica 本身就是一个方便学习的程序语言,提供互动且丰富的帮助功能,让使用者现学现卖。

强大的功能、简单的操作、易于学习的特点,可以帮助工程师最有效地缩短研发时间。

3. LINGO

LINGO 用于求解非线性规划(Non Linear Programming,NLP)和二次规则(Quadratic Programming,QP)问题。LINGO 6.0 可以解答最多达 300 个变量和 150 个约束的规则问题,标准版的求解能力在 10^4 量级以上。

虽然 LINGO 不能直接求解目标规划问题,但用序贯式算法可分解成一个个 LINGO 能解决的规划问题。

模型建立语言和求解引擎的整合是使 LINGO 建立和求解线性、非线性和整数最佳化模型更快、更简单、更有效率的综合工具。

13.5 系统建模方法论的研究

在航空航天领域中,目前应用较为广泛、理论较为成熟的方法论非 Harmony-SE 莫属,它以其 V 字模型的稳定模型著称,如图 13.4 所示。而 Arcadia 是一个新兴的方法论,它更专注于系统架构设计,应用范围比 Harmony-SE 稍窄。本节主要对这两种方法论进行分析对比,以方便针对目标系统的需求进行选择。

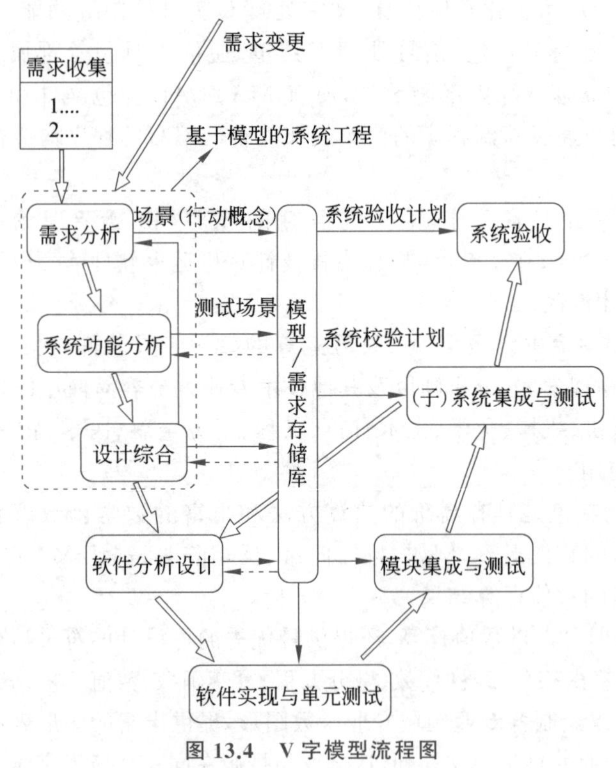

图 13.4 V 字模型流程图

1. Harmony-SE 与 Arcadia 的流程分析

Harmony-SE(Harmony for System Engineering)是方法论的一个分支。如图 13.4 所示的 V 字模型展示了其建模工作流程。模型的左边流程是自上向下的分解,从需求分析、系统功能分析到实现综合架构设计，而右边流程是自底向上，从单元测试、模块集成与测试到系统集成，最后实现系统验收。整个流程是紧密关联的，在任何一个环节出现变动，都会从需求分析开始更改。这样的 V 字结构在建立模型的过程中，会持续不断地更新需求、迭代模型，最终实现“服务-请求驱动”的模式。

而 Arcadia 方法结合了美国国防部系统体系结构框架 DoDAF 的相关理念，是一种用于定义和验证复杂系统体系结构的 MBSE 方法论。从系统和子系统的阶段到集成验证，它通常促进所有关键参与者之间的协作工作。Capella 使用递进式的开发方式，所建立的模型层次分明，如图 13.5 所示，包括用户需求分析、系统运行分析、逻辑架构、物理架构，这是一个自顶向下的流程。

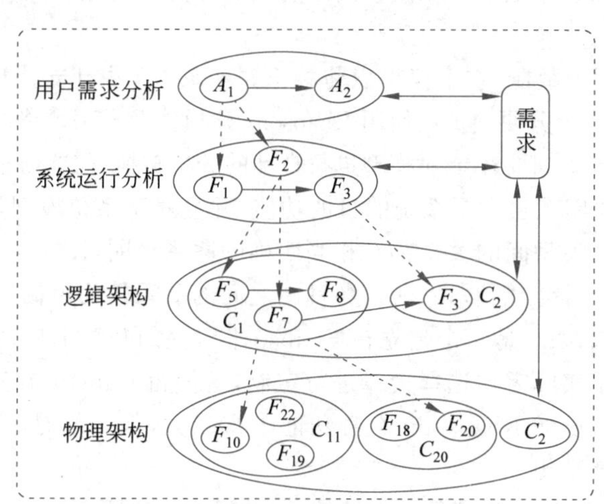

图 13.5　Arcadia 模型层次

2. 基于 Harmony-SE 与 Arcadia 的对比分析研究

虽然都是基于 MBSE 的方法论，从图 13.4 以及图 13.5 的建模流程图中可以轻易地看出两者的迥异。Harmony-SE 遵循经典的 V 字结构，Arcadia 则是递进式模型，这从根本上将二者区分开来。Harmony-SE 在航空航天领域中的应用较多，可以参考的具体项目也颇为可观，但是国内的航空系统建模选取 Harmony-SE 作为方法论有一个缺陷，也就是它所基于的平台是非开源软件 Rhapsody，需要从国外购买，对国内发展基于 MBSE 的航电系统来说，这是一个必须要突破的瓶颈。与之相反，Arcadia 方法所依靠的平台 Capella 是一个开源软件，研究好基于 Arcadia 的航电系统建模对国内的发展意义不言而喻。这也是国内航电系统选取 Arcadia 的原因之一。表 13.4 给出了两种建模平台工具的对比。

表 13.4　建模平台工具对比

对比项	Arcadia 依靠平台 Capella	Harmony-SE 基于平台 Rhapsody
自动化	提供丰富的自动化工具，无须人为操作	仅提供半自动化工具，仍需人为操作
开放性	开源工具，免费下载	非开放平台，收费
可用接口	基于 Java 编制，可使用接口良多	仅提供部分 XMI 接口，较为封闭

续表

使用复杂度	使用复杂度低,采用层层递进的模型,由简入繁	使用复杂度高,功能强大复杂,不易操作
综合性	综合功能强大,适用于众多系统工程项目	综合功能较弱,主要适用于系统架构和系统定义

下面将从建模工具和建模语言等方面对 Harmony-SE 与 Arcadia 的区别进行综合分析。

1) 建模工具对比分析

对于建模工具,Harmony-SE 通常使用 Rhapsody 进行建模工作,而 Arcadia 方法论则基于 Capella 进行建模。如表 13.4 所示,其区别主要分为自动化、开放性、可用接口、使用复杂度以及综合功能上。

Capella 的处理更为敏捷,它不仅可以将模型进行转换,并且支持自动实现。模型间的联系也使得其追踪功能十分便利。而使用 Rhapsody 建模涉及较为严格的层级定义,如果层级不同,模型就不能嵌套,并且也不能对模型进行自动的分析转换,需要通过人工分解定义。

Capella 在建模初期就建立了系统的目的功能,并且对于系统模型具体要解决的问题给出了具体的定义,甚至模型间的关系都有相当明确的联系说明,Rhapsody 适用范围更广,不能对于不同的模型赋予固定的联系,所以各种图之间的关系较为模糊。

在开放性方面,Capella 是一个建立在 Eclipse 平台上的开源工具,并且提供了丰富的接口,所以用户可以根据实际需求选择接口进行定制,这使得 Capella 在对接其他软件的时候非常便捷。与之相反,虽然 Rhapsody 本身功能丰富强大,但始终是一个封闭的付费软件,开放性、可扩展性不甚理想。

Capella 将方法论 Arcadia 融入工具建模流程中,工具所引导的建模流程便是对 Arcadia 方法论的最初实践,在 Capella 中,每个连续设计阶段都独立设计工作区域,每当单击其中的任何一层模型时,都将导航到相应层次的设计阶段页面。模型开发人员一旦开始使用 Capella 就进入了 Arcadia 的建模流程,并且在逐步完善模型的过程中,进一步理解 Arcadia 方法论。在 Rhapsody 中,方法论并不是与工具绑定的,建模流程取决于建模人员自身的学习水平,建模技术人员首先需要建立一套方法论才能进行建模。

2) 建模语言特征

就建模语言而言,Arcadia 方法独立于任何工程领域,因为 Capella 所使用的建模语言既不是 SysML 也不是 DSML。Capella 的核心元模型很大程度上参考了 SysML,所提供的图表非常相似。但是,在将 SysML 作为参考时,Capella 的元模型也进行了简化修改和丰富。

(1) 简化修改。每当 UML/SysML 概念比建模体系结构所需的复杂程度更高时,Capella 对其进行了舍弃或简化修改。

(2) 丰富。Arcadia 涵盖了 SysML 没有的体系结构框架的一部分,这构成了 Capella 元模型的一部分。

Arcadia 在 SysML 的基础上做出了一些改进和舍弃,这使它们之间既有相似性,也存在不同点:SysML 的活动图中更多的是体现控制,其序列图功能应用比较单一,而 Arcadia 所使用的活动图更侧重于体现功能关系,其序列图引用元素的方法更灵活。

3) 综合对比分析

如表 13.5 所示,Harmony-SE 与 Arcadia 方法论的不同点较多,具体可以分为使用范围、使用条件、复杂度管理、概念设计阶段支持、初步设计阶段支持、详细设计阶段支持六方面。总体来说，使用 Arcadia 方法论，通过 Capella 进行建模可以很好地理解系统建模的思路，并且按照这样的思路进行建模可以让使用者很快适应。而 Harmony-SE 中使用的 SysML 具有一定的专业性，它是由 UML 演化而来，保留了 UML 中的一些定义和表达，使得系统和软件的兼容性更加突出。也由于这些严格的定义和复杂的关系，使用 Harmony-SE 中的 SysML 要求开发者有较高的系统工程理论基础。

表 13.5　Harmony-SE 与 Arcadia 方法建模的对比

对比项	Harmony-SE 方法建模	Arcadia 方法建模
适用范围	适用于大部分系统工程项目	侧重于系统集架构，在此领域内专业性更强
使用条件	使用者需具备 SysML 基础	只需具备 MBSE 理论基础
复杂度管理	无，通过建模规范控制系统复杂度	有，通过不同的分析场景管理模型的复杂度
概念设计阶段支持	一般，需要清晰的系统建模；需要先划定系统的范围	好，支持运行能力分析、定义运行能力、支持系统任务分析、支持系统能力分析等
初步设计阶段支持	一般，需要对模型层级进行定义，通过建模规范定义标准模型	好，不同层级模型可以统一在一张视图中，不强调层级的定义，通过不同的分析展现不同的视图
详细设计阶段支持	好，SysML 和 UML 兼容性好，模型复杂而强大，可以展现模型细节，并与其他类型建模仿真工具连接	一般，本身专注于系统架构和系统功能定义，可以通过物理分析和产品分解定义明确物理层属性，分析系统最优方案，但是本身不强调细节以及系统的动态仿真

再者，基于 SysML 建模使用用例图和活动图定义系统的时候，需要先明确系统的范围，但是对于 Arcadia 而言，不需要定义该边界，它不仅关注系统如何实现这些需求，它的优点更体现在分析系统的运行理念，让系统设计者可以更好地理解用户的需求，为后续用户培训、文档编制做好铺垫。

基于以上分析，在建模的流程设计上，Arcadia 结合了 Harmony-SE 的 V 字模型，大大地简化了建模流程上的烦琐操作，为模型开发者提供了一个清晰简单的流程；在建模功能上，Arcadia 的工作平台 Capella 提供了比传统建模工具 Rhapsody 更为开放的接口、更人性化的操作、更详细的开发角度；在对实际机载通信系统的适应性上，Arcadia 可以提供更优秀的组件复用性。

13.6　基于模型的系统工程

基于模型的系统工程(Model-Based Systems Engineering，MBSE)是以系统工程理论为核心，以构建模型作为表达方式的一种系统工程理论。国际系统工程学会给出的 MSBE 的定义为：从概念设计出发，使用建模方法逐次支持系统需求、设计、分析、验证和确认等活动，持续贯穿整个设计生命周期。其核心是将以模型化的方式构建整个 V 字模型的设计过程，实现以模型为中心的沟通方式，包括需求模型、功能模型、性能模型、分析模型、验证模型等，并采用系统工程的思想对这些模型进行管理。

基于模型的系统工程是国际系统工程协会对于系统工程理论未来发展的期望，这是一种全新的设计模式,以利益攸关者需求作为系统设计的起点,以需求作为系统设计的驱动,以模型作为交互中心。这种模式有着众多优势,例如,可以特征化系统,以一种简洁清晰的方式描述一个系统架构,并能方便地对系统设计进行修改和调整;系统层级结构清晰,使用模型化的方式可以清晰表明系统层级之间的关联,并可以构建不同层级之间需求的关联性,可以实现需求追踪;仿真验证便捷,通过需求与系统架构之间的模型关联,可以实现模型化的仿真过程,能清晰与便捷地对比仿真结果与设计需求。在 MBSE 领域,概念模型(Conceptual Model)是描述系统相关知识的模型[11],描述过程称为概念建模(Conceptual Modeling)。知识(Knowledge)是对事物之间相关性的认识。

设计模型(Design model)是描述系统特征的模型,描述过程称为设计建模(Design Modeling)。设计模型的价值在于支持制造(硬件加工和软件编码),是制造系统的直接依据。

概念建模先于设计建模,概念建模为设计建模提供认识基础。

概念模型使利益相关方对系统及相关事务达成一致认识和理解,在此基础上开展设计建模,才能让设计模型的质量得到保障。概念建模之所以要先于设计建模,其道理不言自明:认识、设计和实现过程必须依次开展。认识是设计的前提,设计是实现的前提。假如缺乏对系统及相关事务的充分认识,或在利益相关方之间并未对认识达成一致理解,跨过概念建模直接开展设计和实现,必将使设计活动陷入混乱。

在基于模型的系统工程领域,概念建模主要是需求定义(或称为"需求开发")阶段和架构定义阶段的工作。需求定义和架构定义的重要性被广泛认可,但是对需求和架构的建模却往往不尽如人意。

语言、方法和工具是 MBSE 三大支柱,缺一不可。这个判断对需求定义和架构定义来说同样适用。不过,针对需求定义和架构定义所适用的语言、方法和工具常常让工程师们感到苦恼。描述需求常常使用自然语言,但自然语言容易产生歧义。为了尽量减少歧义,工程项目和企业会编制"需求写作规范",将其作为指导工程师编写需求的方法。按照需求写作规范编制的系统需求是需求条目的集合。需求条目通常以树状拓扑组织,用思维导图、Excel 表格、DOORS 数据库或其他工具描述。无论使用哪个工具,其描述的需求集合拓扑都是相同的,都是树状结构。树状结构只能描述整体到局部逐级细分的关系,不能描述条目之间更复杂的逻辑关系,这使其具有很大的局限性。因为条目化需求之间的关系不仅有"整体-部分"关系,还有泛化关系、依赖关系、表征关系、影响关系和实现关系等多种逻辑类型,仅使用树状形式分解描述需求集合,这样的描述结果将缺失重要的逻辑关系信息。这些逻辑关系信息受方法和软件工具的限制难以得到充分描述。

13.6.1 MBSE 技术发展路线[20]

MBSE 的发展可以大致划分为以下三个阶段。

(1) 起步阶段,对应时间为 2007—2010 年,此时工程上还未广泛实践 MBSE,仍然以自然语言为基础的文档描述为主流,但是随着 MBSE 不断标准化,越来越多的应用得以实现。

(2) 主要发展阶段,包括 2010—2020 年,MBSE 的理论体系已经逐渐完备,集成架构模型与仿真验证。

(3) 最后发展阶段,在 2020—2025 年,MBSE 逐渐成为工程界公认的主要开发方法。

目前，MBSE 已经进入第三阶段，在各个领域都崭露头角，逐渐形成了 MBSE 的完整工具链，极大地提高了开发效率。

相对于国外的蓬勃发展，国内对于 MBSE 的研究应用起步比较晚。国内系统工程起步于 20 世纪 60 年代，在导弹的研制中，钱学森等老一辈专家就已经开始使用系统工程的理论。但是 MBSE 真正引入国内却是在 2008 年，MBSE 引进后受到了各大研究所的青睐，纷纷展开对 MBSE 的研究应用，其中具有代表性的是中航工业成都飞机设计研究所，2014 年，该研究所启动了 MBSE 的试点项目，使用 IBM 的 Rhapsody 工具，使用 Harmony-SE 方法论，在型号工程中探索适用我国航空工业发展和产品研制的 MBSE 流程和方法，实现了需求、设计、建模、仿真、测试的集成开发，推动了 MBSE 在我国航空领域的应用。

MBSE 在国内的广泛推行需要一套完整的与之相适应的项目管理体制、行政管理机制和工具链的配合，虽然国内的高校和部分研究院也在进行 MBSE 工具链和相关软件的开发，但仍然不够成熟，并且对于工具和方法论都没有创新的产物，离工程应用尚有距离，导致目前国内所使用的 MBSE 工具与方法论大多从国外引进，而 Rhapsody 工具等也都被相应公司垄断，所以 MBSE 在国内的应用困难重重。国内 MBSE 发展的困难和阻力主要来源于理论知识和工程实践无法紧密结合以及没有配备完整的 MBSE 工具链。

13.6.2　基于 MBSE 的方法论概述

MBSE 是对系统工程的进一步发展与升华，被视为“系统工程的转型”，甚至被誉为“系统工程的未来”。

MBSE 产生的目标在于以模型来描述系统，形成良好的模型可追溯性，有利于在发生问题时，及时回溯问题产生的根源，从根本铲除。这是 MBSE 区别于传统开发方式最根本的特征。

在工程项目中，一般包含多个流程，如技术流程和项目流程。在技术流程中一般就采用了结合了“自上而下”的分解以及“自下而上”的追溯，形成双向绑定的流程，按照分解-集成的思想进行建模。而对于项目流程，还有技术管理和项目管理的过程。实际上，一个产品的开发过程必然包括用户、开发者对这个产品的理解与改进，由于领域各异，所以很难对产品的开发有统一的理解，工程系统借助模型实现这个过程中的统一管理。例如，在实际生活中，产品研制方根据用户所提供的需求来制定解决方案，用户和产品研制方进行交流的媒介就是对产品的描述，也就是系统“模型”，区别在于看待系统的角度不同，所提供的信息也不相同，即“需求模型”与“设计模型”的差异，“需求模型”是用户给系统的说明定义，“设计模型”是研发者给出的解决方案。

由此可见，系统工程不仅囊括系统建模，更重要的是它需要负责建模工作的有序开展。系统建模的技术主要可以从三方面进行分析：建模语言、建模思路、建模工具。系统建模首先需要对用户需求进行处理，对其进行建模，这些模型描述了用户对系统的功能期望，以此形成系统初步架构，然后对系统的功能组成进行归类，形成各个组件，用这些组件组成一个完整、功能集成的系统模型。

在系统功能的历史进程中，计算机技术使其在工具和方法上有了一些改进，但是其本质没有发生变化，仍然以“自然语言”描述的形式来开展工作。系统工程的核心是要从用户的需求、用户对系统的期望中分析获得系统的功能，所以关键的技术点在于来自各个领域的参与者之间对于系统的交流与沟通,如果计算机仅从工具的便利性上对系统建模提供支持,而没有解决根本性问题——功能集成、视图集成、模型仿真等,那么就不能真正意义上地满足需要。

INCOSE(国际系统工程学会)定义了 MBSE,它是对建模的形式化应用,可以支持系统要求、设计、分析、验证和确认等活动,即全生命周期的过程。

使 MBSE 具备实际意义的是支持 SysML(Systems Modeling Language)的建模工具开始被为人们所熟知,SysML 是在 UML(Unified Modeling Language)的基础上进一步开发用于描述工程系统的建模语言,SysML 和 UML 2.0 的关系如图 13.6 所示,重叠的部分即是对 UML 中的活动图、模块定义图和内部模块图做出了一定的修改后合并到 SysML 中,SysML 也新增了一些特有的图形,如参数图、需求图,并且舍弃了一些 UML 中不必要的定义。此后,国际上很多公司将建模工具与专业分析软件进行集成,从而形成了 MBSE 的全套解决方案。

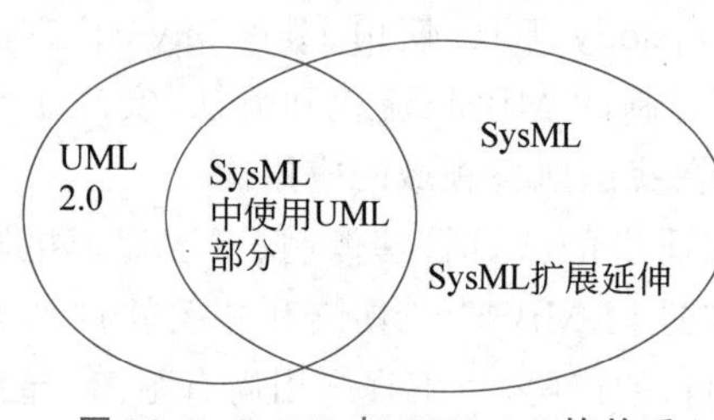

图 13.6 SysML 与 UML 2.0 的关系

SysML 作为 UML(Unified Modeling Language,统一建模语言)的一门方言[19],被定义为 UML 的一种使用构造型、标记值,以及相关约束对 UML 进行拓展的定制化手段。

SysML 的优势在于 SysML 可以直接复用 UML 中相对成熟的标记和语义,这样已经实现 UML 的工具厂商就可以更快速地实现 SysML 标准。

13.6.3 MBSE 基本特征

MBSE 的本质在于使用模型对系统进行描述,对于底层元素的描述逐步组合、集成,可以实现对系统整个架构、功能的统一建模。其最大的特征和优势在于舍弃自然语言对系统的描述,而以模型的方式进行描述,这样不仅利于不同专业人的理解,也利于存储,项目的参与者可以在任何时间对系统任何阶段的建模进行检查和重写。在整个项目中,模型作为对系统描述的载体需要贯穿始终,并且有良好的追溯性。对比传统的基于自然语言的描述系统方式使用文档作为载体,MBSE 以模型作为载体,其优势体现在系统的各个方面,具体如表 13.6 所示。

表 13.6 文档为载体与模型为载体的对比

对比项	文档为载体	模型为载体
消耗资源	多个文档	一套模型
协作性	管理复杂,传递烦琐	管理简单,传递快捷
数据描述	数据以文字描述,繁复不易寻找	数据存在于模型之中,便于定位
系统集中性	分系统各自孤立	各分系统集成于模型之中
操作性	描述更改时需手动修改相应文档	描述更改时模型自动修改有关模型

模型的本质特征就是其存在形式便于彼此之间的关联以及集中管理,所以以模型为载体的形式有利于模型之间的交互和集中管理,而在项目任何阶段对模型所做出的更改也会

因为其紧密的关联性而自动更改，这对系统的描述有着文档载体无可比拟的优势。另外，很多软件可以将模型转换为其他代码，这样的特性使得模型自动生成其他文档非常容易。这样，模型也从一定程度上兼具了文档载体的优点。

13.6.4　MBSE 三要素

MBSE 三要素分别是建模语言、建模方法和建模工具。

1. 建模语言

1997 年，UML 被 OMG（对象管理组织）定义为系统建模的标准建模语言，随后作为国际标准为世界所熟知，在各系统领域均有应用。但是人们仍然在追求比 UML 更为方便的建模语言。SysML 在 2003 年应运而生，它结合了系统研发者们的需求，继承了 UML 的多数特性，并进行了拓展和重用。

SysML 的定义包括语义和表示法两个部分。在 SysML 发展的历程中，出现了很多次的迭代与改版。2007 年，OMG 正式宣布 SysML 为系统建模的标准语言。

今天 SysML 得益于其丰富的图形建模语言，如对系统的需求模型、结构模型、行为模型以及参数模型进行了相应的定义，SysML 已经被广泛接受并且在各种复杂系统中实践。又因为 SysML 图形语言的丰富，系统设计的可视化为系统模型的参与者提供了很大的方便。如图 13.7 所示，SysML 由九种基本图形构成：模块定义图、内部模块图、用例图、活动图、参数图、序列图、状态机图、包图、需求图。

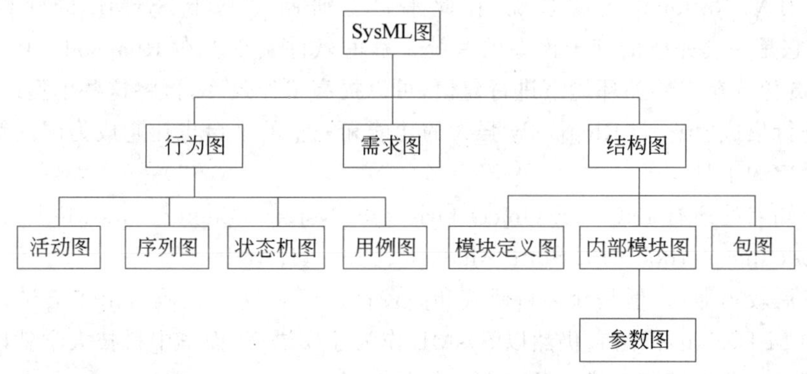

图 13.7　SysML 基本构成

2. 建模方法

当然 MBSE 不仅限于建模语言的定义，语法规则能判断的只有模型表述的正确性，而不能引导建模者在何时以何种方式来创建何种模型。在真实环境中建模者对复杂系统进行建模时，这些引导是有必要的，它能保证流程的正确实施，这就是建模方法的意义。

建模方法与建模思路、路线图的含义比较接近，它是系统工程师综合各种需要建立系统模型的过程描述，是建模团队研发系统模型时依赖的设计性文档。以确保团队的工作方式、建模方式一致。如果没有建模方法的指导，模型研发的参与者会由于自身理解的偏差在模型体现上有很大的区别，这样会导致系统最终无法集成。

将 MBSE 应用于实际项目中的时候，从一开始就需要决定好建模思路、建模流程。即使应用的工具和语言不一样，但建模的本质是与方法论相关联的，其重点在于如何根据目标系统的特性,制定好适合这个系统、这个行业产品迭代周期的建模方法和工作流程。

3. 建模工具

有了语言和方法论,将 MBSE 落到实处还需要建模工具。建模工具是一种特别的工具,为了遵守语言和理论规则,让系统工程师能够用其创建出符合语法规则、方法论流程的模型。建模工具的特别之处在于它创建出来的不仅是单个模型,还可以在建模工具中对这些模型进行关联,从而形成系统的模型示意图。这和普通的绘图或者模型软件有着本质上的差别。当我们在建模工具中对模型进行修改的时候,不仅会修改被着力的模型,还会对这个模型的克隆体进行相同的自动修改,在实际应用中这是非常实用的功能,这也只在建模工具中得以提供。

值得一提的是,特定的建模工具只是一家厂商语言规格的实现。很多厂商为了自身的需求已经为各种建模语言定制了相应的建模工具,这其中有盈利性质的封闭性工具,也有一些为非盈利目的的开源工具。也就是说,不同的建模工具在定制的初期就已经有着不同的目的和要求,所以选用建模工具需要综合考虑各方面的因素,如价格、定制特征、语言等。选用符合项目工程的建模工具也是 MBSE 工程中至关重要的一环,并且是容错率极低的一环。

基于 SysML 定制的工具种类较为繁多,在对 MBSE 的实践中,很多公司也为满足自身的需求设计了很多建模方法,其中应用最为广泛、知名度最高的是 IBM Telelogic Harmony-SE。IBM 公司在基于模型的系统工程研究上一直处于全球领先的地位,为了满足开发需求,建立了 IBM Rational 集成系统,在此平台上研制了基于 SysML 的建模工具——Rhapsody,它是一套完整的基于模型的系统工程的软件实现。在 Rhapsody 中进行系统开发,研发人员各自在需要的环境下进行建模,可以提高工作效率,再将这些模型统一,按照系统的需求进行集成、统一。Rhapsody 强大的功能和完整的平台也让它成为国内航空航电领域中运用最广的工具。

国际上知名的还有 INCOSE Object-Oriented Systems Engineering Method、Weilkiens System Modeling method、JPL State Analysis、UModel、Agilian 等。

国内发展较为滞后,但是众多科研院和高校都已经在这个领域做出了尝试,例如,浙江大学研发的 M-Design,但是它仍然以 SysML 作为建模语言,而华中科技大学就以 Modelica 语言为建模语言研发了集建模与仿真于一体的工具。

习　　题

1. 系统建模有哪些类型?
2. 系统仿真的核心是什么?
3. 系统建模方法有哪些?
4. 对系统的数学模型进行综合性分类采用的准则是什么?
5. 一个通用抽象化的系统模型形式可以表达为什么?
6. 如何表达系统的状态转移函数?
7. 如何表达系统的输出函数?
8. 如何表达时不变,连续时间集中参数模型?

9. 请画出系统的行为模式图、系统的状态结构模式图和分解结构模式图。

10. 数学建模方法有哪三类?

11. 连续时间系统常用的数学模型有哪四种?

12. 什么是状态变量? 它是如何影响系统复杂程度的?

13. 状态变量和系统变量(或称描述性变量)之间有何区别?

14. 离散时间系统数学模型有哪四种形式?

15. 数学建模常用的软件有哪些? 选择其中一种进行仿真实践。

16. 什么是 MBSE?

17. 什么是概念模型?

18. MBSE 的发展可以划分为哪三个阶段?

19. 为什么把 MBSE 称为"系统工程的未来"?

20. MBSE 三要素是什么?

21. 国内航空航电领域中运用最广的建模工具是什么?

22. 除了典型的机理建模法和实验(辨识)建模法外,你还知道哪些具体的建模方法,请叙述其主要思想。

23. 举出一个应用模型解决具体问题的实例。

第14章 基于工程全生命周期的工程方法论

工程活动的产品不是自古就有的,也不是永远存在的。如果从过程论观点看问题,工程活动的产品就会呈现为一个"从生到灭"的过程,而工程活动也表现为一个全生命周期的过程。工程活动具有过程性、有序性、动态性、反馈性,是全生命周期的集成与构建。作为一个全生命过程的集成体,工程活动的研究不能离开过程论的视角。本章基于全生命周期过程和模型讨论工程方法论,既从全生命周期的视野讨论工程活动的阶段性及其规律,也从工程生命周期所经历的不同阶段性讨论各阶段的工程方法及其内在关联,最后集中地讨论了工程全生命周期方法的性质、意义和统一性问题。

14.1 工程全生命周期过程与模型

14.1.1 工程全生命周期过程

从过程论角度看,复杂的工程系统要经历一个选择、集成、建构、运行的动态持续过程,因此,工程活动必定有其共性程序。一般来说,其程序包括:规划与决策、工程设计、工程实施与建造、工程运营与维护、工程退役等。这一程序化过程和方法,所有"正常的"工程活动、工程项目都会经历。大体而言,它普遍适用于一切工程活动,是贯穿于各种类型的工程活动之中的一般性方法。在此意义上,可以说,全生命周期方法和程序化方法是一种具有共性意义的工程方法。从程序化这一工程普遍方法的研究维度来看,工程方法论就是研究工程实践活动共同遵守的基本程序或秩序的理论,要研究先后次序、步骤环节、演进过程,以及各环节之间的因果联系与逻辑关联等。

工程活动是"从生到灭"的全生命过程工程活动,是有目的、有计划地建构人工实在、人工系统的具体历史性实践过程,而人工实在,并不是既成的、天然的存在,它不像自然物那样是脱离人的活动而自然而然生长出来的,而是在人的某种观念、意识(理念)的主导下人为建构出来的,是思维引导存在、理念支配行动的自觉实践结果,打上了人的思维和实践创造的深刻印记。工程活动是一个理念在先、观念先行,在某种理念引领下主动变革世界、建构人工实在(人工系统)的动态现实过程。人工系统、人工实在是倾注并嵌入了人的意向性的客观实在,是承载着人的理想、信仰与审美追求的有机体,是人、工具、物、信息、管理、技术等多元异质要素综合作用的系统。所以，现实的工程活动可以看作有关理念的具象化、现实化与物化（客体化）的现实过程，是通过一定的意向性而产生的。任何一项工程活动，都需经历一个从潜在到现实，从理念孕育到变为实存，从施工建造到运行维护再到工程改造、更新，直到工程退役或自然终结的完整生命过程（生命周期）。一项工程，就像一个具有自然生长机理、血脉和灵魂的有机生命体一样，有其生长的客观规律。尽管不同类型工程的规模大小、生命周期长短不尽相同，甚至差异很大，但是对工程而言，这种生命周期性的存在无疑是客观的、共同的，具有普遍性的规律，值得人们高度关注。

从工程活动生命周期的过程维度来看，它必须遵循一定的程序和步骤，不是杂乱无章的堆砌，而是有规律可循的展开、建构、运行，是一个自组织与他组织相统一的过程，有其内在规律。这个规律就是：任何工程都具有程序化的逻辑次序，不可混淆，可有并且需要有合理的反馈，但这并不意味着逻辑次序可以随意颠倒。具体地说，这一程序化逻辑过程就是：工程可行性研究与决策→工程规划→工程设计→工程实施与建造→工程运营与维护→工程退役。

从现实工程技术实践的角度看，任何一项工程，都要依次经过这些具体阶段，无一例外，各个阶段环环相扣、紧密衔接、相互补充、相互配合、协同作用，构成一个有机体系，由此形成工程活动的全生命周期。如果违背这一规律，工程将会遇到困难，甚至导致成败。

14.1.2　工程活动全生命过程的模型

正像一个生命体要经历胚胎、诞生、发育、成长、衰老、死亡的过程一样，工程活动和工程活动的产物也要经历类似的过程。从理论上分析和概括整个过程，可以提出一个关于工程活动全生命过程的概念模型，把工程活动划分为五个阶段。

（1）工程规划与决策阶段，即根据工程总目标和现实的约束条件，确定工程任务、工程进程、工程实施程序、步骤及效果，提出工程蓝图与总体方案，并做出工程是否可行的决策阶段。规划与决策阶段完成并通过后，工程活动便转化、跃升到下一个阶段——工程设计阶段。

（2）工程设计阶段。在这个阶段，工程设计者要在对工程所涉及的资源、要素、工艺、技术、设备、程序和系统等进行集成和整合的基础上，在头脑中将整个工程分解为若干子系统，对各种指标进行具体的、优化的、定量化、操作化，并通过有序、有效、可操作实施的设计方案，来解决构建人工系统问题的行动结构和实际行动方法。工程设计不仅是目标蓝图的模式设计，而且是过程、实践手段与方法的操作设计，即它是如何构建一个人工系统的过程与方法的完整设计，工程设计决定着工程活动的品质与价值。在设计阶段中，设计者、施工者、用户、有关利益相关者往往需要进行多种形式的交流和磋商。

（3）工程建造阶段，这是一个从抽象到具体的感性实践（物化）过程，它指工程主体按照工程设计方案（设计图等），使用物质工具、手段、技术、设备等，对原材料进行一系列的实际操作和加工，从而制造、构建出合格的人工系统、人工实在（例如建成一座桥），并实现工程目的的过程。建造过程还包括一系列组织管理与协调的方法。建造方法生成并完成后又要转换并跃升为下一个阶段——工程运营和维护阶段。

（4）工程运营和维护阶段。造物的目的是用物，建造的目的是运行或运营，所以，绝不能忽视工程活动中的运营和维护阶段。一项人工系统构建并创造出来后，在其生命周期的成长过程中,为保持其功能的正常发挥,保证其高效、有序、协同并可持续地运行(生产),还需要必要的日常维护与管理。例如,一部电梯工程制造完工,交付用户使用后,还需要定期进行工程维护、保养与管理。否则,如果缺乏必要的、合理的维护与保养,轻则可能使其功能受损、寿命缩短,重则造成重大工程安全事故。所以,成功的工程活动开展,离不开科学合理的工程运营、维护与相应的管理方法。

(5) 工程退役阶段,指当工程活动完成了预定服役期目标,或虽未完成服役期目标但其功能失效,寿命终结,或危害生态环境,或不能适应客观要求的变化,或者因不可抗力造成工程运行终止时,对工程项目进行妥善清退与科学处置并使其退出工程运营过程的阶段。工程退役是工程全生命周期的最后一环,也是非常重要的一环。以往许多人忽视了这个阶段的重要性,只有在目睹了在这个阶段出现了越来越多的严重后果后,人们才越来越深刻地认识到这个阶段也是工程全生命周期中的一个绝不能忽视的阶段,必须认真分析和研究这个阶段可能出现的各种问题,必须努力合理、适当地解决这个阶段出现的各种问题,必须科学合理地终结工程生命周期,使工程合理消亡并无害化地融入生态循环之中。应该注意,不同类型的工程,退役方式是不同的,甚至千差万别。但是,工程退役绝不仅仅是对作为工程客体、人工物、人工系统等的消极关闭、简单处理与报废,在当前环境问题日益重要,倡导绿色发展、建设美丽中国、促进人-工程-自然和谐发展的现实语境中,工程退役问题必须被提升到有助于形成工业生态链、产业生态链与循环经济的战略高度来统筹考虑。总而言之,工程退役阶段至关重要,它是关乎工程能否“善终”的大问题。工程退役阶段在工程全生命周期中的位置、背景和形式如图 14.1 所示。

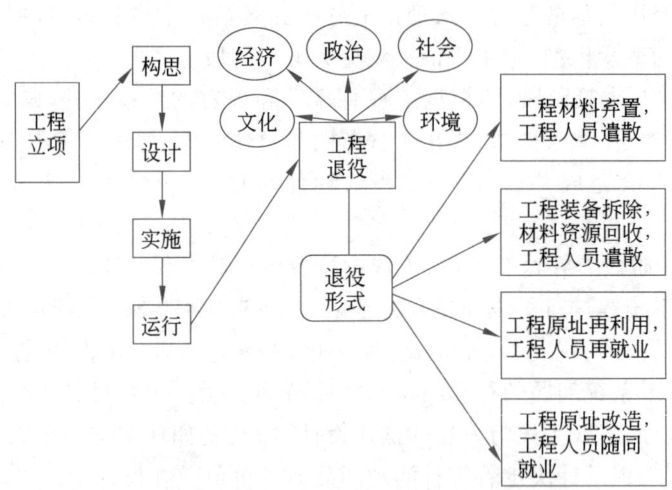

图 14.1 工程退役在工程全生命周期中的位置、背景和形式

在工程的全生命周期中,以上几个阶段不断递进、彼此连接,不断地发生形态转变与内容更新,这就使工程活动成了一个生命成长的动态演变过程,体现了工程活动的动态性与过程性。

上述几个阶段是工程生命周期中相对独立的阶段,具有明显的阶段性特征。此外,在工程全生命周期中,还存在一些并非完全独立,而是存在于各个阶段甚至贯穿于全过程的工程活动要素,如工程评估、工程管理等。工程评估就是根据一定的评估标准(具体体现为反映评估标准的指标体系），对工程的技术、质量、环境影响、投入产出效益、社会影响、人文、审美等而进行的综合评价。工程评估包括事前评估、事中评估和事后评估。

14.2　顺应工程全生命周期进程的方法论

依据对工程全生命周期过程和阶段模型的认识与对工程实践过程的总结，可以明显看出顺应工程全生命周期进程的方法论是工程方法论领域的重要内容和重要组成部分。

14.2.1　工程规划与决策方法论

规划与决策是为完成某一任务或为达到预期的目标，根据现实的各种情况与信息，判断事物变化的趋势，围绕活动的任务或目标这个中心，对所采取的方法、途径、程序等进行周密而系统的全面构思、设计，选择合理可行的行动方式，从而形成正确的决策并高效地工作。规划与决策是一种超前性的人类特有的思维过程，能有效地指导工程活动的开展，并取得良好的成效。

1. 工程规划与决策的内容

按工程规划与决策的范围可分为工程总体规划与决策和工程局部规划与决策。工程的总体规划与决策一般指在项目决策阶段所进行的全面规划与决策，局部规划与决策是指对总体规划与决策分解后的一个单项性或专业性问题的规划与决策。按照工程项目建设程序，工程规划与决策可分为建设前期工程构思规划与决策和工程实施规划与决策。由于各类规划与决策的对象和性质不同，所以其依据、内容和具体要求也不同。

1）整体性和全局性视野中的工程构思规划与决策

工程构思规划与决策是在工程决策阶段所进行的总体规划与决策，它的主要任务是要在整体性和全局性视野中考虑问题，分析问题，进行整体性和全局性的构思，用系统的思想，基于工程全生命周期的整体考虑提出工程的构思，进行工程的定义和定位，全面构思一个工程系统。

2）工程实施规划与决策

工程实施规划与决策是指为使构思规划与决策具有现实可行性和可操作性，所提出的带有策略性和指导性的设想。实施规划与决策一般包括以下几种。

（1）工程组织规划与决策。

根据国家规定，对大中型工程应实行法人责任制。这就要求按照现代企业制度的要求设置组织结构，即按照现代企业组织模式组建管理机构和人事安排。

（2）工程融资规划与决策。

资金是实现工程的重要运营基础。工程融资规划与决策就是选择合理的融资方案，以达到控制资金的使用成本，降低工程的投资风险的目的。

（3）工程控制规划与决策。

工程控制规划与决策是指对工程实施系统及工程全过程的控制规划与决策，包括工程目标体系的确定、控制系统的建立和运行的规划与决策。

（4）工程管理规划与决策。

工程管理规划与决策是指对工程实施的任务分解和分项任务组织工作的规划与决策。

它主要包括合同结构规划与决策、工程招标规划与决策、工程管理机构设置和运行机制规划与决策、工程组织协调规划与决策、信息管理规划与决策等。

2. 工程规划与决策的基本原则

1）整体规划原则

整体规划原则主要体现在：①注意研究全局的指导规律，局部服从全局，以全局带动局部；②立足当前，放眼未来，处理好当前与长远的关系，是实现整体性原则的紧要点；③任何规划与决策都是一个系统，而系统是有层次的，要统筹规划，协调不同层次、不同组成单元之间的关系。工程规模越来越大，影响因素越来越多，工程规划与决策的整体性原则显得更为重要。

2）客观现实原则

规划与决策中没有客观性也就没有科学性，规划与决策也就不会成功。因此，规划与决策活动要在对规划与决策主体及其所处的现实状况进行深入全面的调查，取得尽可能全面、准确的客观资料的前提下进行，把客观、真实的问题及其正确的分析作为规划与决策的依据，以保证据实进行规划与决策和实施规划与决策方案。

3）切实可行原则

工程规划与决策可行性分析实际上贯穿于规划与决策的全过程，即在进行每一项规划与决策时都应充分考虑所形成的规划与决策方案的可行性，重点分析考虑规划与决策方案可能产生的利弊、效果、风险和安全状况，综合考虑、全面衡量利害得失。

4）利益协调原则

工程涉及许多利益相关者，诸多利益相关者之间的利益目标不完全一致，由于利益形式的多样性决定了利益竞争的复杂性，也就决定了规划与决策的复杂性。实现工程利益相关者的利益协调是一个好的规划与决策最基本的出发点，工程规划与决策的难点和关键点往往也在此。

5）灵活机动原则

规划与决策最忌墨守成规，一成不变，因为任何规划与决策都处于确定性与不确定性共处的状态，规划与决策人员必须深刻认识规划与决策的这一本质特征，增强规划与决策的动态意识，从思想深处自觉地建立起灵活机动的应变观念，加强调查研究，在规划与决策过程中及时准确地掌握规划与决策对象及其环境变化的信息，必要时及时调整规划与决策目标并修正规划与决策方案。

3. 工程规划与决策的步骤

1）设定问题与规划、决策目标

规划与决策是一种目的性很强的活动，规划与决策的第一个必要程序就是设定问题与目标。整个规划与决策过程应该是一个全面的、系统的运作过程。只有这样，才能使规划与决策获得成功。清楚而准确地设定目标，是整个规划与决策过程能解决问题、取得设想效果的必要前提，也是评价规划与决策方案、评估实施结果的基本依据。目标是目的的具体化。将目的以一定的方式标识，即是目标。目标具体化、数量化，则可增加达到目的的可能性。

2）规划与决策环境分析

影响工程的因素是广泛而复杂多变的，同时各个因素间也存在交叉作用。每一个工程规划与决策人员必须随时注意环境的动态性及工程对环境的适应性。环境一旦变化，工程就必须积极地、创造性地适应这种变化。工程规划与决策环境分析就是分析工程规划与决策的约束条件，包括技术约束、资源约束、组织约束、法律约束等各种环境约束。

3）机会识别、捕捉及创造

规划与决策环境分析之后就进入规划与决策的核心阶段，即工程机会识别、捕捉、创造（产生构想）的阶段，这一阶段也是最能体现工程规划与决策人员创造性的阶段。工程活动是一种新的资源重组，要达到资源优化组合，要将得到的各种信息与自身的资源、社会资源有机结合，一方面需要经验和过去积累的各种社会关系，另一方面则需要谋略。这依赖于工程规划与决策人员的谋略能力，即筹谋能力、创新能力、承担风险能力，这些能力贯穿于工程建设过程。

4）效果评价与反馈、不断完善和总结规划与决策

这一阶段包括两种可能情况：当规划与决策方案未获通过时，项目规划与决策人员应仔细分析其中的原因，并据此调整规划与决策的结构和具体内容，以期以后再次提案时获得通过；当规划与决策方案获得通过并付诸实施，而实施结果不佳或偏离预定方向时，应随时根据反馈信息做些调整，使规划与决策按预定轨道取得预期效果。一个规划与决策方案正在运行过程中还需要不断跟踪规划与决策方案的推进效果，并不断加以调整与完善。

14.2.2　工程设计方法论

工程设计本身构成了新的知识以及工程的创新。通过不同的设计可以得到不同的方案，在不断选择、整合、协同的过程中不断出现新的知识。这些过程呈现在工程方法论中，使得工程创新具有集成性、复杂性、可选择性及不确定性。创新意味着风险，可能成功，也可能失败。这是一个辩证的、不断的让新知识积累的过程，也是一个复杂而又漫长的过程。

在工程活动中，人的主观能动性集中地表现在工程设计上，因此设计工作具有特殊重要性，设计工作也有许多值得研究和探讨的哲学问题和方法论问题。

1. 工程设计的本质

工程设计是指设计师运用各学科知识、技术和经验，通过统筹规划、制定方案，最后用设计图纸与设计说明书等来完整表达设计者的思想、设计原理、整体特征和内部结构，甚至设备安装、操作工艺等的过程。

工程活动不是简单的"条件反射式"活动，它不是人的本能活动，而是有目的、有组织、有计划的人类行为。马克思说："蜘蛛的活动与织工的活动相似，蜜蜂建筑蜂房的本领使人间的许多建筑师感到惭愧。但是，最蹩脚的建筑师从一开始就比最灵巧的蜜蜂高明的地方，是他在用蜂蜡建筑蜂房以前，已经在自己的头脑中把它建成了。劳动过程结束时得到的结果，在这个过程开始时就已经在劳动者的想象中存在了，即已经形成图像观念了。他不仅使自然物发生形式变化，同时他还在自然物中实现自己的目的，这个目的是他所知道的，是作为规律决定着他的活动的方式和方法的，它必须使他的意志服从这个目的。"

通过马克思的这段话可以体会到工程设计工作的本质。工程设计实质上是将知识转化为现实生产力的先导过程，在某种意义上也可以说设计是对工程构建、运行过程进行先期虚拟化的过程。

工程活动的核心是造物，以造物方法为对象的工程方法论离不开技术方法论和科学方法论。工程设计的基础是工程决策，目标是工程实施、结果和评价。工程设计是属于工程总体规划与具体实现工程活动结果之间的一个关键环节，是技术集成和工程综合优化的过程。

工程设计活动集中体现了工程方法和技术方法的有机结合。

一般来说,作为活动过程及其结果的工程与作为活动手段的技术,在任何时候任何情况下都是不可分离的。任何工程都不能摆脱作为活动手段的技术,任何技术都不能游离于作为活动过程的工程。技术是工程的支撑,工程是技术的集成体。

工程活动往往头绪众多,涉及事物的方方面面,而且很多还被一些表面现象掩盖,很难一下子就能接触和了解到它们的本质。工程设计师要想调查、分析、了解进而完成工程设计工作,首先必须从思想上确定如何去做,如何才能尽快地抓住问题的实质,进而合理地设计出工程实施的具体方案。工程设计的认知体系可以提供给人们进行工程设计的指导思想、过程步骤及工具,为建立和认识客观事物以及各种设计理论方法奠定统一的基础与认知框架。

如何认识工程实质、分析工程需求和问题对于工程设计来说至关重要,它是整个工程设计活动的认知基础。工程设计活动中人们分析事物、认识事物的认知方法体系主要包括系统分析法、功能分析法、数据流法、信息仿真法、抽象对象法、渐进仿真法、问题求解法等。它们分别从不同角度,实现对工程系统的认识,建立起对工程系统的概念抽象,从而为工程系统设计奠定基础。

2. 工程设计的特点

在不同的工程领域,其设计方法不尽相同,如土木工程、水利工程、机械工程等,在设计方法上就有其各自的特点,往往具有产业性特征。从哲学的角度分析研究不同工程领域的各种不同的设计方法,对其进行哲学分析、比较、提炼和升华,在一个更为抽象的层次上理解工程设计乃至更一般意义上的设计活动的特点和本质,是工程设计方法论面临的一个富有挑战性的、具有重大理论和现实意义的任务。乔治·戴特(George E. Dieter) 在《工程设计》一书中用了四个“C”来概括工程设计的基本特点,即创造性(Creativity)、复杂性(Complexity)、选择性(Choice) 和妥协性(Compromise)。

1) 创造性

工程设计是一种创造性的思维活动,需要创造出那些先前不存在的甚至不存在于人们观念中的新东西。它的劳动成果与工厂生产出的产品有着本质区别,它是一种知识产品。在工程设计过程中,不仅要了解现实主体,而且要创造新的事物。如果说对于自然现象的好奇心是科学探索最重要的原动力之一,那么社会需求则为工程设计提供了最基本的驱动源。在工程方法论中,“设计”是指向和服务于产品与工艺的。因而人们不应拘泥于科学评价标准并且据此片面地理解、评价创造性的标准,以至于否认设计工作需要创造性和表现出了创造性。实际上,工程设计既体现了原始创新,更突出地体现了集成创新。

2) 复杂性

工程设计总是涉及具有多变量、多层次、多目标和多重约束条件的复杂问题。如果把工程设计看作问题求解的过程,那么可以认为,设计是为先前不曾解决的问题确定合理的分析框架,并提供解决的方案,或者是以不同的方式为先前解决过的问题提供新的解决方案。在现实中,工程设计面对的往往是一些“定义不清楚”或具有“结构不完善”的问题。定义不清楚或结构不完善使得问题分析和求解更加复杂、困难。

3) 选择性

在各层次上,工程设计者都必须在许多不同的解决方案中做出选择。设计者根据设计要求研究可能的各种设计方案,拟定可行的设计方向和路线。在选择过程中,要充分运用设计者所掌握的基础理论知识及设计者具有的多方面的实践经验，通过分析、综合、组合，还要通过一定的超越性想象和创造，来对每个方案的利弊进行应有的基本分析。

4）妥协性

工程的利益相关方往往由于不同方面的价值取向，导致其对工程设计目标的冲突。工程设计者要运用自己的专业知识和技能去启发用户，引导其正确地表达需求。对于需求方较为笼统或相互矛盾的需求要有深刻而准确的洞察，能够进行合理而适当的概括、平衡和取舍。同时，工程设计还需明确工程设计受到的约束和限制，如技术、法律、伦理、道德、文化、社会意识等社会条件的限制，这也需要工程设计者在需求的分析阶段就加以综合考虑。工程设计者应该明确工程项目的各种约束条件和该项目需要达到的功能性指标，在多个相互冲突的目标及约束条件之间进行权衡、妥协，得到可行、优化的解决方案。

3. 工程设计的流程

工程设计的具体流程在不同产业、不同类型、不同规模、不同产品甚至不同企业的工程活动中会有很大的差别，将工程设计活动看作起始于“概念设计”，经过“初步设计”和“详细设计”实现概念的具体化，最终获得明晰和规范的图纸、程序与操作流程。

1）概念设计

概念设计是整个工程设计的重要一环，是工程设计过程的基础。该阶段主要根据设计要求做任务分析和设计方案确定这两件事，研究项目的目的、要求和所需资源，将其转换为基本的功能要求，进而提出设计方案和初步概念和设想，形成一个具有战略指导意义的大框架(有的叫作“顶层设计”)。

2）初步设计

为了制定出工程实施的依据，设计团队必须把概念设计逐步具体化为详细的、符合工程化规范的、可实现的技术实施方案。初步设计阶段的任务就是充分理解工程的总体性功能和结构设计，对概念构思加以精细化和准确化，明确采取何种可行、可靠且有效的工程技术手段可以使工程设计最终得以实现。该阶段要验证基本方案设计的可行性，并进行认真的功能分析，把系统的技术要求准确合理地逐渐分解并分配到各子设计系统中去。

3）详细设计

在把概念设计具体化的最后阶段，常常需要根据明确的规范、标准、公式、算法、手册和目录进行大量细致周全的计算与制图，以完成工程的详细设计工作。该阶段设计人员要把所选中的技术方案变成可以加工、制造的图纸和文件，要详细到可以完全“按图施工”，因此这个阶段也叫作“施工图设计阶段”。

4. 工程设计中的重要关系

1）共性与个性的关系

在工程设计中，如何认识和把握一般与个别的关系、共性与个性的关系，是最核心、最关键的问题。一方面，人们必须承认工程设计是有一般规律和规则可循的，努力发现与掌握有关工程设计的一般规律及方法，并且在工程实践中努力运用和发展这些原则、规律和方法；另一方面，必须承认任何工程项目的设计都是具有唯一性和个性化特色的设计，因而人们常常把设计视为艺术。

2）创新性与规范性的关系

设计工作需要创新，也必须创新，然而设计又是一项必须遵循和依照有关规范进行的工作,一般来说是不允许违背有关设计规范的,因为设计规范的制定往往都是凝结了许多实验结论、实践经验甚至惨痛教训的结果。一方面,必须强调严格遵循设计规范,不允许轻率地把设计规范置于脑后而不顾;另一方面,又应该在必要时以非常严肃的态度、依照严格的标准突破现有设计规范的约束,勇敢地创新。更重要的是,还应该及时根据新的时代特点、新的需求、结合新的知识及时修订原有的设计规范。

3) 分工与协作的关系

工程设计中的分工与协作伴随着设计过程中的每一个环节。每项工程的设计都是由分工不同的工程设计师组成的群体来完成的。每位设计师在其设计生涯中都有可能扮演各种角色。设计项目的工程设计师群体是一个有机的整体,每个设计师尽管有分工的不同,承担的任务和责任不同,但他们都不同程度地影响着整个项目的设计。设计师树立正确的职业观、自觉地扮演好自己所担当的角色并注意协作配合,是非常重要的职业素质问题。

14.2.3 工程实施和建造方法论

工程实施和建造是工程造物的关键阶段,通过工程的建造可以把工程的构思、设计和图纸变为实物,进而实现改造和利用自然的目的。在工程建造阶段,根据具体工程的内容和特点,需要投入大量的人力、财力、物力,并通过有组织的计划、管理、协调和控制,借助于专门的技术方法,使得这些人、财、物发挥合理的作用,确保建造过程的顺利实施和工程目标的最终实现。而在此过程中,需要各种各样方法的支持。

从理论上看,在工程的规划、决策、设计阶段,所遇到的主要是思维领域的事情,工程要成为现实,就必须在组织实施阶段,通过实施和建造活动把决策、设计变成现实。组织实施阶段面对的是真正现实的环境,如果没有切实可行的方法和具有相应能力的人员,就不能解决真实的现实环境中所遇到的种种组织难题和施工难题。例如,青藏铁路实施要遇到的恶劣自然环境问题、三峡工程大江截流要遇到必须在汛期前完成截流的工期限制问题、许多工程活动的施工设备可能受限问题、技术指标可能特别高、资金可能不足、协调可能遇阻等问题,如果不能在组织实施阶段现实地解决这些问题,特别是解决一些原先没有想到的问题,工程活动就会在实施中遭遇挫折,甚至出现功败垂成的情况。从工程实践角度看,任何忽视和轻视“工程组织实施阶段”重要性和“工程组织实施方法”重要性的观点都是错误的。

1. 工程实施和建造的内容和方法

工程的实施和建造阶段是工程生命周期的关键环节,它涉及比设计阶段更复杂的内容,需要运用不同于设计阶段的复杂方法。这个阶段是工程生命周期中涉及工作内容繁杂、时间进度明确、耗费大量资源的阶段,其工作目标是完成工程的成果性目标,该阶段的交付物是工程的整体性、物质性成果。这一阶段的主要任务是以工程计划为依据,借助于相关多种技术方法和非技术方法的支持,通过配置工程组织内外的各种资源,完成工程的各项活动,实现工程的成果性目标;并通过对工程建造过程的动态控制,实现工程在时间、费用、质量等方面的约束性目标。工程建造阶段的核心过程及主要内容如图 14.2 所示。

1) 工程技术的实现与创新

工程在建造过程中会涉及多种技术的应用与综合,为使得这些技术能够充分发挥其应有的作用,为工程的建造提供保障和支持,还必须有相应的技术人员、技术装备、技术实验以及技术管理制度等与之配套。技术的实现属于工程建造的核心内容,从某种程度上讲,工程

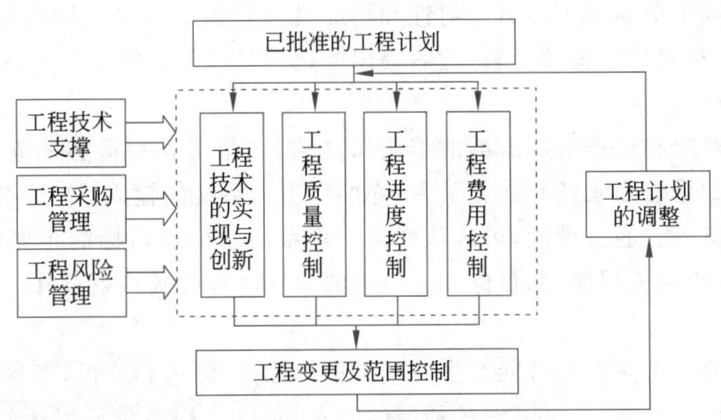

图 14.2　工程建造阶段的核心过程及主要内容

技术的实现水平决定了企业乃至整个国家的工程建设水平，是国家综合实力的体现。

2）工程质量控制

质量控制贯穿于工程建造的全过程，工程管理者应具有质量数据统计与控制的相关知识，特别是抽样检查和概率方面的知识，以便能够评价质量控制的输出。质量控制的依据包括工作结果、质量管理计划、操作描述和检查表格。工程质量控制需要从客户的要求和目标出发，针对影响目标实现的问题进行分析和改进，通常的步骤为目标制定→诊断分析→行动计划→质量改进→后续措施。

3）工程进度控制

工程计划由于编制时事先难以预见的问题很多，因而在计划执行过程中往往会发生或大或小的偏差，这就要求工程经理及其他管理人员及时对计划做出调整，消除与计划不符的偏差。工程进度的控制就是要时刻对每项工作进度进行监督，对那些出现"偏差"的工作采取必要措施，以保证工程按照预定的计划进度执行，使预定目标在预定时间和预算范围内实现。

4）工程费用控制

工程费用控制就是保证各项工作在它们各自的费用预算范围内进行。费用控制的基准是事先制定的工程费用预算，费用控制的基本方法是规定各部门定期上报其费用报告，再由控制部门对其进行审核以保证各种支出的合理性，然后再将已经发生的费用与预算进行比较，分析其是否超支并采取相应的措施加以弥补。

上述四条主线的工作推进，需要包括工程技术支撑、工程范围控制、工程采购管理和工程风险管理等的支持和保障。

2. 工程建造方法论的落实步骤

1）明确目标

用方法论解决工程问题不外乎预测、评价、计划、规划、分析等工作，而无论做哪一项工作，首先都要弄清工作的目标、范围、要求、条件等，总体来说称为目标。一般情况下，这些目标可以由提出任务的部门交代清楚，但也有这样的情形，提出任务的部门只能给出部分目标或提出些含糊不清的目标，这时就需要进行调查研究分析后，才能明确目标。

2）收集资料，提出方案

根据所确定的总目标和分目标，收集与之相应的各种资料或数据，为分析系统各因素的关系做好准备。收集资料必须注意针对性和可靠性。资料必须是说明系统目标的，找出影响目标的诸因素，对照目标整理资料，然后提出能达到目标条件的具体方案。

3）建立模型

模型是描述对象和过程某一方面的本质属性的，它是对客观世界抽象的描述。即要找出说明工程系统的重要因素及其相互关系，亦即该工程系统的输入、输出、转换关系，该工程系统的目标及约束等。通过模型，可确认影响工程系统功能和目标的主要因素及其影响程度，确认这些因素的相关程度，总目标和分目标的实现途径及其约束条件。

4）分析与评价

通过所建立的模型对方案可能产生的结果进行计算、测定和分析，考察各种指标达到的程度。在定量分析的基础上，再考虑各种定性因素，对比工程系统目标达到的程度，并用标准进行衡量。经过分析和评价，最后选择一个或几个工程建造的可行方案，供决策者参考。

5）系统综合

即把工程建造看作一个大系统，组织好要管理的各项事务，经过分析、推理、判断和综合的技术处理，统合成系统模型，然后用最优化的方法，实现所选择工程建造方案的技术先进性、经济合理性、时间节省和运行协调。

3. 工程运行及维修方法论

经济学理论告诉我们，生产的目的是消费。工程活动中，造物的目的是用物。马克思说："一条铁路，假如没有通车、不被磨损、不被消费，它只是可能性的铁路，不是现实性的铁路。"对于基础设施和许多生产资料在建成之后的使用阶段，人们常常称为运行阶段。为了正常运行和良性运行，必须进行维修和维护工作。

在以往，许多人常常忽视了工程运行和维修工作的重要性及有关的方法论问题，可是，在工程全生命周期理论的视野中，工程运行（包括生产性运行等）和维修工作的重要性及有关方法论不可阻挡地浮出水面，得到了应有的重视。

工程建设的目的是运行和使用，因此，对工程运行阶段进行管理和控制，对于整个工程的成败具有举足轻重的影响。工程运行的系统观在工程运行实践中具有重要作用，不仅有助于协调工程活动中的价值冲突，而且还有利于可持续发展目标的实现与和谐社会的建设。首先，工程的系统观有助于确认工程的价值目标，找到协调和实现这些价值目标的有效途径。其次，工程运行的系统观要求在工程运行过程中关注工程安全和工程伦理问题，从而能够有力地推动和谐社会的建设。再次，工程运行的系统观有助于将生态成本补偿的思想贯穿到工程运行活动中，从而推动有利于可持续发展的绿色工程运行。

从工程运行的系统观出发，工程运行方法论应坚持以下基本原则。

（1）注重工程的整体性。工程运行必须兼顾多元利益主体的价值偏好，综合考虑工程的经济价值、政治价值、生态价值、军事价值、社会价值以及人文价值，尽可能全面平衡工程的正效应和负效应、短期效应和长期效应，从而使得工程的整体价值和效益最大化。

（2）保证质量和安全。这是工程运行的一个基本原则。工程质量是工程的灵魂与生命线，工程安全高于天，一个好的工程总是质量上乘的、安全可靠的、不存在安全隐患与大的风险。工程运行要高度关注工程质量与安全，要把保证质量和安全的原则贯穿于工程运行全过程，作为选择和确定工程运行手段、方式、路径合理性与有效性的重要尺度与标准，作为评价和衡量工程运行价值的最高标准。

(3) 注重环境、生态保护,合理补偿生态成本。当前,环保和生态、可持续发展等已经成为世界性主题,它要求在满足当代人需求的同时,不能对后代人满足其需要的能力构成危害。在这种情况下,需要树立生态补偿的工程运行理念,并将这种理念渗透到工程运行的持续过程中去,将工程对生态环境的负面影响视为工程成本的重要组成部分,有利于人类生存环境不受侵害,生活质量不断提高。

(4) 讲求效率。根据对工程运行的整体性要求,在工程运行过程中对于工程价值和成本的计算范围都需要大大扩展,不仅要考虑功利价值,也要考虑人文价值;不仅要考虑经济成本,而且要考虑社会成本和环境成本。在工程运行过程中,不仅要考虑工程运行的价值,而且要综合考虑工程运行手段、方式或途径的有效性与合理性,包括对技术手段、运行规程、奖罚措施与管理模式的合理性等的判断,从而将效率原则贯穿于工程运行的各个具体环节中去。

4. 工程维修模式及内容

维修是指为使工程设施、设备保持在或恢复到规定状态所进行的全部活动,实际上也是对产品进行维护或修理的过程。在整个工程维修的实施过程中,往往会综合运用各种现代化的技术手段和管理方法来统筹和协调开展维修活动,建立工程维修管理模式,使工程维修的整个过程处于受控状态,以经济、高效的方式确保工程维修管理目标的如期实现。

工程养护对维修有重要影响,高质量的工程养护可以降低工程失效频率,降低维修复杂程度,节约工程维修成本;另外,高质量的工程维修也可以提高工程养护的效率和效果,从而降低工程养护的难度和成本。养护在现代工程维修中的工作内容不断增加,基于养护在工程维修中作用和实施方式的不同,可以将维修模式分为多种。目前公认的维修模式有:纠正性维修、预防性维修和全面生产性维修。纠正性维修是指等工程出了故障后才进行的修理活动,养护与维修是分离的。预防性维修包括定期维修和状态维修两种方式,是指在工程运行过程中进行周期性维修或针对性监控,及时发现工程故障征兆,以免造成突发性故障和工程停滞,实现了养护与维修的融合。全面生产性维修,是指以全系统的预防维修为过程,包括生产人员、维修人员等全体人员参与为基础的工程养护和维修管理体系,实现了生产、养护、维修的全面融合。

14.2.4　工程退役方法论

工程退役一般发生在工程项目建设、运行之后的相当长一个时期,由于它对整个工程的建设初衷一般没有实质性影响,这就使得它往往被人们所忽视。现在,随着人类对环境和自然资源需求的骤增所引起的各种社会矛盾日益频发,工程退役所产生的社会、环境等方面的影响成为工程领域一个不可回避的话题。大多数工程建设和运行都有一个既定目标,一旦这些工程达成预定目标,并完成其历史性任务以后,往往会终止工程运行,从终止工程运行状态直到工程在物理上完好地与自然环境相融合即为工程退役。

1. 工程退役的原因、方式、主要工作及特点

1) 工程退役的原因

任何工程的建造成果都不可能无止境地永远运行下去,而会在运行一段时间后"退役"。而工程退役的具体原因可能是多种多样的。

(1) 工程功能丧失。

在工程建设和运行中由于工程材料变性、部件严重磨损而不能正常运行、环境变化等原因使工程丧失全部或部分功能,不能正常运行。

(2) 工程设计寿命完结。

(3) 危害生态环境。

随着人类对建设和运行中的工程乃至周边环境认识的逐渐深入,一些未曾预料到的生态环境的危害逐渐显示出来,从而带来相关工程的退役。

(4) 不可抗力。工程遭遇不可抗力(如地震)的影响使工程毁灭或不能发挥预期功能而导致工程退役。

2) 工程退役的方式

(1) 工程遗弃。当整个工程项目丧失全部或主要功能时,如矿产资源采掘殆尽时可遗弃工程。

(2) 工程拆除。随着社会发展,工程的目标功能由于新技术等影响而遭受清除。此时,工程退役选择拆卸、清除等极端手段消除工程项目的物质形态。

(3) 有关安全处置。对于工程中所用材料和相应产出物有重大污染并且对于人类自然有重大破坏的,或者工程所采用的技术设备有高度保密性,外泄会导致重大政治以及社会安全危害时,一般采用工程处置实施退役。工程处置过程是一个缜密、复杂的应对过程,特别是要考虑社会、政治和环境的安全稳定,确保不因工程退役的不当处理而产生不可逆的危害性后果。

3) 工程退役的主要工作

(1) 工程退役评估。工程退役评估包括经济评估、社会评估和环境评估等。

(2) 工程退役决策。在工程退役评估的基础上,制定工程退役方案、规划整体退役步骤。重点解决工程退役的内容以及退役的方式。制定退役实施中的具体方案,衡量不同方案,兼顾工程退役后各类资源的重新分配并做出最优决定。

(3) 工程退役实施。根据工程退役决策的方案,对于现有工程各模块选择合理的退役程序和退役方式,将整个待退役工程分步依次处理,或拆除或利用或废弃,同时注意废弃物的合理处置,确保不产生危害,以达到时间、空间、人员、资金和设备的合理利用。

(4) 工程退役总结。退役实施中要注意记录相关过程数据,并在退役实施完结后对记录的数据进行分析,以判断工程退役是否达到预期目标。并做好备案归档,为后续工程的退役提供借鉴和参考。

4) 工程退役的特点

(1) 工程退役的复杂性。工程是由人、资源、资金、土地、水域、空域、环境生态等交织而成的复杂综合体。工程退役需要考虑所牵涉的自然生态关系、个人利益和社会福祉,需要考虑到资金、债务、资源、环境、文化、经济、政治多重复杂因素。

(2) 工程退役的系统性。工程退役工作形成了一个复杂的系统。工程物质部分退役使工程材料成为垃圾,人也将从“社会生态链”中脱离出来,或者找到新的“社会生态位”,或者陷入一种“游离状态”,这种工程退役期人的定位成为需要研究和处置的工程社会学问题。

(3) 工程退役的综合性。如今世界面临着人口爆炸、文化冲突、资源枯竭、环境容量接近极限、生态系统脆弱、社会矛盾敏感等诸多困境,工程退役成为一个事关工程、经济、环境、社会的综合性问题。置之不理或处置不当都会造成连锁反应或严重后果。

2. 工程退役方法的社会观

从工程退役的基本方法和模式的梳理与演变过程可知，无论是从内涵还是外延，工程退役方法已经从一般技术方法和工程方法提升到涵盖自然规律和社会规律特征的普遍性问题。这种演变折射出人类工程方法的一种变迁和升华——由科学、技术"二元论"上升到科学、技术和工程"三元论"，进而发展到工程本体论。

1）工程退役认识和方法上的演变

古代对工程退役问题往往没有特别关注，近代特别是现代才越来越重视工程退役的重要性和问题的复杂性，在汲取教训的基础上，对这个问题逐步有了新认识和新措施，并且有了一些成功的案例。但总体而言，目前对这个问题的认识和处置尚处于逐步深化的过程之中。

2）工程退役的社会观

在 20 世纪，一些大型煤矿、油田工程由于资源枯竭而不得不退役。由于原先人们对这些工程的退役问题没有应有的思想准备，对于有关问题的困难性和复杂性缺乏思想准备，使得退役过程出现很多问题。现在，人们愈来愈深刻地认识到工程退役中不但有复杂的自然问题、科学问题、技术问题、工程问题，而且有复杂的社会问题，认识到了工程退役社会观的重要性。

工程退役社会观就是从社会学视角或以社会学立场去观察退役期工程这一对象而发现或提出相关问题和解决思路。联合国教科文组织在报告《工程：发展的问题、机遇和挑战》中提到，"工程学科是少数的几个可以将人文社会同科学技术连接起来的活动之一。工程定位为我们所面临的全球性问题和挑战的中心角色，这些问题和挑战包括减少贫困、变换和可持续发展等。"而不当的工程建设和工程退役，都可能加剧这些挑战。

在退役阶段，工程项目需要处置两大要素：物质和人员。人员处置可能会扩大到整个建制的转移或裁撤，甚至区域社会系统的变迁。而物质处置涉及技术、环境和其他社会学问题。工程退役后，依赖工程生存或发展的人员安置、社会保障问题，如拆迁安置问题、工程移民问题等；工程退役所导致的区域社会的结构和秩序的调整，甚至社会变迁问题。由于工程退役涉及社会方方面面，退役过程可能包含巨大经济利益，也可能诱发越轨行为及社会冲突，工程退役过程中会遇到许多复杂甚至严峻的社会问题。工程退役的决策和安排必须考虑社会系统动力问题，应该具备成长性原则。来自于外力的、突发的、不得已的退役，在决策之初就应充分考虑系统动力和成长性因素。避免社会因工程退役而发生秩序混乱和负向变迁。为避免工程退役可能引发的社会问题，相应的评估非常必要。

14.2.5　工程全生命周期方法的性质意义与统一性

尽管不同的工程在自身周期不同阶段的具体表现和在该阶段所应用的工程方法的具体内容上可能有很大差别，但这不妨碍我们肯定任何工程活动都要经历自身的生命周期过程而没有例外，因此，工程全生命周期方法也就成为具有普遍意义的工程方法，成为工程方法论理论体系中具有重要意义的"独立组成部分"。需要对工程全生命周期方法的性质、意义与统一性进行集中分析和讨论。

工程全生命周期方法显示出工程方法论是一种过程方法论。

1. 工程方法论是“生成和建构”的方法论

工程方法论是一个从工程的“无”到“有”转变的“生成”方法论、“建构”方法论。“生成性”是工程方法论的本质特征,工程方法论就是紧紧围绕人工物生成中的各种工程方法及其演变而展开研究的,必须运用“生成性”思维来研究与思考。应该从工程实在论和生成论观点认识工程过程,把握工程方法。工程实在不是天然的、先验的存在,而是主体自觉建构的产物,是在特定时间空间境域中生成、演进、变动中的未定的、应然未然的存在,是与时间、空间、环境情景、人的操作活动紧密相关与耦合互动的复杂过程及其结果。与此相应,工程方法也不是先验的方法,而是人们在集成、建构、优化并创造人工系统过程中发明、创造、选择、集成出来的一系列方法。所以,工程方法存在于现实的造物过程与建构实践之中,工程方法论是面向应然世界、指向未来、处于动态开放的生成过程的方法论。

2. 工程方法论是操作程序化过程的方法论

工程方法论是在各种工程要素选择、集成、构建的基础上完成各种形式转变的程序化过程的方法论。动态转变性、发展阶段性、依次相继性是其重要特征,这就提出了工程方法的演变性与程序性问题。程序,一般意义上可以理解为一种合理有序的做事情的有预见性的周密安排。程序性,表明工程方法具有一定的先后顺序与合理次序。变化性,表明工程方法不是凝固不变的,而是随着工程活动阶段的改变而变化。这就意味着不应脱离工程活动的具体阶段而抽象地谈论工程方法。

一般来说,程序指的就是操作程序。工程活动作为集成和构建人工系统、人工物的创造性实践活动,通常是要通过各种不同类型的操作行为和多次连续有序的实际操作步骤和过程才可以完成。操作是指操作主体根据某种行动指令对操作对象施加的作用,它指的是某种类型的相互作用,而非实体。一个工程的构建实施过程是由一系列相互联系的具体操作活动或行动体系组成的动态系统,可以把这一连串的操作指令和规则称为一套程序。对于现实的工程活动来说,操作程序问题是重大问题。因为工程的重心不是“思”或“想”的纯粹思辨问题,而是“做”和“行动”的构建问题。因此,操作程序的合理性就成为工程方法论中的一个重大问题。

工程造物活动是一个依时间、空间与人的操作指令而逐渐展开的动态过程,类似于一个“生命体”的发育成长过程。按照历史与逻辑相统一的方法,通过对典型工程项目的分析考察,不难发现其历史逻辑呈现为:工程规划与决策、工程设计、工程建造、工程运行与维护、工程退役。与此历史逻辑相对应,在各个工程建构阶段生成的操作单元、工程方法依次表现为:规划与决策方法、设计方法、建造方法、运行与维护方法和退役方法等。其中,各个操作单元、环节、阶段都有质的不同,形成阶段性部分质变,具有明显的阶段性差异,但它们之间又具有内在关联性。每一单元、环节与前一单元、环节及后一单元、环节都是紧密衔接、依次进行、深度关联、层层递进、耦合互动的上下游流程性的关系,它们彼此相互配合与系统集成,构成一个有机体系,它们合力完成了工程建构的系统目标,并在协同作用下造就了工程系统的整体功能。

3. 工程生命周期过程方法论的整体性与统一性问题

虽然从“直接表现形式”上看,工程全生命周期方法论凸显了工程活动的过程性和阶段性特征,但绝不能因此而忽视从整体性和统一性方面认识工程全生命周期过程和工程全生命周期方法论的性质和意义。

1）关于工程生命周期的整体性

（1）工程活动是一个生命周期的整体。

工程活动作为一个从出生到死亡的全生命周期，既具有过程性、阶段性的具体特征，又具有连续性、整体性的内在统一特征。每一阶段工程方法，如规划与决策方法、设计方法等都隶属于、服务于、统一于全生命周期的集成与建构目标。所以说，从工程全生命周期视野看，各阶段工程方法有差异，但它们之间又存在紧密联系与内在一致性，它们必须被统一和整合为一个整体目的——工程活动的全生命周期，形成一个围绕共同目标的方法链。

（2）必须从全视野考察工程的全生命周期。

在观察、分析和研究工程生命周期全过程时，不能仅从单一视角、单一维度进行观察和分析，而必须从全视野进行观察、分析和研究，特别是需要注重以下几个维度的观察和研究。

① 价值维度。

工程活动是价值定向的活动，它围绕一定价值目标而展开。工程思维是目的导向的思维活动，它始终围绕创造并构建满足人的价值理想的人工实在而展开。因此，工程方法从价值维度来看，其逻辑模式表现为价值认识方法→价值构想方法→价值实现方法→价值评价方法，如此构成一个"价值生态链"。

② 生命成长维度。

从工程活动全过程即工程全生命成长维度看，工程方法是围绕工程孕育、出生、成长、反思、消亡而展开的遍历时态过程，因而工程方法的逻辑可表述为：工程孕育方法（规划方法、设计方法）→工程出生方法（建造方法）→工程发育成长方法（运行方法、维护方法）→工程反思与消亡方法（评估方法、退役方法）。

在上述工程生命周期活动中，每一阶段的具体工程方法都处于产生、变化、运动和消亡的动态演变过程中。同时，各种不同的工程方法又彼此联系、相互制约、相互作用，共同支撑并创造出工程的生命运动过程，由此经过集成和建构成为工程活动的本质特征。

工程是通过对其所蕴含的各种复杂要素，所采用的诸种方法进行综合集成与建构而形成的一个复杂的、高效运行的特定系统整体，而其功能则是在形成特定的结构整体后才涌现出来的。所以，在工程生命周期过程中，各种工程方法无疑都参与了工程要素的集成与构建过程，都对系统的功能性、整体性、协同性有所贡献。各个工程方法都是工程生命运动体生态链条上的必要组成部分，不可或缺，不可分割。

③ 知行关系维度。

工程活动是理念引导行动、知行相统一的实践活动。工程活动既是物质性创造活动，又是精神性创造活动，它是物质与精神，知识、情感和意志，知与行相统一的复杂性实践活动。从知行关系维度看，工程生命周期过程中的工程方法，其逻辑模式表现为：认知方法（规划方法、设计方法）→行动方法（建造方法、运行方法、维护方法、退役方法）→知行合一方法（评估方法、管理方法）。

④ 思维进程维度。

从思维进程看，工程方法的逻辑表现为：由内到外，先虚后实，先抽象后具体，先离场后"在场"。工程方法首先生发于工程主体头脑中（规划方法、设计方法），然后移出主体头脑，逐渐外化为一种外在的手段与方法（建造方法、运行方法、维护方法、评估方法、退役方法）。工程方法首先表现为一种虚拟的观念、思维、想法，然后逐渐表现为比较实在的、具体的、有联系的实际操作方法(设计、建造方法等)。工程方法首先表现为一种抽象的宏大规划方案、愿景蓝图等,然后表现为具体可操作的方法(设计方法、建造方法、运行方法、维护方法、评估方法、退役方法)。工程方法首先表现为主体不在场的方法(规划方法等),然后表现为主体的"在场""出场",引起一系列方法链、方法集(建造方法、运行方法、评估方法、退役方法)。

2) 关于运用工程全生命周期方法的统一性问题

在认识和运用工程全生命周期方法时,绝不能把各个阶段割裂开来,而必须深刻认识和把握工程全生命周期方法中的统一性。

(1) 工程全生命周期方法中阶段性与连续性的统一。工程生命周期各阶段的工程方法不是孤立的,而是彼此联系、相互作用、耦合互动,形成一个有机整体,缺一不可。离开任一环节方法的支持配合与协同作用,工程生命运动的正常顺序都会被打乱,使工程系统运行发生紊乱而走向无序,甚至难以持续运行。因此,必须从整体论的视角看待工程方法论。各阶段的工程方法正是在整体功能的基础上展开各要素及其相互之间的活动,这些活动交互作用相互配合才能形成系统整体的功能行为——构建出特定功能与目的和高效运行的人工系统。

(2) 工程全生命周期方法中要素性与关联性的统一。工程全生命周期中包含许多要素性方法,它们既相互区别又紧密联系,形成一个结构复杂、功能多样的方法系统,并围绕一个共同目标即构建一个特定功能的人工系统而展开。其中,各种工程方法是相互配合、相互补充、耦合互动的,具有深度关联性。

构成工程方法集的各种工程方法,通过系统集成与构建,形成了一个完整的工程集成体。

(3) 工程全生命周期方法中认知性与实践性的统一。工程方法不仅是一种认知方法,而更是一种实践方法,是为人工造物活动而创立的,它在人工造物的感性实践活动中孕育、生长并演变发展,它面向现实的、感性的人工造物活动,认知性和实践性深深地嵌入在工程生命周期的全过程之中,而绝不是科学方法或技术方法的简单应用与移植。

(4) 工程全生命周期方法中分工性与协同性的统一。工程生命周期中的各种工程方法分别处在生命周期的不同阶段,各自扮演着不同的角色,它们是有分工的,但它们又都共同服务于工程生命的健康持续运行与发展演变。所以,各阶段的工程方法是有分工的,但并不是孤立的和各自单独发挥作用的,而是彼此有机联系的,通过相互补充、协同作用实现其所构建的人工系统的动态有序运行,以达到工程整体的结构优化、功能涌现和效率卓越。所以,在工程生命周期中,各种工程方法的选择、运用、集成与整合,都不能只着眼于某一阶段、部分的优化,而应自觉地从系统整体协同的视角出发,运用协同化的方法,构建并营造各阶段不同方法相互促进、相互补充、相得益彰、协同作用的工程系统,以实现系统整体优化。

(5) 工程全生命周期方法中真善美的统一。工程活动是规律性与目的性相统一的实践活动,这体现在工程方法论之求真求善与求美的统一上。工程方法既要体现真理尺度,讲究求真务实,遵循事物发展的客观逻辑与内在规律,又要体现人的价值尺度、逻辑、求善、趋美,构建反映人的理想、愿望与追求,符合人的审美趣味,好善美、令人愉悦的人工系统,使自然世界和人工世界更加适合人的生存、完善与发展。这一特征始终贯穿渗透于工程全生命周期的各种工程方法之中。

(6) 工程全生命周期方法中讲求效力、效益与效率的统一。工程是价值定向的社会经济活动，这反映在工程方法论的层面上，就是集中体现为工程方法讲求效力、效益与效率。工程是一种以选择、集成、构建为基本特征并注重实效性的社会实践活动，最优化思维是工程活动经济性的集中体现，它强调工程活动要以最小的成本、最低的代价与风险获得最大的收益。工程活动中要追求效率、效益和效力，这三者是有联系的，但相互间又可能出现矛盾，在运用工程全生命周期方法时必须努力把对效力、效益与效率的追求统一起来，求得整体性的优化。这种优化原则和思维在工程方法论方面的表现，就是要求工程方法要关注并讲求效益经济、社会、生态等综合效益与效率，以效力为价值导向，使相应的各种工程方法相互配合、协同，共同服务于工程活动。

14.3　工程活动中的思维方法

在认识和分析工程活动和思维方法、美学方法、数学方法的关系时，需要注意，思维方法、美学方法、数学方法的运用范围非常广泛，它们不但适用于工程活动，而且可以运用在人类其他的活动类型和方式中。在工程方法论领域，我们研究这些方面的问题时，其主要关注点不是思维方法、美学方法、数学方法的一般性问题，而是有关工程活动中思维方法、美学方法、数学方法的一些具有特殊性的问题。

工程活动过程，不是一个纯自然的过程，而是每一个环节都渗透着工程活动主体的目的、思想、感情、意识、知识、意志、价值观、审美观等思维要素的过程，于是，工程思维方法也就成为工程方法论研究的重要内容之一。

14.3.1　思维活动

思维能力是人类最重要、最具特征性的能力之一。法国哲学家、科学家布莱士·帕斯卡曾经充满感性地赞美，“人是能思想的芦苇”，这个名言不但让人体会到人类独有的高贵和脆弱，同时也提示思维能力和思维活动是人类改造自然能力和工程活动的不竭根源。

虽然人的思维活动是思维内容和思维形式的统一，可是这并不否认人们也可以着重地或单独地研究思维活动的内容方面或形式方面。例如，逻辑学就是一门专门研究思维形式的学科。

恩格斯在《劳动在从猿到人转变过程中的作用》中深刻地阐述了劳动、思维和人类起源与发展的关系，他说：“首先是劳动，然后是语言和劳动一起，成了两个最主要的推动力，在它们的影响下，猿的脑髓就逐渐地变成人的脑髓”“鹰比人看得远得多，但是人的眼睛识别东西却远胜于鹰。”恩格斯还说：“人离开动物愈远，他们对自然界的作用就愈带有经过思考的、有计划的、向着一定的和事先知道的目标前进的特征。”

人的思维活动可以划分为不同的类型。由于研究目的的不同和分类标准的不同，对思维活动和思维方式可有不同的分类。例如，从思维形式可划分出形象思维、逻辑思维等类型；从思维发展的历史可划分出原始思维、现代思维等类型；从认识论的角度可划分出经验思维和理论思维；从思维对象和范围的特点可划分出军事思维、宗教思维等；从思维主体的地域和文化特征可划分出东方思维、西方思维等。

在研究思维活动时，人的思维活动与实践活动的关系是一个关键问题。人的思维活动在思维对象、思维内容、思维情景、思维形式、思维结构、思维功能、思维过程等方面都要受到实践活动的制约和影响,人们由此就可以依据不同的实践方式划分出相应的思维方式和类型。例如,与工程实践、科学实践、技术实践、艺术实践等不同的实践方式相对应,分别形成了工程思维、科学思维、技术思维、艺术思维等不同的思维类型或思维方式。

14.3.2 工程思维的特点

任何思维活动都是"发自"一定主体的思想活动。在现实社会生活中,存在着多种多样的社会角色和职业,不同职业和社会角色的人们从事不同的社会活动。一般来说,不同职业类型的人有不同的思维方式。于是,也就有可能依据社会活动方式的不同和社会职业类型的不同而划分出不同类型的思维方式。例如,在一定程度上可以认为,科学思维是科学家进行科学研究活动时的思维活动;艺术思维是艺术家(作家、画家等)进行艺术创作和艺术活动时的思维活动;工程思维是工程共同体成员(工程师、设计师、工程管理者、决策者、投资者、工人等)进行工程活动时的思维活动。不同的思维方式反映和体现了不同类型的思维与现实的关系,反映了不同职业和角色的实践特点和思维特点。

应该注意,在理解上述关于社会角色成员和具体思维方式相互关系的观点时,绝不能采取教条式和僵化的态度。例如,以上观点中就绝无"其他人"不运用科学思维方式的含义,也无科学家只运用科学思维的含义。同样地,在探讨工程方法的过程中,我们会发现,有时候其他领域的人们也会采用具有工程思维特征的思维方法。

根据以上认识,可以认为,工程思维方式的性质和特征最突出地体现在设计师、工程师、企业家、工程管理者和工人身上,特别是体现在工程师(包括设计师和生产工程师)的职业活动和职业性思维活动之中。

1. 工程思维的性质和特征

工程思维是与工程实践密切联系在一起的思维活动和思维方式。完整的工程实践过程就是工程主体通过工程思维、工程器械、工程操作而把质料改变为新的人工物的过程。人类的工程活动和工程思维从古至今有了很大的变化与发展,虽然其中有一以贯之的共性之处,但现代工程思维的特点和古代工程思维的朴素性特点确实又不是可以"同日而语"的。以下的分析和阐述中,如果没有特殊说明,我们所分析的工程思维主要是现代工程思维而不是古代工程思维。

2. 工程思维的"造物"指向

马克思说:"蜘蛛的活动与织工的活动相似,蜜蜂建筑蜂房的本领使人间的许多建筑师感到惭愧。但是,最蹩脚的建筑师从一开始就比最灵巧的蜜蜂高明的地方,是他在用蜂蜡建筑蜂房以前,已经在自己的头脑中把它建成了。劳动过程结束时得到的结果,在这个过程开始时就已经在劳动者的表象中存在着,即已经观念地存在着。他不仅使自然物发生形式变化,同时他还在自然物中实现自然的目的,这个目的是他所知道的,是作为规律决定着他的活动的方式和方法的,他必须使他的意志服从这个目的。"马克思在这段话中以动物的本能性造物与人类的物质创造活动相比较,深刻地揭示了工程思维作为"造物思维"与动物本能的大相径庭。

造物活动和过程包括许多要素和环节,同样地,工程思维或造物思维也包括许多环节和内容。工程思维渗透到和贯穿于工程活动的全部环节和全部过程。例如,从工程项目立项阶段开始到工程实施、工程项目建设完成后的顺利运行乃至完成其使命后退役的全过程中，不同的工程主体在推进工程活动进程中都要运用工程思维。

3. 工程思维的主体多元性

工程活动的主体就是工程思维的主体，从产生思维的主体来看，工程活动是由投资者、企业家、工程决策者、工程技术人员、管理人员以及工人等组成的团体活动。工程管理者、企业家、投资者、工程技术人员和工人就成了直接进行工程思维的主要人群。因为这些工程主体的知识结构、利益关系、个人经历的不同，难免出现“具体思维”上的差异，这就使他们具体化的工程思维出现了多元化特征。可是，从另一方面看，“应然的工程思维”却是一种高层次的思维，其价值取向必须要兼顾这些不同主体的思维，将这些不同主体的思维方式融合起来，是要求在这些多元性的思维中求取最大公约数的思维。

4. 工程思维的空间场域和时间情境性

工程思维是与具体的“个别对象”联系在一起的“殊相”思维。从空间和时间维度看，工程活动都是特定主体在特定的时间和空间进行的具体的实践活动，这就决定了工程思维必然在很多方面都表现为某种具有“当时当地性”的思维。例如，任何工程都有一个“何时何地”的问题，面对这类问题时，思考者脑海中要思考的应当是与具体的时间和空间联系在一起的问题，而不是脱离具体的时间和空间的问题。例如，青藏铁路、三峡工程等，都是特定主体在一定的时间、空间内进行的特定的实践活动。此外，工程思维的场域性、情境性不仅表现在空间和时间方面，还与工程主体的知觉、体验、感情和意志等因素有关。

5. 工程思维的科学性

虽然有些古代工程的规模和成就确实令后人惊叹不已，但那些成就基本上是经验的结晶，而现代工程则是建立在现代科学，包括基础科学、技术科学和工程科学基础之上。

古代工程思维基本上只是“经验性”思维，而现代工程思维则是以现代科学为理论基础的思维。这就是现代工程思维方式与古代工程思维方式的根本区别。

进入现代以来，我们看到科学理论为工程主体特别是工程师提供了一定的理论指导和方法，比如现代力学理论为现代航天工程科技提供了理论指导。同时，科学理论所发现的自然规律为工程师的工程活动设置了试错的可能性边界。现在，有一定科学理论素养的人们再也不会尝试去发明一个“永动机”，提供用之不竭的动力来源，就是因为能量守恒和转化定律这个科学理论给工程师们设置了工程活动的边界，从而也为工程思维设置了科学性的标尺。

应该指出，“现代工程思维具有科学性”这个命题不但是一个具有“纵向”历史意义的命题，即它强调了现代工程思维与古代工程思维在历史维度上出现的重大区别；同时它也是一个具有“横向”维度——即在现代不同思维方式之间进行比较——含义的命题。这个命题从两个不同方面对工程思维和科学思维的关系进行了说明和界定，它是一个双向命题，而不是一个单向命题。在工程思维与科学思维相互关系问题上，一方面，我们必须承认二者有密切联系，避免和消除那种否认联系的错误认识；另一方面，我们又要承认二者有根本性的区别，避免和消除那种否认区别的错误认识。而“工程思维具有科学性”这个命题的真正含义就是既不赞成“否认联系”的观点又不赞成“否认差别”的观点。

14.3.3　工程思维方法

一般来说，几乎所有的思维方法都会在工程活动中有用武之地，下面仅简述逻辑思维方法、工程问题求解方法、形象思维方法与启发法这几种常见的工程思维方法。

1. 工程中的逻辑思维

工程的逻辑思维中无疑包括传统的形式逻辑,然而,工程的逻辑思维与主要关注思维形式特点的形式逻辑思维又有所不同,它具有鲜明的面向工程实践的现实性特点。在这方面,应该特别注意工程思维中涉及的超协调逻辑问题。在形式逻辑中,“(不)矛盾律”和“排中律”是基本的逻辑思维规律。在“构造”科学理论体系时,逻辑一致性是一个基本的逻辑要求,科学共同体不允许在科学理论体系内部存在和出现逻辑矛盾。可是,在工程思维中,工程共同体中的决策者、设计师和工程师却常常不得不面对“矛盾的要求”,更具体地说,他们很多时候不得不对相互矛盾的观点或要求采取“权衡协调”的立场和态度。

现代逻辑学中已经有人提出应该创立一种承认矛盾存在的“超协调逻辑”(也称为“次协调逻辑”)。在一些情况下,工程问题的判断和选择不一定总是非此即彼的,工程思维有时需要根据工程总体目的的要求,把两个以上冲突、矛盾的因素协调在一起。如果把决策者、设计师或工程师的思维活动看作一个“板块结构”的思维活动,那么,在实际进行工程思维活动时,我们会“看到”他们在思考和处理“板块内”问题时往往坚持“(普通)逻辑”的思维原则,“严格承认”“(不)矛盾律”和“排中律”等通常的逻辑思维规律;可是,在超越此“板块”的场合,在思考和处理“板块间”的关系时,在全局水平上,他们往往又不运用“(不)矛盾律”和“排中律”,要在思维中对“矛盾”“权衡协调”了,也就是说他们又运用“超协调逻辑”了。在工程思维中,如何处理“(普通)逻辑”和“超协调逻辑”的关系常常是一个涉及工程活动成败的问题。

2. 工程思维的问题导向和工程问题求解方法

工程思维是在工程活动过程中提出工程问题、求解工程问题的过程。工程思维的基本任务和基本内容就是要提出工程问题和解决工程问题。

著名的科学哲学家波普尔非常重视“科学问题”这个概念。在波普尔的科学哲学理论体系中,“问题”是一个基本的哲学范畴。他说:“科学和知识的增长永远始于问题,终于问题,越来越深化的问题,越来越能启发新问题的问题。”波普尔认为科学发展的过程就是不断地提出问题和解决问题的过程。科学哲学家劳丹也认为:“如果将科学看作一种解决问题和以问题为导向的活动,许多科学哲学的问题和许多标准的科学史问题便会呈现出一番完全不同的景象。”

1987 年,在国际第八届逻辑、科学方法论和科学哲学大会上,有学者提出应该建立和研究“问题学”。20 世纪 90 年代以来,我国学者林定夷对“问题学”从哲学、方法论和逻辑角度进行了颇为深入的分析和研究。但他们关注的主要是“科学问题”,而在现实生活中,除科学家外,对日常生活影响最大、与不同社会阶层关系最为密切的却是“工程问题”,特别是对工程共同体来说,必须面对和大量存在的不是“科学问题”,而是“工程问题”。如果说科学问题往往来自科学家的怀疑精神和好奇心,那么,工程问题的来源是现实需要和社会需求。例如,科学问题往往问“发生某现象的规律是什么”。科学问题是涉及自然界的共性和共相的理论性的问题。而工程问题却常常表现为提出一项工程任务,如“是否需要在某条河流的某个地方建一座桥梁”“应该怎样建设这座桥梁”等。工程问题是关涉社会需求的具体问题和殊相问题。从认识论和方法论角度看,所谓“问题”绝不单纯指一个语法上的疑问句,由于提出问题的认识论本质是标志着一个具体的思维过程进入开始阶段,这就使得任何真正的问题在逻辑结构上都必须是一个具有一定结构的问题包，其中包括“谁提出的问题”“什么性质的问题”“问题的对象如何”“问题的指向如何”“预设上的答案如何”等一系列子问题。

如果把科学思维和工程思维都看作问题求解的过程，那么，二者的区别就在于科学思维的基本内容是提出科学问题和运用科学思维方法求解科学问题，而工程思维的基本内容则是提出工程问题和运用工程思维方法求解工程问题包下一系列子问题的过程。与科学问题探寻规律指向不同，工程问题的求解是造物定向的，具有明确的目的性、当时当地性，其宗旨是满足主体的需求。

求解一个工程问题，其直接任务或思维结果往往就是要求在给定的初始状态和约束条件下制定出一个能够从初始状态经过一系列中间状态而达到目标状态的转换和运作程序。在问题求解的过程中，需要解决有关的参数确定和优化选择问题，器具、工序的选择，各种界面衔接和匹配问题，工程组织管理问题，效率、效力和功能的提升与优化问题。

一般来说，科学思维不涉及人如何行动的问题。而工程问题是造物定向的问题，工程问题的求解结果不但表现为得到工程设计图纸、运作方案、工程计划、工程规范、工程标准等工程知识，而且工程问题求解的结果还要体现为在工程实践中建造出新的人工物。

工程思维是造物定向和与造物活动结合在一起的思维，工程思维是与人的行动密切联系、密切结合的思维活动。由于科学问题的答案具有唯一性，所以，从科学社会学观点看科学发现过程，就出现了科学发现的“优先权”具有排他性和唯一性。可是，在工程问题求解的过程中，由于工程问题的答案不具有唯一性，工程问题求解的卓越性标准导致了工程问题的答案不具有唯一性，完全可能出现前几个（包括“第一个”）提出的工程方案被“抛弃”，而提出时间位次靠后的工程方案却被采纳的情况。此外，即使是同一个工程问题在不同地域的重现和对其给予“新回答”，从工程社会学的角度看，也具有一定的工程创新价值。

3. 工程中的形象思维方法

工程设计的结果常常表现为一套图纸，工程师往往更喜欢图示表达。虽然在科学知识中，也会见到图形知识，但科学知识更常使用概念、定义、公式等表达形式；在工程知识表达中，图示方法具有更重要的意义与作用。从思维方式角度看，图示方法与形象思维有密切联系。

现实的工程造物最终展示给世界的产品大多是三维产品，但是工程师设计产品的过程在很长一段时间里却不得不受制于二维的绘图工具，如绘图板、圆规、三角板和丁字尺以及平面的图纸。虽然进入 20 世纪 90 年代后，现代计算机技术大大改变了绘图的方式和形态，但其中体现的一些基本关系并无根本变化。工程的本质是造物活动，这种造物活动的结果是以一定形态存在的实体。在这个过程中，图形和图示等形象思维的方式是从观念形态的存在到实体形态的存在必不可少的媒介。如果说，工程中的逻辑思维和超逻辑思维主要涉及工程活动的决策问题，那么工程中的形象思维则更多地涉及工程活动的操作问题。

我们期待，随着计算机信息技术的飞速发展，CAD 系统以及仿真技术的日新月异，不仅仅是工程师们不再局限于传统的二维交互手段，而是借助各种输入输出设备进行虚拟环境下的三维交互，工程共同体中的其他人员如工人等也能在利用虚拟技术方面有大的突破。不管怎样，现代工程活动中的图形和图示方法正在发生着革命性的变化，从而对工程职业共同体的形象思维能力，以及形象思维与信息技术的对接等提出了新的要求。目前，可视化在工程知识中，包括在设计中的作用已经成为一个受到许多人关注的问题。

4. 工程中的启发式思维方法

美国学者科恩曾深入地研究了工程方法论问题,他认为最基本的工程方法是启发法。启发法有四个特点:①启发法并不保证能给出一个答案;②一种启发法可能与另外一种启发法相冲突;③在解决问题时启发法可以减少必需的研究时间;④一种启发法的可接受性依赖于直接的问题脉络而不是依赖于某个绝对标准。

科恩又指出,当工程师在特定的时间使用一组启发法解决一个特定的工程问题时,人们可以把卓越的工程实践说成是艺术。从科恩对启发法性质和特点的描述中,可以看出工程思维不但具有对矛盾兼收并蓄的特点,而且工程思维也是具有艺术性的思维方式。

由于工程活动是以集成性为突出特征的活动,与之相呼应和相适应,工程思维方法的突出特征往往也并不体现在工程活动中所运用的某一个具体的思维方法上,而是突出体现在工程思维中对诸多具体思维方法的集成上。

习　题

1. 从工程活动生命周期的过程维度来看,工程程序化的逻辑次序是什么?
2. 工程活动的五个阶段是什么?
3. 工程规划与决策的内容有哪些?
4. 工程设计的本质是什么?
5. 工程设计活动中人们分析事物、认识事物的认知方法体系主要有哪些?
6. 工程设计的特点有哪些?
7. 工程建造阶段的核心过程及主要内容有哪些?
8. 工程运行方法论应坚持哪些基本原则?
9. 工程退役的原因、方式、主要工作及特点是什么?
10. 工程方法论的本质特征是什么?
11. 在观察、分析和研究工程生命周期全过程时,需要注重从哪几个维度观察和研究?
12. 什么是工程思维方法?
13. 人的思维活动可以划分为哪些类型?
14. 什么是工程思维?
15. 工程思维的性质和特征是什么?
16. 什么是工程思维的空间场域和时间情境性?
17. 试述工程中逻辑思维的重要性。
18. 工程思维和科学思维有什么不同?
19. 工程中的形象思维方法有哪些内容?
20. 工程中的启发式思维方法有哪些特点?

第15章

工程美学和数学

工程活动不但讲究技术、讲究经济，而且讲究和谐美。在美学史上，传统主题主要涉及艺术美和自然美，很少讨论工程美。工程哲学提出的“工程美”和“工程美学方法”问题，不但丰富了工程哲学和工程方法论的内容，而且也丰富了美学和美学方法论的内容。

15.1 工程活动、艺术活动与美学

15.1.1 历史回顾

人们把简明、和谐、完满，以及巧妙构思、制作等形容为美，美是人类实践活动中规律性与目的性高度统一的体现。在感性上，美给人以愉悦感，在本质上，美是自由的体现。

古希腊哲学家把美看作宇宙本身的性质，近代以来的哲学家们认为审美活动处于生命活动的根源，在这里，人能够感受到自己与世界的亲密关系。马克思主义强调美起源于人类实践，首先是物质生产劳动。人类活动的本质是创造性的、自由的，它在劳动即人的造物实践中得到充分的、自由的展开。一方面，劳动的对象、环境、条件诸客观因素与人交互作用形成和谐的感性统一，劳动过程本身形成和谐的韵律、节奏，由此，人们得到了审美体验；另一方面，人的智力与体力外化、物化、对象化为人造物——产品，人可以反过来从劳动及其产品中直观到自身的本质力量，欣赏自己的创造。在劳动和其他人类活动中，按照美的规律来活动和建造是一种内在的要求。

在人类发展的早期阶段，技术与艺术是一体的，审美也没有完全从技艺中分化出来。古代的技艺、工艺是建立在生产者的直接经验和直观感受的基础上的，对于尺度关系、比例、节奏的掌握成为劳动经验和技术改进的中心。技术的发挥靠双手使用工具的技巧，它也体现和转化、物化了人的感觉、精神及个性，使实用的器物获得了一种审美效果。在新石器时代的陶器、商周的青铜器、埃及的金字塔和古希腊、罗马、中国的古代建筑中，都可以强烈地感受到其中的美。而随着时代的前进，这些器物、建筑中原有的功能不再起作用，它们就被作为艺术品来欣赏。我们今天在博物馆看到的大量的古代艺术品，在当时都是实用器具。

可是，在美学的历史发展中，美与劳动的关系被淡忘了，艺术常常被看作审美

功能的主要承载者。工业革命使机器生产代替了手工业生产。工业化早期的工业产品与审美相分离,人与机器关系的领域也出现了严重的非人性化倾向。1851 年.在英国举办的万国工业博览会上,人们对工业制品的粗糙丑陋,以及其烦琐庸俗、矫揉造作的装饰感到不满,由此开始了寻求机械化大生产中工程技术与艺术、使用功能与审美功能的统一的漫长过程,一些艺术家决心介入到工业生产中去,让"无关利害"的艺术重新回到社会生产和生活中去,由此产生了英国的"工艺美术运动"。"工艺美术运动"的倡导者主张用工匠的手工业生产方式和方法来克服这一弊病,这显然是没有出路的。但是这场运动在客观上推动了艺术与工业生产的结合,使得美学方法和审美因素进入到工程技术设计中并影响到了产品的评判标准,并且最终导致了"工程美学"的出现。到 20 世纪,以技术和美学相结合为关键特征的"工业设计"发展成为现代生产中的一个重要领域,艺术性的设计工作成为生产和生活要素的必要组成部分。

在这个过程中,"包豪斯运动"起到了重要作用。"包豪斯"原是 1919 年在德国魏玛成立的一所工艺美术学校的名称,其理想目标是培养一群未来社会的建设者,使他们能够完全认清 20 世纪工业时代的潮流和需要,并且能具备充分能力去运用所有科学技术、智识和美学的资源,创造一个能满足人类精神和物质的双重需要的新环境。"包豪斯"的理论原则是形式依随功能并体现功能,尊重产品结构自身的逻辑,重视机械技术,促进标准化并考虑商业因素。这些原则被称为功能主义。功能主义者反对把产品中美的因素看作外在的"装饰",他们从工业生产的合理性中看到了产品审美形态的决定性基础,并主张使产品形象的审美特征寓于工程目的中。

包豪斯的创办人及首任校长、德国现代主义建筑大师格罗皮乌斯还努力倡导了工业设计"视觉语言"的创造。经过多年的努力,包豪斯形成了一种简明的适合大机器生产方式的美学风格,将现代工业产品的设计提高到了新的水平。1933 年,学校遭纳粹查封而被迫解散,包豪斯的一批中坚力量和主要人物先后到了英美等国。他们努力传播包豪斯的思想和精神,对全球建筑和工业产品设计领域的发展产生了巨大影响。

另外,工程技术的发展又大大拓展了人们的审美领域,改变了人们的审美观念。19 世纪中叶以来,人们在看似纯粹功利或功能的工程和建筑中,看到了一种不同于艺术品中所表现的、令人震撼的美,如泰尔福特的铁桥、英国工业博览会的"水晶宫"、巴黎的埃菲尔铁塔等。这是不同于传统艺术的工程和技术产品自身的美。机器大工业中所体现出的速度、秩序、力量乃至整齐划一的标准化,也成为新时代重要的审美标准。与此相对应的,是工业和技术向艺术领域的全面渗透。它不仅深刻地改变了艺术的表现方式,改变了艺术的审美取向和价值取向,也最终改变了艺术本身,推动了 20 世纪艺术向现代艺术的转变。

15.1.2 工程和审美的关系

工程和艺术以及审美是人类不同类型、不同性质的活动,它们各自有着不同的规律、逻辑、内在价值和社会功能,其方法论原则也各不相同。工程是"造物",它生产的产品是物质实体,在适用的范围内满足人们一定的实际需要;艺术是精神生产,它的产品是"形式",满足的是人的精神需要、情感需要。

由于工程追求效益,艺术追求美,这就使得自康德以来,人们一般地用"有没有实用价值"区分工程技术产品和艺术品,把能否带来"实际效益"作为评价工程的标准,而把能否带来“审美愉悦”作为艺术的评价标准。工程活动必须严格遵循科学技术以及经济、社会的规律和规则，这是一个理性为主导的过程。程序化、标准化也是工程的重要的特点和方法。而艺术和审美则是情感主导的，是非常个性化的。这也使工程和艺术对经济、社会、自然环境乃至对人本身的影响出现了区别。

虽然如上所述，工程活动与艺术活动都有各自的界限和局限，它们相互独立、相互区别，但它们又相互联系、相互补充。它们与科学和其他活动形式一起，构成了丰富多彩的人类活动的全体。工程活动与艺术活动在理念、方法上相互渗透和引入并互为手段，促使了“现代工程”和“现代艺术”的形成，也塑造了今天工程技术产品和我们生活世界的面貌。

可以看出，工程活动与审美事实存在着两种关系：工程与艺术的关系和工程自身与审美的关系。由于以往艺术被人们认为是美的集中体现者，工程和审美的关系常常表现为工程和艺术的关系。然而工程和审美之间的关系既有与工程和艺术关系相重合的一面，又有与艺术关系不同的另一面。工程与美有其自身的、不同于艺术的内在关联。不仅是在艺术活动中，人的生活、实践的每一种活动中都有美的追求，这是由生活、实践的本质所决定的，也是工程美的本体论根据。工程美有着自身的特殊性质，其范围甚至要比艺术更广。工程中的美直接地依托于功能、结构、材料和工艺，是一种与实用功能相统一的美。美和和谐密不可分，工程中的和谐还包括人机和谐和工程产品与自然的和谐，这也是工程美不同于艺术美之处。

工程与艺术及美都是人类创造力的产物，它们都是服务于人的，并统一于人类活动的最高目标——自由和发展。它们在思维方式和方法上也有共通之处，如都要运用想象力和直觉等。一般来说，一项工程的完成或一件工程产品的问世，要经过设计、建造、使用三个阶段。审美因素贯穿了工程活动的全过程，在这三个阶段中都需要恰当地运用美学方法。

15.2　审美因素和美学方法原则在设计、建造、使用三个阶段的体现

15.2.1　审美因素和美学方法原则在设计阶段的体现

在工程活动中，美学方法的运用首先最集中、最鲜明、最典型地表现在设计活动和设计阶段中。

好的产品首先出自于设计。美的产品的设计首先来自设计师的审美理念和美感，同时也来自对工程美学方法的运用。目前，研究工程中的美学理论和美学方法的著作已经出版，引起了人们的注意。

从当前高等工程教育的专业设置方面看，由于工程活动和工程产品设计中出现了特殊的美学问题与美学方法，特别是由于工程设计中美学问题与美学方法的作用和影响日益增强以及有关专门人才市场需求的大量增加，工程教育中出现了“工业设计”专业。应该注意，“工业设计”专业所指的工业设计是“狭义的工业设计”或“突出艺术性的工业设计”，而非“技术性的工业设计”。“百度百科”条目“工业设计”解释说，这是“指以工学、美学、经济学为基础对工业产品进行设计”。由于这个专业的人才虽然也要考虑经济学因素，但其根本特征绝不是显示其“经济师眼光”，所以，这个专业的人才培养要求中真正具有关键性作用和意义的

因素无疑是有关的“美学因素和美学方法”。

应该指出,工程设计中引入审美要素,其目的首先是体现工程活动的美学内涵,要优化、美化工业生产手段所形成的各种物质产品和环境。其基本标准除美观和实用外,要更加关注“人机和谐”和“人机与环境和谐”。

在工程设计中,要体现工程美,从内容和方法原则角度看,涉及两个方面的问题:一是与认知有关的问题;二是与情感需求有关的问题。

在认知方面,人们常常谈到的美学方法原则有简单性、和谐以及均衡对称等。在评价一项设计时,人们常常认为有三个标准:效率、经济和简洁。其中,效率涉及的是系统使用的物理资源,经济指的是系统成本的诸多方面,而简洁就涉及了审美。

关于简单性的作用和意义,可以借助简单性在科学理论建构中的作用和科学家对简单性的认识来说明。科学史中有大量案例表明:科学家特别是物理学家试图将美学与认知相结合,把简单性、对称性作为科学理论的认知标准或辅助标准。爱因斯坦、海森堡、狄拉克等都对此做过论述,如狄拉克就认为物理理论中,数学的美在于其对称性,其重要性甚至高于实验本身。在这方面另外一个著名事例是麦克斯韦建构电磁理论方程的过程。

应该强调指出的是,许多科学家和哲学家重视简单性原则的深层原因是他们在自然观上相信和谐宇宙和自然界的统一性。

实际上,自古希腊哲学家起,许多学者都相信一个基本的形而上理念:宇宙和谐自然,有着简单的数学结构。简单性不仅是美的,而且也使科学家在面对复杂问题时易于理解和从直观上把握对象。

在工程设计中,一般都会遇到有多个方案可供选择的问题。如何进行选择呢?在诸多正确的解决方法中,往往出现简单方案胜出的情况。如果从理论上分析这种现象,其深层原因之一往往也是简单性的美学原理和方法发挥了一定的作用。

和谐是另外一个体现工程美的原则及方法。和谐讲的是诸异质要素的整体联系,是它们相配合、契合的适宜性的尺度,也是它们存在、运动的规律性、秩序的表现。工程和工程方法论中一个很重要的特征是集成性,把各种异质的要素集成起来,以实现整体的功能或目标。在这里,和谐也成为合理和适当的标准。

上述讨论主要是侧重认知方面。应该承认,在另一方面,对简单性、和谐等的追求也是一个满足情感需求的过程。当我们用简单、直截、巧妙、优雅的方式完满地完成一项设计时会由衷地喜悦,或在一件设计成品中看到简单和谐的呈现时会发出赞叹。

在设计过程中,设计者还自觉或不自觉地受到审美趣味的引导。例如,在建筑设计中,风格的粗犷或华丽、简单或繁缛、明快或含蓄、精巧或朴拙、古典或时尚等,最终都会影响到设计的目标。

15.2.2 审美因素和美学方法原则在建造和使用阶段中的体现

工程活动中的审美因素和美学方法原则不但表现与体现在设计阶段,而且也体现在建造和使用阶段。对于工程建造即劳动过程,人们往往强调其劳苦的一面,但必须注意,工程建造者在建造过程中也会享受到愉悦。

马克思说:“我的劳动是自由的生命表现,因此是生活的乐趣。”马克思主义哲学认为,工程劳动是人的本质力量的展现。正是在包括工程设计、建造和使用在内的生产劳动中,体现了人的本质力量。而韵律、和谐以及自由等美的形式，也必然会表现在劳动中。“劳动产生美”不仅是说劳动是美的“基础和源泉”，事实上还有其他方面：如动作和劳动中的感受，包括匀称、节奏、韵律、和谐等激起特殊的美感。在这方面，各种劳动号子是人们熟知的事例。庄子的《庖丁解牛》更从美学高度进行了叙述和阐释，赞颂了作为劳动者的庖丁在劳动过程中“恢恢乎游刃有余”的自由状态，达到了“合乎桑林之舞”的美的境界。

工程产品及其使用中往往会渗透着审美因素和美学方法。除了实用，工程产品还承载和象征着多重意义和价值，包括审美价值——这不但是指日用性产品，而且可以指作为工程活动产物的工程设施。当我们面对着宏伟的三峡大坝、蜿蜒在高原雪域上的青藏铁路时，会由衷地赞叹它们的壮美。因为除了其“路”和“坝”自身的功能，人们还可以从中感受到工程师和建设者的智慧和辛劳、国家的强盛以及科学技术的创造力量，感受到“工程美”。对此，“包豪斯”代表人物柯布西耶有一个精彩表述：“无名的工程师们，锻工车间里满身油垢的机械匠们，构思并制造了这些庞然大物……、如果我们暂时忘记一艘远洋轮船是一个运输工具，假定我们用新的眼光观察它，我们就会觉得面对着无畏、纪律、和谐与宁静的、紧张而强烈的美的重要表现。”

今天，人类生活于其中的世界，几乎全部是为工程技术所建构、所覆盖的。除了效益、便捷、能力和力量的增长外，我们在生活、工作和环境中能够享受到的审美愉悦，也越来越多地由工程活动及其产品所提供。工程技术参与了美的生活、美的世界的创造，美也成为工程技术产品的一个选择和评价标准，美学方法也成为了工程活动的一个重要因素。

15.2.3 审美因素和美学方法原则体现的三个层次

把美学原则和方法运用于工程活动，其目的是优化、美化工程技术活动所生产出的各种物质产品和客观环境，其基本标准是舒适、美观和实用。它可以体现在以下三个层次上。

第一个层次是产品的形式美，即产品的外观、造型，诸如形态、色彩、材质等形式方面的美。通过产品外观的线条、形状、色彩、比例、韵律与节奏的美，以及整体的稳定、整齐、统一均衡、和谐，触发人们的情感和联想，体现并折射出隐藏在表面形态背后的产品信息。毕竟，人们接触任一件工程产品都是先看其外观如何，在评价和选择任何事物和现象时也总是同时包含审美的判断，这个第一印象和直接印象是否能够吸引人、给人好感，常常能够决定人的取舍和购买欲。而要使工程产品与环境和谐，形式美也是一个重要方面。

第二个层次是产品内在结构和功能美。工程美不但要表现在单纯的外形美化或“装饰”方面，还要表现在内在结构和功能方面，因为作为形式的工程美紧密地依附于内在结构和功能。一辆漂亮的汽车首先是汽车，是作为汽车而漂亮。汽车的流线型和金属的外壳，是依据空气动力学和材料科学所做出的选择。另外，如前所述，工程美的一个基本成分是工程自身的美，是结构、功能、工艺、材料所体现出的美。内在结构的美蕴涵着产品的优质、高效、性能好、可靠性高等特点，而功能美往往与适用性、安全性、易操作性密切联系在一起。功能体现了目的，良好的功能基于结构和材料。上文所说到的整体的稳定、整齐、统一均衡、和谐等，其含义都不仅指形式美，而且指产品的各部件、各要素之间的关系上的美感和整体功能表现上的美感。

第三个层次是产品与人以及产品与环境关系的和谐之美。工程美不但要表现为产品的形式美、内在结构与功能之美，而且要表现为“产品与人以及产品与环境关系”的和谐之美。

工程美是形式美、内在结构与功能美、“产品与人以及产品与环境关系和谐之美”的有机统一。

任何一种工程产品都是由人来使用，功能归根到底是服务于人，其有效发挥取决于合理的设计和制造，也取决于人的操作，这就要求工程产品不仅要使操作者操作方便，具有安全感，而且使其在操作时具有舒适感且不觉疲劳，能精神集中、高效地工作，并且能及时处理工作中所出现的故障或事故，乃至获得心理和情感的满足。

解决产品与人之间和人工物与环境之间的和谐关系问题，是工程美学方法的一个重要内容。第二次世界大战后发展起来的人机工程学，就是工程设计中，研究人与人造产品之间的协调关系的一门实用学科，它通过对人机关系的分析和研究，寻找最佳的人机协调关系，为设计提供依据。其目的不仅是提高人类工作的效应与效率，而且要保证和提高人类追求的某些价值。

上述三个层次既是逻辑上的逐层递进，也是随着工程实践和社会条件的发展，先后被人们认识到和创造出来的。科学、技术、工程的发展，要求人们精神、情感方面相应地发展；而工业和技术的发展中出现的负面作用，也从反面提出了生产过程和产品的人性化问题，以及人工物与自然环境的关系问题。另外，物质产品的空前丰富、人们选择空间的扩大和激烈的市场竞争，也对产品的适用性、个性和审美方面提出了更多的要求。这些都使得人们对工程美的要求越来越高。

随着科学技术和工业的不断发展，工业产品的许多技术、工艺问题的解决变得相对容易，在工业品的市场竞争中，生产者和消费者越来越重视工业品的美学因素。于是，产品的美学因素成为制造业价值链中极具增值潜力的新的重要环节。美的、宜人的因素对于提升产品附加值，增强行业、企业的实力和核心竞争力，促进产业结构升级等方面越来越显示出其重要作用。例如，20 世纪 20—30 年代的经济大萧条中，“流线型”的美学设计是使工业产品走出低谷的一个因素。在汽车行业的竞争中，高品质、优美的设计也是重要的制胜手段之一。而在我国，设计能力的不足更成为制约一些工程产品国际竞争力的重要因素。

15.3 数学的运用和人类对世界的理解

现代工程与古代工程的重要区别之一就是现代工程广泛、深入地运用多种多样的数学方法，这就使现代数学方法的广泛运用成为现代工程的一个突出特征。

15.3.1 工程中运用数学方法的哲学基础

数学是研究现实世界的数量关系和空间形式的一门学科，它不但可以应用在自然界，而且可以应用在人类社会。保尔·拉法格在《忆马克思》中提到，马克思认为：“一种科学只有在成功地运用数学时，才算达到了真正完善的地步。”马克思的这个观点不但适用于科学研究，而且适用于工程活动。

工程是伴随人类认识和改造自然世界的过程而产生的，在工程与社会的发展过程中，数学也逐渐形成并不断发展着。冯·卡门说：“从数学发展史看来，许多重大的数学发现是在了解自然规律的迫切要求下应运而生的，许多数学方法是由主要对实际应用感兴趣的人创立的。”

我国古代的工程常常是指土木工程，现代工程则有更多的类型。工程极大地促进了人类对数学的认识，也从人类运用数学的过程中受益匪浅。随着工程的发展，工程活动越来越多地应用了更多的数学方法和知识。另外，数学也从广泛的工程活动中汲取营养，不断丰富自身的内容和不断扩大应用的范围。

剑桥大学教授提姆·培德里说："应用数学是指用数学的技术，对非数学领域提出的问题给予答案。"上述论断的出发点涉及数学的本体论，涉及从元数学角度出发的认识。培德里教授更多地描述了不能被元数学包含的数学的外延，但其观点与从工程本体论角度出发所得的结论并无二致。

15.3.2　数学的发展及其在工程活动中的适用性

在古埃及时期，在尼罗河泛滥的洪水退却之后，古埃及人在重新划定土地界限、测量土地面积时就已经使用了古代的几何学知识。但由于数学和工程的发展水平限制，古代工程中没有广泛使用数学知识和数学方法。

在从古代社会向近现代社会演化和发展的过程中，逐步形成了近现代数学、近现代自然科学和近现代工程，而近现代数学、近现代自然科学和近现代工程的发展过程又出现了相互渗透、相互促进、相互交织的关系。一方面，近现代数学重视从工程活动中发现问题来源和思想灵感来源；另一方面，数学和工程又重视了数学在工程中的广泛应用。在数学领域，近代数学的许多内容都源自于人类的工程实践，如画法几何、现代密码学等，同时又应用于工程实践。值得特别注意的是，甚至对于那些"纯数学"的成就，如"虚数"，后来发现也可以运用于工程领域。

数学的应用范围极其广泛，这里以岩土工程为例进行一些分析，因为这是一个曾经被认为难以应用数学的领域。岩土工程指土木工程中涉及土体和岩石的部分，在人类工程活动中占据很大比例。工业革命前的岩土技术是一些零星的工程实践经验，19 世纪陆续建立了经典的岩土力学理论，对于无法求出解析解的问题，往往根据经验进行估算，精度较差。微积分诞生后在几乎所有工程领域都得到了一定的应用。高等数学——特别是数值分析工具被引入岩土工程形成了土木数值计算。20 世纪，我国数学家冯康和西方数学家各自独立地提出了有限元方法。在有限元方法的基础上，形成了计算岩土力学，可解决传统岩土力学无能为力的问题。这个方法在海洋勘察、基坑和隧洞的开挖与支护、泥石流防护等方面有重要的应用。

现代工程结构和材料趋于复杂化，岩土工程模型的不确定性日趋增强，这需要更复杂的计算模式和方法，更准确的数学力学的定量分析。这也进一步加深了数学与工程的密切关系，预示着数学可以在工程领域发挥越来越重要的作用。数学方法在工程中的应用范围极其广泛。

15.3.3　工程实践与数学的关系

我们必须从辩证法的观点来分析和认识工程实践与数学的关系。一方面，对于现代工程实践来说，数学是一种必不可少的工具，许多工程问题都需要运用数学方法来分析和解决，现代工程离不开现代数学，现代数学可以促进现代工程的发展；另一方面，对于数学发展来说，现代工程提出的问题和需求也成为推动现代数学发展的重要源头。

工程是人类为了改善自身生存、生活条件，根据当时对自然的认识水平进行的各类造物活动,也即物化劳动过程,数学则是对现实世界数与形简洁、高效、优美的描述。在以往的数学哲学研究中,有些数学家和哲学家往往特别重视数学的抽象性和纯形式方面的特征,而忽视了数学和工程实践的关系。而工程发展史和数学发展史告诉我们,工程发展和数学发展是密切联系的。

工程哲学和工程方法论中需要研究的问题很多,数学哲学和数学方法论中需要研究的问题也很多,而工程活动中的数学方法这个主题就成为二者相互交叉的一个"问题域"。

15.3.4 工程实践与数学理论的联系

从人类社会发展史来看,大部分工程实践的经验与数学理论往往是不谋而合的,不同点是前者基于长时间的经验积累,而后者则通过了坚实的推导证明。例如,人类在战争中对弹道的经验认识和弹道学开创的关系就是一个实例。在战争中,炸药常被用来破坏防御工事,但因为没有力学理论,很难计算爆炸后弹片的飞行轨迹。这个时期的数学偏重于简单实用的代数运算,没有通用弹道轨迹的数学模型。16 世纪末出现了霰弹,药包式发射药提高了发射速度和射击精度,引发了 17 世纪对弹道学的研究。伽利略(G. Galileo,1564—1642)建立了子弹运动的抛物线理论,牛顿(I. Newton,1643—1727)考虑了空气阻力对弹道的影响。19 世纪初,枪械火炮从滑膛式变为线膛式,射程和射击精度大大提高,射程远远超出视线范围,甚至在不能直接看到目标,例如,目标在山丘之后的情况下也可以射击,这就要求有更精确的数学模型,更精准的弹道数学模型和瞄准装置。更重要的是,线膛武器中射出的弹头是超音速的,需要计算不同形状的弹头在不同速度下的运动轨迹。在当时的条件下,由于缺乏工程手段及方法,也没有相应的数学理论,无法完成这些任务。

第二次世界大战中,计算射击火力表是数学家的一项新任务。对于固定规格的炮弹,要计算其在一定仰角下的射程、飞行高度和时间。实际战争中,弹头重量、火药装载量会有微小差别,射击仰角也不可能完全不变,炮弹初速及弹着点会服从某种概率分布,根据经验公式得到的弹道也不准确。即便上述因素都可控,射程一旦增加,飞行中的随机因素也会使命中率大大降低,这就引发了概率论在弹道设计中的应用。20 世纪 50 年代,多用途火箭的出现催生了火箭弹道学,其复杂之处在于如何控制弹道精确命中目标。这需要搜集火箭发射后的实时信息并传回指挥中心,根据火箭运行状态及目标位置调整运行参数。上述操作都在火箭发射后的短时间内完成,这需要快速求解轨道方程及高精度的解,而这些都依赖于数学和计算机,体现了数学理论与工程实践的统一。

15.4 计算工具和数学理论与计算方法的关系

除了工程实践和数学理论的密切联系,在计算工具与"数学理论与计算方法"之间也存在良性互动的关系。在这方面,可举计算工具的历史发展作为例证。在人类利用工具进行计算的历史进程中,先后出现了算筹、算盘、计算尺、机械计算机、模拟计算机再到电子计算器等"计算工具"。与计算工具的历史发展进程相伴随,数学理论和方法的特点和运用范围也在不断前进与发展。

近代时期,在对数理论已经建立但没有电子计算能力的时代,工程计算的要求是尽可能快地找到可接受的近似解,相应地发展出与时代数学水平和工程水平相适应的计算工具。

在 17 世纪诞生了计算尺后，它迅速成为工程界广泛运用的计算工具。尽管带有误差，但计算尺可以方便地解决工程中大量的计算问题。不但工程师需要用计算尺，甚至 20 世纪某些发达国家的煤矿工人也需要使用计算尺。他们在井下先要采集数据，如巷道断面、煤层厚度、风速等，然后利用计算尺进行计算，并据此得出下一步生产计划。由于简单易用，计算尺在相当长的时期内广泛应用在包括工程实践在内的社会各领域，熟练使用计算尺也成为工程技术人员必备的要素。

当时数学的算法最主要的任务是如何算得更快，在许多情况下，可以说速度比精确要更重要些，因为工程要讲究时效性。从 20 世纪 70 年代开始，比计算尺更方便精确的电子计算器开始普及，计算尺被丢进了博物馆，人类进入了电子计算时代。电子计算的普及很大程度上促进了计算理论的发展，不仅带来高度精确的结果，还高度节省了计算时间，人类还可以短时间内比较多个算法的优劣，对算法效率的数学研究发展很快。这个时期的计算，不仅讲求精度，还讲究效率，产生了并行计算等许多新的理论与技术，并导致了一些理论问题，如 P 和 NP 问题等。

15.5　工程实践与数学理论的结合——数学建模方法

在许多情况下，工程师与数学家在处理问题的方式方法上存在着某些不同甚至截然相反的观点，相互在某些问题上往往缺乏共同语言。针对这种状况，出现了数学建模方法。数学建模在工程与数学、工程师与数学家之间架起了沟通桥梁，将工程问题简化抽象为数学模型和数学问题，进而指导实际的工程实践。由此，工程实践与数学理论有机地结合在了一起，工程师和数学家得以更好地沟通合作。

15.5.1　从认识论层面对数学建模方法的理解

1. 数学模型可以促进对工程问题的更深刻认识

数学模型的建立，要进行适度恰当的抽象概括，考虑主要因素，忽略某些次要因素。数学模型可以简明地指出问题所属的数学领域，进而可以明确地知道为了解决问题应使用何种数学工具和方法，而这种数学工具是不依赖于具体对象的。由此，工程师可以避免陷入“孤立认识问题”的泥淖，借鉴其他同类问题的经验教训，高屋建瓴地理解工程问题。

2. 工程问题可以促进对数学理论的更深刻理解

工程应用可以检验数学理论，更可以加深对数学理论的理解。同样是微分方程，在力学中描写弦的振动，在流体力学中描述流体的动态，也可以描述电场中的现象，但对于数学而言都是一个方程。如果数学研究仅停留在理论层面，狭窄的视野会导致数学方法太单一，无法从其他领域获得思维方法的启示，数学也失去了一部分前进动力。对数学家而言，关注理论的应用是大有裨益的。从工程实践归纳出共性问题和方法，进而推证得到一般性结论，不仅能明显提高应用水平，更可以使数学家更深刻地理解所研究的理论。

15.5.2　从方法论层面看建模方法和工程实践的相互作用

1. 建模方法对工程实践的指导作用

在工程活动中，从简单的统筹下料到用电分析，从单件力学分析到整机结构分析，从成本控制到采购策略制定,或简单或复杂的数学模型被应用于策划、设计、施工、归纳、验证等各个方面,成为工程实践中名副其实的"大脑"。工程活动中常常使用甘特图。甘特图通过活动列表和时间刻度形象地表示出项目的活动顺序与持续时间,管理者可以便捷地知道还剩下哪些工作要做,并可评估工作进度。由于直观易用,甘特图在厂矿企业得到了广泛应用,后期还发展出了动态甘特图以便对比实际进度和计划进度。

尽管我们一直在强调数学模型在工程实践中的重要性,但再好的数学模型也无法完全替代具体问题的物理模型。物理发现现象,数学描述科学。这也提醒我们一定要注意数学模型与具体问题的辩证关系。

需要指出的是,数学建模方法的前提是建立反映工程实践本质的物理模型。由于建立物理模型和数学模型都要进行一定程度的假设和简化工作,如果物理模型不符合工程活动的本质,数学模型就不可能发挥应有的作用。因此,必须综合考虑物理模型、数学模型和工程实际。

2. 工程问题对建模提出的要求与挑战

工程中建立数学模型的难点在于,需要将数学与工程专业知识结合起来,这依赖于数学家和工程领域专家的合作。如果数学家对工程领域较为熟悉,工程专家也具有一定的数学水平,合作就会相得益彰、事半功倍,否则很容易出现"话不投机"的境况。这是工程实践对数学建模提出的要求和挑战,是工程师和数学家必须要面对的挑战。必须认识到没有任何数学模型是绝对适用的,数学模型的选择不单纯是数学问题,也不能仅依靠数学。"实践是检验真理的唯一标准",选择数学模型需要考虑条件制约、模型结构尽量简单、预期精度满足要求等数学和非数学方面因素。其次,还要认识到以抽象概括为特征的数学模型往往不能反映问题全部特征。这需要工程师们抓住主要因素,忽略某些次要因素,再附加一些假设性约束,在模型的复杂性和准确度之间寻找平衡点,切忌求全责备。实践中还要特别注意对模型结果的判断、分析、检验和解释。在此环节要做到依靠数学但不依赖数学,源自实践但高于实践。

(1) 要依靠数学但不依赖数学。

对于模型结果的检验,已有较成熟的理论方法,有多种统计量和检验方法,撇开数学方法的检验是靠不住的。现代工程普遍涉及海量数据,需要统计学理论和工具作为基础。但若单纯用数学方法进行检验,会造成因果倒置,可信度也会降低。失去了有效性和可行性,无论精确度多高,模型也是失败的。

(2) 要源自实践但高于实践。

数学模型应放眼于广泛的工程实践,而不仅局限于某一具体问题。只有这样,工程师才能将实践经验升华为工程理论和方法,成为指导更广泛工程实践的基础。

15.5.3 常见的数学建模方法

按通用数学法则对模型分类。

1. 从定性到定量

大量工程实践活动中首先面临定性问题——可行性问题(可能包含小的定量问题,如某个因素的测量与评判)。最常用的定性方法是层次分析法(AHP)。其基本思想与工程师对多层次、多因素问题的决策思维过程基本一致,其模型结构如图 15.1 所示。该方法具有系统性、简单实用、所需数据少等特点，但模型定性成分过多，中间判断权重难以确定。

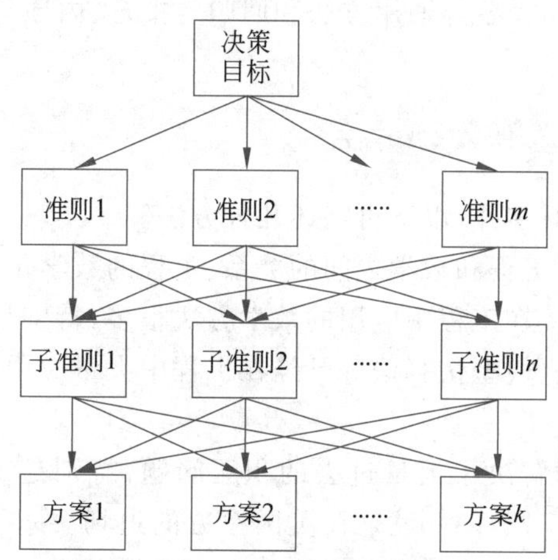

图 15.1　层次分析法结构示意图

定量方法存在于大量工程实践领域的活动中，其方法很多，不胜枚举，微分方程模型即最常见的定量方法。凡需确定一个变量与其他(若干)变量的(相关)变化率所满足关系时，都可以建立微分方程模型，小到一块塑料板的受力形变，大到桥梁的应力变化和振动，都可以通过微分方程模型来描述。

2. 归纳与演绎

由于具有更强的实践性和经验性，工程中的归纳方法天生具有比演绎方法更优越的地位。工程领域的归纳方法主要体现在经验公式、经验系数和经验方法等。从归纳经验上升到理论，需要注意以下两点。首先要搞清楚归纳经验和已有理论的关系，是特殊和一般的关系，还是例外和一般的关系，是相容还是互补关系。其次要注意具体问题的时空特性和限制条件，一般而言，归纳得到的某种方法或工程参数往往是某地经验的总结，有一定的局限性，在套用时要注意当地当时的条件，要首先进行可行性分析。

演绎指从一般原理中得到特殊情况下的结论，基本形式是逻辑学中的三段论，即从大前提，即普遍适用的理论或方法出发，根据小前提，即特殊问题的条件或参数得到结论。在此过程中有几个容易犯的错误。首先是大前提的选择问题。由于数学模型的局限性，很难建立完全符合实际问题的模型。这时需要抓住问题主要矛盾而忽略部分次要矛盾，挑选起决定作用的因素建立模型，切忌求全责备。其次要特别对小前提模型的限制条件有清楚的认识，切忌不顾条件的生搬硬套。例如，有些模型对变量范围有明确要求，有的模型对参数有明确限制等。

3. 存在与构造

工程中的数学建模要特别注意存在与构造的关系。数学证明大体上可分为存在性和构造性两类，前者仅指出了某类对象的存在性，后者则通过构造出对象而证明命题。工程中不仅需要存在性证明，更需要真正地构造出问题的解。工程中应用数学模型，可以先证明最优解的存在性，进而构造最优解。但工程中往往很难构造最优解，转而求解实用高效的可行解。

许多工程问题属于复杂系统的控制和优化问题，没有解析的目标函数，无法求得解析解,而只求其数值解,这类问题所涉及的连续与离散问题也是工程中很重要的一类。除此之外,还有具体与抽象、类比与借鉴等通用方法和回归与拟合、内插与外推等专业方法,都需要引起注意。

15.5.4 工程活动中的其他数学方法

工程中的数学方法极其多样,以下再略述几种方法。

在工程方法论研究中,工程和数学之间的关系、工程的数学化以及数学在工程中的应用都是必须重视的重要问题。在工程中应用的数学方法很多,特别是随着计算机的广泛应用,数值计算方法、符号演算法、模型仿真法等已经在工程中大量应用。

1. 数值计算方法

计算机一问世,就立即解决了大量过去的积压问题,特别是一些非线性的复杂高阶问题。第一台电子计算机——ENIAC 就是在美国军方的迫切要求下研制出来的。第二次世界大战时,美国军方要求阿伯丁弹道研究实验室每天提供六张火力表以便对导弹进行技术鉴定,而每张火力表都要计算几百条弹道,每条弹道的数学模型都是一组非常复杂的非线性方程组,无法求出解析解,有了计算机就可以解决这个问题。

第二次世界大战后,计算机还与天气预报发生了密切关系。天气预报是一个巨大的系统工程,涉及变量多、方程组复杂、计算量大、时效性强,其基本方程组的解析解无法求得,只能求得数值解。又比如大型船舶和大型风洞的设计、计算机仿真核爆实验等,都需要上千万亿次的运算,这些都需要有效的数值方法和数值分析理论。

数值计算可分为数值微分、数值积分、非线性方程求解、样条表示与插值等,这些都是工程中应用最广泛的方法,可以通过编程语言来实现,如早期的 BASIC 语言、FORTRAN 语言、C 语言,以及后期人机界面友好的 MATLAB 语言等。

在进行数值计算时,精确性、时效性和存储量是密切相关的三个问题。一般而言,很少有算法能在上述三个方面同时达到最优,有时可牺牲存储量来换取时效,或增加运算冗余度减少内存占用,或通过增加计算量来提高算法精度等。工程中还有一个问题是对编程语言的选择,不同算法语言会导致不同算法的实现效率。这也是工程实践中需要注意的重要问题。

2. 符号演算法

除数值计算外,工程中有些问题需要进行代数演算乃至符号演算。20 世纪 60 年代产生了计算机代数,一系列计算机代数软件在各个领域得到应用。计算机代数并不仅限于快速的代数运算,它在符号演算方面也大有作为。在工程论证初期,某些参数尚不能确定,这时必须借助代数或符号演算来为后续奠定基础。

而一个复杂的大规模工程,会含有大量重复的子工程,如果借助代数或符号演算,不仅可以加快论证速度,更可以发展通用算法,节省大量人力物力。

模型仿真法将在 15.6 节介绍。

15.6 数学仿真方法

工程中的数学仿真要遵循一定的周期,通常首先从建立理论数学模型开始,接着是半实验仿真,模型仿真成功后进行实地实验,直到实验成功。

数学仿真方法可以简单分为以下几类。

1. 模型仿真法

模型仿真法根据变量的数学关系建立模型，通过解析解进行仿真。

例如，某单自由度系统运动方程为

$$mx''+cx'+kx=0 \quad (m, c, k \text{ 为参数}) \tag{15-1}$$

初始条件为

$$x(0)=x_0=1, \quad x'(0)=x'_0=0 \tag{15-2}$$

该方程解为

$$x(t)=\mathrm{e}^{-\xi\omega_0 t}\left[x_0\cos(\omega_d t)+\frac{x'_0+\xi\omega_0 x_0}{\omega_d}\sin(\omega_d t)\right] \tag{15-3}$$

其中，$\omega_0=\sqrt{\dfrac{k}{m}}$为系统固有频率，$\omega_d=\omega_0\sqrt{1-\xi^2}$为阻尼固有频率，$\xi=\dfrac{c}{2\sqrt{km}}$为相对阻尼系数。工程中很难从解析解获得系统的直观运动规律，借助计算机仿真方法就大不一样，不仅仿真速度快，计算机仿真得到数值后通过绘图还具有直观易分析的优点。

2. 以计算机为基础的仿真法

此仿真法的特征是：在建立数学仿真模型后，或借助计算机求得其数值解，或借助计算机作图研究解析解的性质，或借助计算机仿真系统的运行状态，或在工程中借助以上三方面助力。

计算机仿真有几个必要环节。首先是建立数学模型，必要时求出解析解；其次利用计算机编制仿真程序，选择合适的仿真参数，执行仿真程序，对仿真结果进行分析。一般而言，仿真性能受诸多因素影响，如仿真时长或步长等。

仿真结果通常需要检验，也即需要确定仿真结果是否稳定，而非病态解。常用方法是通过修改仿真的相对误差限和绝对误差限，在合适的时间跨度内反复仿真，对比仿真结果有无大的变化。若变化不大，则说明解收敛，仿真有效。若结果不稳定，其原因可能是系统本身不稳定或仿真模型或解法不合适。

习　题

1. 什么是工程美学？
2. 包豪斯的理论原则具体是什么内容？
3. 试举几例工程美学案例。
4. 工程和审美之间有什么关系？
5. 试述工程审美中简单性的重要性。
6. 工程中运用数学方法的哲学基础是什么？
7. 举例说明工程实践与数学理论的联系。
8. 工程实践与数学理论的结合的工具是什么？
9. 什么是数值计算方法？什么是符号演算法？
10. 数学仿真中需要注意的问题有哪些？

第16章

工程综合案例分析

16.1 重大航天工程复杂系统[16][17]

自1949年新中国成立以来，祖国在航天等国防事业的建设中从未停止脚步。1960年11月5日，中国成功研制并发射了第一枚导弹。随后中国的第一颗原子弹和氢弹爆炸成功、第一枚运载火箭和第一颗人造卫星发射成功以及载人航天飞船实验成功，这些都是中国航天史上取得的卓越成就。

中国航天事业飞速发展的同时，其研究过程也就变得更为复杂。前辈钱学森将开放复杂性思想研究引入了航天系统工程思想之中，并且将火箭、航天这种规模巨大且结构复杂的研究系统定义为开放的复杂巨系统，认为这种系统之内元素种类多，可以衍生出许多的子系统，而且规模巨大，各个层次之间联系复杂。钱学森先生将其定义为开放复杂巨系统的动力学特性问题。同时为航天研究中系统的分类提供了一种新的方法，也即把航天工程建设中的系统分为两大类：简单系统和巨系统。通俗来讲，简单系统就是这个系统中所包含的子系统数量少且各个子系统之间的关系简单，巨系统就是这个系统中所包含的子系统数量较多。

巨系统又可以分为简单巨系统和开放复杂巨系统，前者就是指所包含的众多系统之间关系简单，后者就是指众多子系统之间有鲜明的层次结构且关系复杂，同时又是开放性的。

开放的复杂巨系统基本原则包括整体论、相互联系、有序性和动态这四大原则，其主要性质包括开放性、复杂性、进化与涌现性、层次性和巨量性。

值得一提的是，复杂巨系统所包含的子系统中如人体系统、生态系统和社会系统等众多系统，其中最为特殊的就是社会系统。因为社会系统是由人作为基础的构成的，人作为最高级的灵长类动物，有自己的情感、思想和意识，这样就很大程度上加大了社会系统内部的复杂性和不确定性，所以社会系统迄今为止一直被认为是世界上最复杂的系统。

重大航天工程成为一种复杂系统的原因，一方面在于其包含的要素（组成单元）多样，另一方面在于要素间关联关系所扮演的重要作用。重大航天工程的组成要素不仅众多，并且从属于不同的范畴，既包括工程技术要素，也包括工程组织、管理要素，甚至包括社会、文化和政治要素。这样的一种系统组成模式给工程分析带来了很大的挑战，其所涉及的知识及数据量非常巨大，期望从所有的细节入手进行分析异常困难，并且从不同的视角分析要素细节也会得出完全不同的认识。因此,重大航天工程不能从要素的区别上进行分析,而要从其共性的视角进行分析。也就是说,尽管重大航天工程要素组成差别巨大,但对于这些要素需要找到其共同之处,或者要对其等同看待,以找到共同的规律。

同时,关联关系是复杂系统的重要标志。因此重大航天工程中要素间的关联关系是分析其性质的重点。

钱学森航天系统工程思想中指出:在航天工程的研究中,如果想要对其中复杂的系统有较为深刻的研究和认识,必须要掌握复杂性思维的研究特点,那就是将先前的认识和所得到的结论合二为一进行综合考虑。因为只有这样,才能带有批判性地去思考问题本身,从而认识到问题的根源,这样有利于我们进一步解决更加困难的问题。

16.1.1　钱学森航天系统工程思想与方法论

1. 综合集成法

世界在不断进步,人类的认识也在不断地发展,所有科学之间的联系也随着时代的发展更为紧密。因此航天工程研究所涉及的领域也就越来越广泛,系统也随之变得更为复杂。对此而言,钱学森航天系统工程思想中的综合集成方法为越来越复杂的航天工程系统研究领域打开了新的局面。综合集成法又名综合集成技术和综合集成工程,其多变性适用于火箭研发、航天工程等多方面研究。我们通过对航天工程研究中理论、知识、经验和结果的整合,凭借现代计算机技术对整合所提出的经验性假设进行真实性检验,从而得到确定的结论。这种可以实现从定性到定量的功能被称为综合集成法,其本质是将专家意见、整合数据和资料结合在一起,综合集成各种知识从而得出理性的判断。

综合集成方法是一种思维科学的应用技术,这一理论在航天工程研究中得到了实践。在航天工程研究过程中,我们对所遇到的问题在提出解决方法的同时,所得到的思维科学产物也起到推动思维科学发展的目的,因而推动了航天研发的进展。钱学森航天系统工程思想中提出,综合集成方法可以将许许多多零散的意见统一整合,最终得出判断,这种方法同样适合于航天工程系统的研究,将航天工程系统之间的相互作用综合为全系统的运动功能。综合集成法的特点也决定了它能在航天系统工程研究中发挥巨大的作用。综合集成法的主要特点包括:①定性研究与定量研究有机结合,贯穿全过程;②科学理论与经验知识结合,把人们对客观事物的点滴知识综合集成解决问题;③应用系统思想把多种学科结合起来进行综合研究;④根据复杂巨系统的层次结构,把宏观研究与微观研究统一起来;⑤必须有大型计算机系统支持,不仅有管理信息系统、决策支持系统等功能,而且还要有综合集成的功能。

2001年开始,中国也开始逐渐进入互联网时代,在综合集成方法的研究得到了良好的技术支持的同时也为其打开了新的应用市场。2005年开始,综合集成方法的研究逐渐成熟,人工智能阶段的到来使人们将其应用于数字化城市建设和管理中去。2011年开始,开放的复杂巨系统理论及其论证方法——综合集成方法开始进入创新升华阶段。

复杂性思想的研究不仅是钱学森航天系统工程思想中的重要一部分,同时也是20世纪末我国系统学研究的辉煌成果,被称为当今世界复杂系统研究上的标志性学说。钱学森先生和许多复杂系统研究领域的专家们通过努力,针对中国航天系统工程建设创建了开放的复杂巨系统理论及其方法论,为中国航天研发过程中所遇到的问题提供了合适的解决方法。

同时将其运用于社会主义经济建设中,为新中国特色社会主义的经济建设解决了诸多问题,加快了社会主义经济建设的步伐。

大成智慧的产生并非一日之功,而是总结钱学森先生一生致力于航天科学与马克思主义哲学的研究成果才得到的。从钱学森先生在美国求学和工作时开始,他凭借自己过人的智慧创作出了《工程控制论》,然而这仅仅是钱学森先生在探索航天系统工程研究和马克思主义哲学道路上的开端,同时也为后来的大成智慧思想的产生奠定了坚实的基础。钱学森先生历经重重险阻终于回到祖国的怀抱,在航天科研工作的同时,钱学森先生在哲学道路上的思考并未停止,开放的复杂巨系统论便随之而生。钱学森先生对系统论思想进行分类后所得出开放的复杂巨系统并不只是问题的提出,他还对此问题给出了解决方法,将东方哲学和西方哲学进行融合——综合集成方法由之而生。

在钱学森先生看来,大成智慧学是在以现代科学体系的知识为基础上总结出来的。换言之,就是将现代科学体系中所包含的理论基础和时间基础等多方面汇集起来,这些便是大成智慧学的知识来源。

2. 钱学森对大成智慧思想的认识

在钱学森航天系统工程思想中,大成智慧就是通过在一次次的航天实验中吸取教训、总结经验,从而提高智慧。“集大成,得智慧”这六个简简单单的汉字便是钱学森先生大成智慧学浓缩而来的精华。钱学森先生一生致力于中国航天工程和国防建设的研究工作,通过以航天系统工程思想为理论指导,在航天研究为实践的基础上所提出的大成智慧便是其一生致力于航天科学研究和马克思主义哲学探索的最终总结。笔者认为,大成智慧学的核心思想就是:“站在时代的巅峰,看清社会发展的大势,成为有创见的有为青年”。大成智慧学就是在新世纪里指引人们如何快速地获得聪明才智,集所有大智,提高当下的创新能力。

大成智慧学方法论的产生是在研究开放的复杂巨系统的系统观、工程控制论和大成智慧工程等基础上形成。其中值得一提的便是“大成智慧工程”。钱学森先生总结得到的大成智慧学是知识理论基础,需要将其合理运用于实践中才能检验其价值,这正符合实践是检验真理的唯一标准——马克思主义哲学理念。实践证明得知,在航天研究中运用大成智慧工程和传统分析方法对于各种复杂巨系统的研究效果是不一样的。

“大成智慧工程”的核心内容是从定性到定量综合集成法,这与传统的分析方法相比,优势就在于:①大成智慧工程采用现代科技体系中的计算机技术的信息基础作为技术核心,再与人的思想相结合,人机结合做出正确且科学精准的判断;②根据所得经验,做出系统的仿真实验,经过多次仿真做出进一步的判断,总结其经验;③从实践中不断检验对开放复杂巨系统的认识,利用现代科学技术体系技术上的优势从定性到定量认识得更加清楚,激活大家的思想,集其中智慧之大成,从整体结构上找出解决问题根本的办法。

钱学森先生对世界的贡献不仅局限于航天科学研究,钱学森对马克思主义哲学有着很深的理解,而且钱学森先生凭借自己对科学和马克思主义哲学的了解,将两者相结合并不断探索其中的联系,大成智慧学便是对其一生致力于航天科学研究和马克思主义哲学探索的最终总结。

3. 钱学森航天系统工程与大成智慧

大成智慧学不仅是一种指导思想,而是通过将理学、工学、医学、文学和农学等多种科学进行综合,然后选择正确的科学哲学作为指导,走向大成智慧的过程。大成智慧以科学的哲学作为指路明灯,让从事关于航天科研的研究人员在面对各种疑难问题时能够快速做出准确而又科学的判断,并且能够在此基础上得到新的发现,从而在航天研究领域中有更多的创新。大成智慧学有现代发展迅速的互联网技术作为支撑,能够在搜集信息方面远远超越其他,这一特性便决定了大成智慧学远远不是以往的普通思维学说可以相提并论的。在如今这样高速发展且以经济为主导的社会中,钱学森航天系统工程思想中所体现的大成智慧学是所有航天研究人员在研发过程中所需要的新思维体系。

大成智慧学的思想体系包含丰富的系统观念,是科学、哲学和艺术相碰撞产生的结晶体,在以科学哲学为指导的同时重视思维方式的发展,这一理论基础也决定了大成智慧在以后航天研发中占据的重要地位。大成智慧由"量智"和"性智"组成,两者相辅相成,缺一不可。如果通过科学和艺术来划分量智和性智,那么可以简单认为现代科学技术体系中所包含的数学科学、自然科学、系统科学、军事科学、社会科学、思维科学、人体科学、地理科学、行为科学、建筑科学十大科学技术部门的知识体系主要表现为量智;而文艺创作、文艺理论、美学以及各种文艺实践活动主要表现为性智。

量智讲究的是由点到面的研究方法,这种讲究从局部到整体的研究方法与航天研究中整体设计部所贯彻的理念有异曲同工之妙。举个简单的例子,人们生活中常常提及的一句话是从量变到质变,几个字简简单单,却突出了量的重要性,可以通俗地认为,任何一代航天产品的成功研制都是在量的基础上才得以实现的,只有量到了,才能产生质的改变。性智主要体现的是从整体感受出发,然后逐渐地对事物的各个方面做出自己的理解与判断。在航天研究中也是如此,需要将各个环节得到的反馈进行总结,然后有针对性地去逐一解决。从以上经验不难看出,大成智慧学中的量智并不能一味认死理,而性智也不能只从整体的空谈出发,还要落实到具体细节上才能解决根本问题。

航天产品的研发不单单是靠科学研究就可以成功的,科研人员的灵感也是成功的关键因素。钱学森先生曾表示灵感是一种很奇妙的存在,是自己在航天研究中不可或缺的一部分。在钱学森航天工程思想中,大成智慧对科学和艺术的联系做出了解释。大成智慧学作为一种新的思维体系和思维方式出现在现代人的视野之中,在学习其中的重点时,需要正确地理解其中科学与艺术的关系。在早些年以前,人们往往将科学和艺术认为是两个毫不相关的存在,然而从大成智慧的思维观念出发,我们发现科学研究中少不了艺术,艺术的创作也离不开科学的指导。

16.1.2　MBSE 在航天航空领域的发展

MBSE 在国外航天航空领域的发展态势良好,已经有了很多将 MBSE 运用到实际项目并取得效果的实例。其中著名的案例诸如美国国家航空航天局(National Aeronautics and Space Administration,NASA)、轨道科学公司、波音等。NASA 所属的兰利研究中心在 MISSE-X 项目中,成功地将 MBSE 应用在项目需求分析及系统架构设计上,并且迅速地推广到其他项目中。NASA 喷气推进实验室在 MBSE 正式确立以来,一直致力于将 MBSE 应用于大型复杂系统中,已经成功地将 MBSE 与 20 个以上的项目进行结合,并且都取得了一定的成效,其中比较著名的项目有木卫二轨道器任务、猎户座任务、木卫二快船任务、火星 2020 任务、DARPA 任务、SMAP 任务等。空客公司在 A350 系列飞机的开发中,也使用了

MBSE方法论。罗克韦尔-柯林斯公司使用MBSE对其所有航电系统产品进行系统定义和模型表达,并且构建了完整的基于MBSE的航空航天任务开发环境。

16.2 基于SysML的北斗接收机建模与仿真研究

我国自主研发的北斗卫星导航系统经过二十几年的发展和探索,经历了“北斗一号”的实验系统和“北斗二号”的区域服务系统,各方面技术已经逐渐成熟。争取实现覆盖全球的计划。与此同时,国家相关部门大力推进国防信息化建设,出台一系列政策扶持北斗导航系统的产业化应用,以实现增强国防力量与提高北斗导航系统国际竞争力的目标。

推广北斗导航系统在更广泛的行业领域应用,重要的是要加大用户终端设备的研发力度。性能优良的用户终端是占领市场的利器,然而导航系统的复杂性日益提升,北斗接收机是众多学科交叉的复杂系统,如何实现优良的系统集成已成为一大挑战。寻找一种切实有效的设计方法,用于指导北斗接收机系统开发过程中的复杂性问题迫在眉睫。引入基于模型的系统工程方法,运用可视化建模语言SysML对北斗接收机系统进行建模分析研究。其意义主要体现在以下几个方面。

(1) 基于模型的系统工程方法,在一些复杂机电产品、航空电子系统、复杂嵌入式系统和社会应急管理等方面得到广泛应用。运用SysML对北斗接收机系统建模分析,可提高设计质量和开发效率,有一定的指导和实践意义。

(2) 北斗接收终端在军工和民用领域的市场占有率不断扩大,而且整个北斗产业链日趋成熟和完善。建立可复用的北斗接收机系统模型,利于实现软件算法的迭代设计和产品升级管理,具有一定的经济效益。

(3) 为避免在军事应用领域,过度依赖美国GPS,研究北斗接收机系统,对推动国防建设和国家信息安全有一定的现实意义。

国内的北斗卫星导航系统(BDS)在亚洲的某些地区和GPS相比,在搜星速度、定位精度等方面有一定优势,而且北斗系统有收发短报文的功能。最新一代的北斗系统计划实现全球覆盖的目标,并且其信号考虑了其他导航系统的兼容。为保证国家信息和国防安全,重要部件不受控于国外,新一代系统中很多关键部件已实现国产化。例如,高精度的原子钟、行波管和固态放大器等。而且还首次采用了扩跳频测控技术、一箭多星技术和星间链路技术等。从2012年北斗二代区域服务系统运行以来,极大地推动了我国卫星导航产业的发展。在芯片制造领域,振芯科技、东方联星、泰斗微电子和北斗星通等公司都研制出了北斗基带和射频芯片,也包括多系统兼容的板卡或接收机系统。其中,华力创通的芯片已经应用于高动态、高灵敏度的场合。2013年,很多国外芯片制造商也在自己的集成芯片中加入北斗导航功能,如高通、博通。同时,许多研究机构、高校、公司如中国电子科技集团54所、国防科技大学、上海展讯、海格通信和联芯科技等,相继尝试或已开发出不同应用领域的北斗、GPS、GLONASS和GALILEO系统互相兼容的接收机。在多技术融合方面,为克服导航信号在室内或地下停车场等特殊环境信号弱定位难的缺点,各种辅助定位技术也应运而生。如星基、地基增强系统,惯性导航辅助定位技术和蜂窝通信辅助技术等。

软件接收机在国内外已得到广泛的重视和研究,其灵活性有利于接收机系统的升级和小型化需求。而卫星导航接收机涉及众多学科的知识，主要包括无线电通信、嵌入式系统、电子工程、软件算法等。如何将这些学科领域的知识密切融合起来，实现最优化的设计是亟须解决的问题。因此，如何采用先进技术，驱动导航接收机的设计和开发显得尤为重要。

基于模型的系统工程(MBSE)正是运用在复杂系统建模领域的一种先进设计思想。系统建模语言 SysML 是由对象管理组织(Object Management Group，OMG)在 2007 年 9 月正式公布。国外众多的企业与科研机构对 MBSE 开展积极的探索与实践，美国宇航局 NASA 在众多新项目和现有项目上积极实践 MBSE，达到提升系统的质量和有效缩减项目开发时间的目的。其中包括通信和卫星导航项目。

16.3　基于 MBSE 的机载通信系统

一直以来，机载通信系统都是航电系统的重要组成部分。通信系统的主要作用是保证机务人员在机体飞行过程中和地面的航空公司管制人员、空中交通管制人员、维修等有关工作人员保持高质量的通信联络，并且双方都可以快速呼叫对方，保持即时通信。不仅如此，飞机通信系统的功能还包括保证机务人员之间的通信以及对乘客的广播等。

飞机通信系统包括高频通信(HF)、甚高频通信(VHF)、选择呼叫(SELCAL)、客舱广播(PA)、飞行内话、旅客娱乐(录像、电视、音乐)、旅客服务、勤务内话、客舱内话、话音记录系统(VR)和飞机通信寻址报告系统(ACARS)等。

16.3.1　航电系统设计需求特点分析

航电系统即航空电子系统，其概念产生于 20 世纪 30 年代，快速发展于 20 世纪 70 年代。航电系统对于飞机的发展起到了决定性作用，成熟的航电系统可以为飞机减轻负担、节省双方时间，它是针对不同机种的功能合集，是飞机实现飞行目标的关键。航电系统对系统性能的分配、各个任务的协调、资源的共用都起着指导性作用。

为了让飞机可以完成更多种类的任务，生存能力成为飞机设计中要求极高的一环，这也从另一个角度对航电系统提出了更高容错率和更加完善的功能的要求。由此，各国都加快了对航电系统的开发设计研究，不断扩充其功能，对其进行结构优化。这些举措又进一步促进了飞机的发展，使得二者互相推动着前进。

如图 16.1 所示，在 20 世纪 40～50 年代，航电系统以独立式为主，此后四年先后经历了联合式和综合式，20 世纪以来发展为先进综合式航电系统。综合的系统必然集成众多的功能，具有功能复杂、综合性强、集成度高、更新迭代快的特征。具体而言，交互式功能倍增，不仅体现在功能数量上，还体现在功能交互的复杂度上，二者共同导致了系统的复杂化。也由于系统的高度复杂化，使得传统的设计方式在工程中效果不佳。因为将几百个功能进行文字描述，文档尚能勉强支持，一旦兼顾功能之间的交互，仍然通过文档描述就会出现众多问题，一方面是功能交互需要的大量描述会造成文字激增，另一方面是这样的形式使开发人员无法快速地定位交互的双方，理解交互内容，同时不利于数据的传递。

在海陆空大系统中，高程度的资源与信息共享是必然的发展方向，所以航电系统的设计也必须遵循更高的可用性、可重构性原则，只有这样的设计方向，才可能进一步接近海陆空

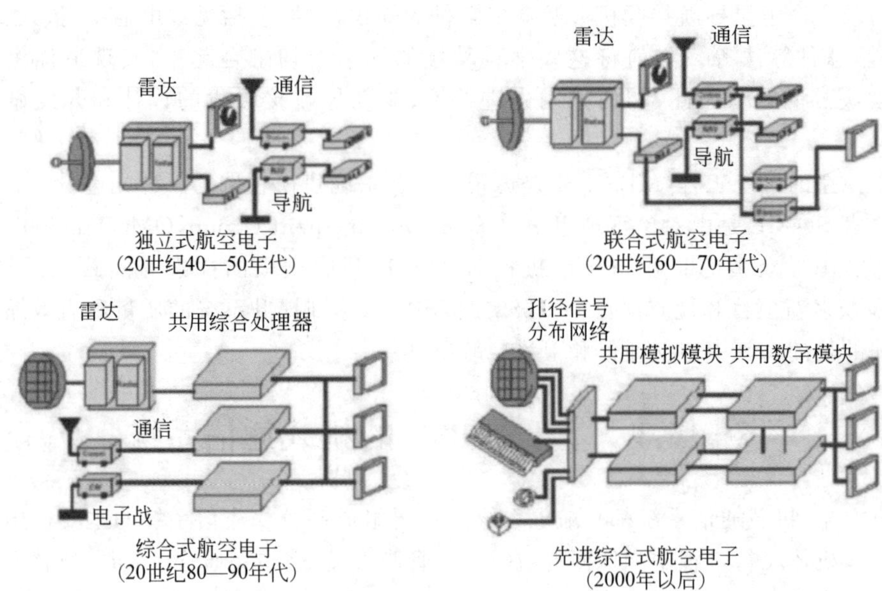

图 16.1 四代航空电子系统结构的发展

大系统的目标,实现协同作战。这是对 MBSE 的直接要求,只有将 MBSE 合理地应用其中,航电系统才有可能实现重用、重构。

再者,飞机的快速发展使其更新换代的频率加快,这要求航电系统的设计也必须紧跟时代,针对不同机型的航电系统需要更快的迭代周期。

综上所述,现代航电系统是一个综合性强的复杂大系统,要使用传统的设计方法实现其系统设计是非常困难的。就机载通信系统而言,作为航电系统的一部分,同样具有以上特征,不仅功能多、组成多,并且架构复杂。在设计开发机载通信系统的时候,需要针对其特征制定合理可行的设计开发方案。

16.3.2 航电系统设计方法

系统设计是将用户对目标系统的需求进行汇总,并且详细描述该系统的功能、架构,为下一步的开发制作提供可参考的说明。其中涉及将用户需求转换为系统功能、系统架构,这是系统设计中最为关键的一步。这需要从系统的根本任务出发,全方面地分析研究其组成、功能与交互,以得到系统设计的最优解。在这个过程中,出现了多种设计方法。

1. 结构化分析与设计

在系统设计中,结构化分析是比较普遍使用的技术。它主要以功能为中心进行分析,将系统设计成由模块集成的架构,再对这些模块进行自顶向下的分析解构。其设计过程主要包括需求分析模型以及系统体系结构模型的构建,其中,需求分析模型又分为功能模型、行为模型、数据字典模型,系统体系结构模型分为环境图、互联图等。

2. 面向对象的分析与设计

面向对象的方法起源于软件开发领域,区别于面向过程的开发方法,它把相关行为和数据看作一个整体,从更宏观的角度实现系统开发。现如今,面向对象方法不仅局限于编程领域。在系统设计中,它作为一种更贴近自然运行的理解方法,主要用于分析问题找出解决方法，探究对象内部与外部的关系，以此建立系统的对象模型。总而言之，通过面向对象的分析与设计方法来进行系统设计是常见且有效的，它参照系统来分析模型，在大型系统设计中具有一定优势。

3. 基于模型的分析与设计

使用 MBSE 对大型复杂系统的设计开发可以抽象为两个过程，第一是将用户对系统的期望抽象为系统的功能，这些功能的交互和参数信息由模型携带，便于开发者直观地理解系统的功能架构；第二是将计算机底层的语言进行封装，以更高级的语言形式来进行表达，参与者可以通过这种简单清晰的语言表达快速理解系统。在此，模型是载体，是桥梁。这种以模型为中心的开发方式，可以将开发活动更多地划分在系统工程的开发规则中。

机载通信系统是航电系统中典型的复杂大系统，加之这些组件、功能和结构相互制约、关联，使得其设计非常困难，采取基于 MBSE 的设计方法，可以将设计和建模紧密有效地结合在一起，实现对系统整体架构的宏观设计，将整个设计过程可视化，并且可以有效地应对需求的变动。通过分析航电系统的设计需求特点，结合现有的系统分析方法，可以得出复杂系统设计的困难与 MBSE 的优点高度匹配的结论，所以在机载通信系统的设计开发中，MBSE 是必然的趋势。MBSE 是一个庞大的体系，选取正确的方法论来指导建模是非常重要的一环。新兴方法论 Arcadia 和传统的 Harmony-SE 各自优劣，结合机载通信系统的特征选取了 Arcadia 作为建模方法论。此外，由于 Arcadia 在实际开发中尚处于起步阶段，如何使用该种方法论指导建模尚未形成标准，这使建模工作困难重重。

16.3.3　基于 Arcadia 的机载通信系统建模方案研究与设计

Arcadia 作为一个新兴的方法论，使用该种方法论进行建模的具体项目数量较少，对于如何在航电系统中应用该种方法论是一大难点，本节从 Arcadia 的模型划分入手，根据 Arcadia 自身定义结合机载通信系统进行分析，以此建立机载通信系统的建模方案与整体思路。

Arcadia 主要分为运行分析、系统能力分析、逻辑体系结构、物理体系结构四层模型。虽然有此划分，但是由于 Arcadia 和传统的 MBSE 方法论机制迥异，目前 Arcadia 的应用研究尚处于起步阶段，如何将其应用在机载通信系统上，实现各个模型层次的分解与分配是一大难题，这里对 Arcadia 的建模机制进行了研究，提出了 Arcadia 机载通信系统中的建模方案，为该方法论在航电系统建模提供了新的思路。

1. 机载通信系统需求模型设计原理

Arcadia 的核心是需求驱动从需求出发，是机载通信系统实现完整功能和可执行模型的基础，所以本课题的研究以用户的需求为根本，在此基础上进行机载通信系统的系统需求分析，以机载通信系统的功能需求作为指导系统架构设计的基础。而这些用户与系统的需求的实现情况则可以作为验证系统设计的标准之一。需求驱动的原理如图 16.2 所示，架构实现和需求分析之间是双向选择。这意味着需求与架构之间不是命令与服从，而是对话。

运行需求分析（Operational Analysis，OA）是 Arcadia 方法论的第一层模型，在此需要找到用户对于这个机载通信系统的期望，也就是探究用户利用该系统必须完成的功能，用以

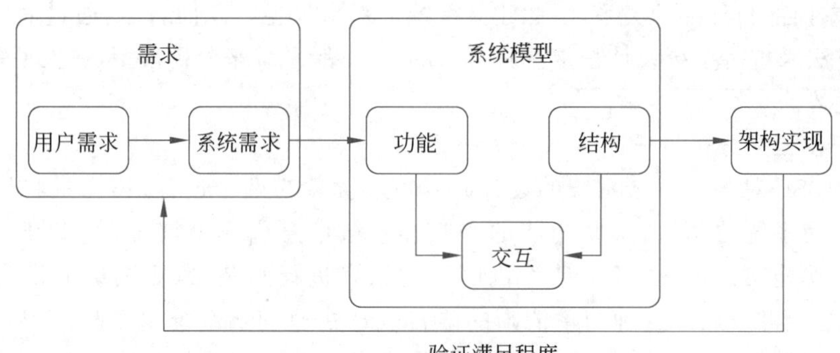

图 16.2 需求驱动的原因

确定用户系统之间的交互以及他们的目标、活动。此时分析的用户需求和目标、预期任务和活动,其实远远超出系统最低要求。因为运行分析在确保就 IVV(Integration Validation and Verification)条件而言具有足够广泛的系统定义。该工程阶段的输出主要由操作体系结构组成,该结构描述并构造了参与者、用户的操作能力和活动,包括使用场景以及生命周期等操作。首先需要构建传统意义上的顶层模型,因为不管是用户需求还是系统需求都没有可执行性,并不能作为系统架构开发的基础,尤其是用户需求描述是基于自然语言,所以需要将这些需求以模型的方式进行实现,并借此模型驱动后续开发,这个模型就是顶层模式。需求分析流程如图 16.3 所示。

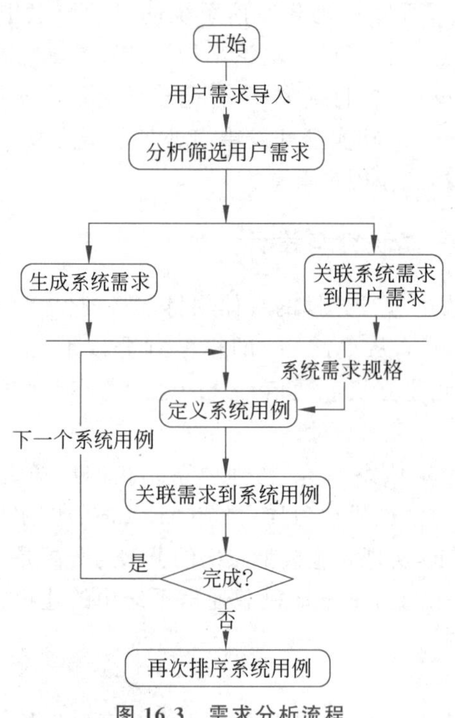

图 16.3 需求分析流程

按照此思想流程分析机载通信系统的顶层模型设计,首先需要从用户需求及需求分析转换入手,目的主要是获取:

(1) 系统使用者——用户对系统的直接期望。

(2) 用户需求转化后的系统需求。

(3) 包含需求信息的系统模型。

针对机载通信系统的对象进行研究,按照机载通信系统的用户主要分为:机组人员、航空公司通信人员、空管部门通信人员、乘客,其需求就是机载通信系统的用户需求。这些需求主要分为以下三个方面。

(1) 用户的直接需求,如人员之间的通信需求。

(2) 需求分析过程中的衍生需求,如通话质量的稳定需求。

(3) 行业内标准需求,如通信距离的需求。

需求分析如表 16.1 所示。这是系统用户最基本的需求,所以在对模型进行进一步开发的过程中,这些需求会成为一直指导模型建立的基准之一。

表 16.1　机载通信系统用户需求

用　　户	需　　求
机组人员	机组人员内部通信
	向乘客发送通知
	与航空公司进行通信
	与交通管制部门进行通信
乘客	收听广播
	向机组人员发起呼叫请求
空管部门通信人员	与飞机进行信息收发
航空公司通信人员	与飞机进行信息收发

此时需求是基于自然语言的，为了实现需求可以成为直接驱动后续建模开发的模型，将需求转入 Capella 中，以利用 Capella 的需求导入功能，如图 16.4 所示，实现模型的需求包中包含导入的需求，并可以与其他的包进行交连，以此建立需求模型与其他模型之间的直接追溯关系。这样就得到了可执行模型的需求模型。

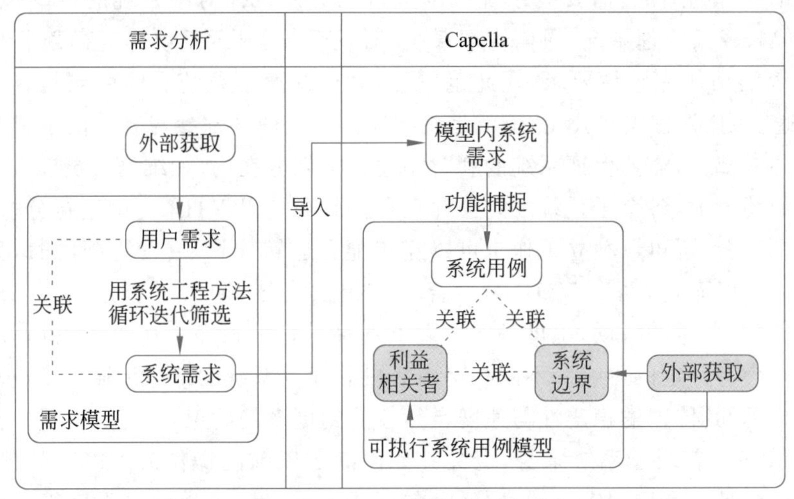

图 16.4　机载通信系统需求分析方案示意图

在这里，对用户需求的分析仍然处于粗糙阶段，但是在 OA 实际建模过程中需要对以上的需求进行进一步细化以支持后续开发过程中向系统功能的转换。

2. 用户需求转化为系统需求的分析

系统分析(System Analysis，SA)是 Capella 模型的第二层实现，是确定机载通信系统为了实现用户的需求而需要具有的功能。巩固 OA 层中的用户需求，将它转换为系统需求，需要增加功能分析，用以识别用户所需的响应功能或系统服务。在本系统中，研究对象为机载通信系统，用户除了在飞机上使用机载系统的机组人员，还需要包括与之交互的用户，所以用户需求本身就已经与系统需求建立了最根本的链接，这就是在航天航空领域使用 MBSE 的好处之一。系统需求可以分为表 16.2 中所描述的类型。

表 16.2 系统功能需求分类

需求类型	需求内容
功能性需求	产品生命周期中应用的预期
性能需求	量化定义系统需要执行功能的程度
可靠性需求	系统在特定运行使用条件下给定时间内出故障的概率
接口需求	沟通产品和周边世界的边界
环境需求	辨识使命任务的外在、内在环境,分析和量化预期环境
安全性需求	行动或性能阈值的定性定量定义

依照表 16.2 的分类,可以对机载通信系统的各种系统功能需求进行分析,基于机载通信系统的特征,首先从人力物力的占用、迭代周期的角度入手,可以得出机载通信系统的运行目标:一个实现地空通信、飞机间通信、机内通信并提供统一管理的综合系统。然后需要确定机载通信系统的约束条件,该条件必须被系统严格执行,对于系统中已经被确定且无法更改的组件,这种约束条件的效力没有其他组件强,当约束条件不被满足时,首先对系统中没有确定的组件进行规划调整以适应约束条件。

对于约束条件的适应,需要对系统范围进行划分。目标对象系统的范围包括:VHF、HF、STACOM、音频管理系统、通信管理系统、监视系统、显示系统。这样划分是基于保证机载通信系统的功能完整性要求,在此范围外,对机载通信系统有约束或是有交互的系统有:空中交通管制部门、航空公司,也就是机载通信系统的外部参与者。由于机载通信系统是航电系统的一部分,需要保证系统的利益相关者被划分在内,如维修人员。

在性能的约束上,各个子系统之间会存在直接影响。以 VHF 为例进行分析,它一般在机载系统中有三套,既可以独立工作也可以互相配合运转,当一套发生问题时,另一套可以顶替其功能。一般而言,两套 VHF 为话音通信提供支持,剩下一套为 ACARS 数据链所用,但在紧急情况发生的时候,也可以通过人工选择工作的设备。所以可以理解为,不同的性能参数之间会有一定的影响。不同状态中对机载通信系统的信息传输效率也有不同的要求。离地面越远,其传输的稳定性与速度自然会受到更多的约束。

综上所示,SA 着眼于系统本身,定义其如何满足以前的操作需求以及其预期的行为。这里的主要目标是检查用户需求的可行性,包括成本、进度、技术就绪程度等。该工程阶段的输出主要包括系统功能需求描述,系统功能交互以及用户与外部系统的交互。

3. 机载通信系统功能设计分析

对于 OA、SA 而言,其主要目的分为以下三个方面。

(1) 从需求入手,完整地将需求纳入模型中。

(2) 在建模的初期阶段可以对模型进行验证,以便尽早地发现设计缺陷。

(3) 直接指导后续的模型建立。

前面的设计可以实现前两个目的,但是尚不能直接指导后续模型的建立,因为还需要根据用户需求和转换得到的系统需求进行系统功能的设计,这一部分仍然在 SA 中进行建模开发完成。正如上面所述,由于机载通信系统的特征,系统需求从多个角度描述了用户对系统的期望,现阶段对这些需求实现进行功能设计。

Arcadia 的功能分析的流程如图 16.5 所示。

根据该设计思路进行分析，机载通信系统的 OA、SA 模型应该至少具备完整的功能逻辑结构：

（1）基于任务的参与者与能力分析。

（2）基于系统能力的功能分解。

（3）基于系统功能的功能流定义。

机载通信系统的任务、系统能力、参与者分配建立了整个系统运行的基础，提供了系统架构的初级示意；系统能力的功能分解为系统提供了可供交互的功能描述；而系统的功能流定义则为系统此后需要建立的功能链打下基础，提供思路。

总之，这一部分需要对系统需求进行建模描述实现。在完成了 OA、SA 中需定义的模型之后，该模型已经较完整地描述系统的组成与顶层功能流交互，可以作为后续逻辑架构、物理架构开发的基准。

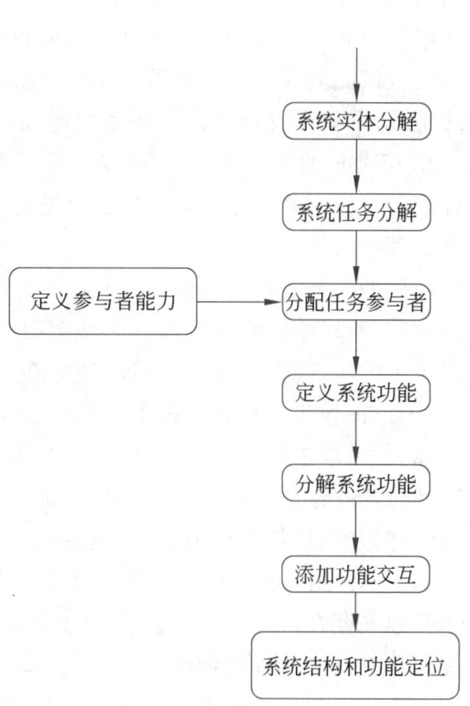

图 16.5　Arcadia 的功能分析的流程

4. 机载通信系统架构设计原理

在 OA 与 SA 的建模过程中主要实现了对机载通信系统的宏观架构及顶层功能的分析，可以获得机载通信系统的基础结构模型和系统功能流模型。虽然该结构可以支持后续模型的继续构建，但是由于缺少具体实现方案，所以需要进行逻辑体系架构设计（Logical Architecture，LA）。LA 是 Capella 模型的第三层，它以 SA 的功能流分析为基础，进行机载通信系统的逻辑架构建模，主要分为以下两部分。

（1）对 SA 模型功能流的分解设计及建模。

（2）基于功能链的逻辑架构实现。

在 LA 中对模型架构开发的实质其实是对 OA 及 SA 所建立模型中的系统、子系统、包含的功能及其交互的进一步分解与分配，所以在确定功能的具体实现方案之后就可以着手进行架构的开发。

该工程阶段的输出包括选定的逻辑体系结构，该逻辑体系结构由组件和合理的接口定义、场景、模式和状态组成，所有视点的形式化以及在组件设计中将考虑其模型描述方式。由于必须根据需求分析对体系结构进行验证，因此还将生成与需求和操作方案的链接。

总之，LA 响应 OA 与 SA 的需求，分析系统实现 SA 中得到的各个功能的运行方案。需要进一步分析内部功能，开发系统逻辑体系结构，将系统视为白盒，定义系统将如何工作以实现预期。LA 旨在建立系统的粗粒度组件分解，从功能和非功能分析开始，细化结果、功能、行为等，将系统分解构建为逻辑组件。这个构建过程中需要考虑架构驱动因素和优先级，以及相关的设计原则等。

5. 机载通信系统物理架构开发设计

在 Capella 模型的开发流程中，系统综合架构分为两个层次，一者即如上分析的 LA，另一则为物理体系结构(Physical Architecture,PA),它研究的重点是如何构建机载通信系统物理组件。此层模型与 LA 具有相同的目标,不同之处在于它定义了系统的最终体系结构,因为它应该完成并集成。在这一层中,添加实现和技术选择所需的功能,并增加执行这些功能的组件,需要开发物理系统体系结构,思考如何开发和建设系统。

在 MBSE 的工程项目中,驱动整个工程的根本是模型本身,所以需要对模型的粒度进行合理的设计。基于 Arcadia 方法论进行建模,根据其指导思想可以确定模型最终需要落脚到物理级组件。

对模型的开发构建过程,实质上是对上一层模型的细化、分解与定位,这是一个不断深化的过程,所以细化到物理组件必然会对后续模型的软硬件开发有着积极的影响,它不仅能从逻辑上的实现对系统进行验证,还能在一定程度上考虑到模型实现的现实合理性。

Arcadia 作为一种基于模型的综合工程方法,其基本思想可以归纳为,从了解客户真实需求,到对需求进行详细分析,定义产品架构并在所有开发相关者之间共享产品架构,最后验证其设计并论证其合理性。在这之前,首先明确建模的最终目的是建立能被系统大多数参与者能理解、协作的模型,作为这些人共同的工程参考。

基于 Arcadia 的建模是一个不断深化与实现的过程,对于上述每一层模式,虽然在宏观上相互独立存在,但每一层的每个子模型都通过模型元素与上一层的模型链接起来,使整个系统架构有良好的可追溯性。

在这样的建模思路中,OA、SA 的模型可以在一定程度上理解为顶层模型,在传统方法中,通常架构是细化到部件级粒度的,但这在航电系统中并不能满足标准,所以研究的机载通信系统最后阶段以更细的单元级粒度进行模型开发,在 PA 中定义单元之间的接口。实现从顶层模型深入到单元级的设计,用 Arcadia 进行分析研究,为其在其他航电系统上的应用提供了可供参考的思路与方案。

6. 机载通信系统模型驱动开发验证思路

机载通信系统的设计模型化,以及其他航电系统模型化的意义都在于:

(1) 在迭代初期发现设计上的缺陷。

(2) 为各个领域的人建立可参照的统一模型,为不同领域的开发人员在对系统的理解上达到一致。

这要求模型具有可验证性。

在工程实践的过程中,对机载通信系统的验证需要囊括以下几个方面。

(1) 系统架构分配与划分的合理性。

(2) 系统功能流交互的合理性。

(3) 黑盒模型的可实现性。

从这些关注点入手设计验证方案。MBSE 的核心优势在于能在迭代早期进行系统验证,需要在早期建立可执行的模型,Capella 中模型大多都是可执行的,所以可以实现验证的前两个要求,但是对于在 Capella 中以黑盒级模型描述的部件,需要引入 Simulink 补充建模与验证。

7. 基于 Capella 与 Simulink 的验证方案设计与相关技术

机载通信系统验证的目的是为了在进行软硬件开发之前找到系统设计中的缺陷,在 MBSE 工程中,模型驱动的思想贯穿始终,所以验证的主要工作就是建立基于模型驱动工程的可执行模型。

在 Capella 中所建立的模型可以基于功能链执行，它可以实现系统验证的前两个要求，功能链的组成包括交互的功能以及这些功能所处于的子系统。所以对于 Capella 模型的验证可以通过功能链的形式进行，在 Capella 的设计中，功能链运行与序列图是一体的，当功能链开始运行，序列图随着功能链运行情况进行显示，当序列图随着功能链的设定出现，则说明该条功能链中的功能、交互与其状态、模式匹配，可以实现功能链所描述的任务。

但是随着机载通信系统的发展，其内部的系统组成复杂化、功能数量的增加以及交互难度的上升已经成为系统架构开发验证中无法避免的难点。以通信组件 VHF 为例，它作为实现空地通信的重要通信组件之一，其功能在模型中如果只以黑盒级的描述存在，则难以验证该组件设计的合理性，导致对整个系统的验证有效性降低。但是对 VHF 的内部功能在 Capella 中建模非常困难，这是因为其内部功能组件，如收发机的实现涉及连续动态行为，而 Capella 使用的是类 SysML 的建模语言，它具有 SysML 的一些特性——SysML 本身是用于描述系统离散行为的，并不适合对系统连续行为建模。这样的特性使得在 Capella 中所建立的模型缺乏对连续动态部件的描述，为了弥补这个缺陷，可以选取 Simulink 对其进行补充建模及验证。

按照传统的 SysML 模型仿真，通常是将局部 Simulink 模型进行仿真后导入 Rhapsody 实现两者的协同仿真。但是由于 Capella 并不支持与 Simulink 的协同仿真，所以与传统模型验证的方案不同，对于 Capella 模型的验证分为以下几步，如图 16.6 所示，首先建立可视化仿真界面，通过便于操作的人机交互控制功能链的运行，然后基于功能链的运行实现 Capella 中通信模型的黑盒级验证，这一部分只需要在 Capella 中完成；再对模型中以黑盒级模型显示的部件在 Simulink 中进行补充建模验证。

确定了建模与验证的方案，接下来对机载通信系统建模与验证的任务进行分配。结合上述分析可知，基于 Arcadia 方法论的建模是在其配套平台 Capella 上进行的，而 Capella 中无法实现对通信组件全过程模型的建立，需要使用 Simulink 进行补充建模。这也就确定了主体建模平台为 Capella，补充建模平台为 Simulink。选取 Simulink 和 Capella 结合的方式对其进行建模，在建模中分配的工作如表 16.3 所示。

表 16.3　建模中分配的工作

平　　台	任　　务
Capella	1. 用户需求分析与模型的构建 2. 系统需求分析与模型的构建 3. 系统功能流模型的构建 4. 系统逻辑架构模型的构建 5. 系统物理架构模型的构建
Simulink	通信系统连续动态行为模型的建立与仿真
前端 网页	1. 人机交互界面 2. Capella 验证结果显示

机载通信系统的建模部分在 Capella 中完成，Capella 提供了支持 Arcadia 方法论的完整设计流，包括用户需求分析、用户需求到系统需求的转换、系统功能流的构建、逻辑架构建

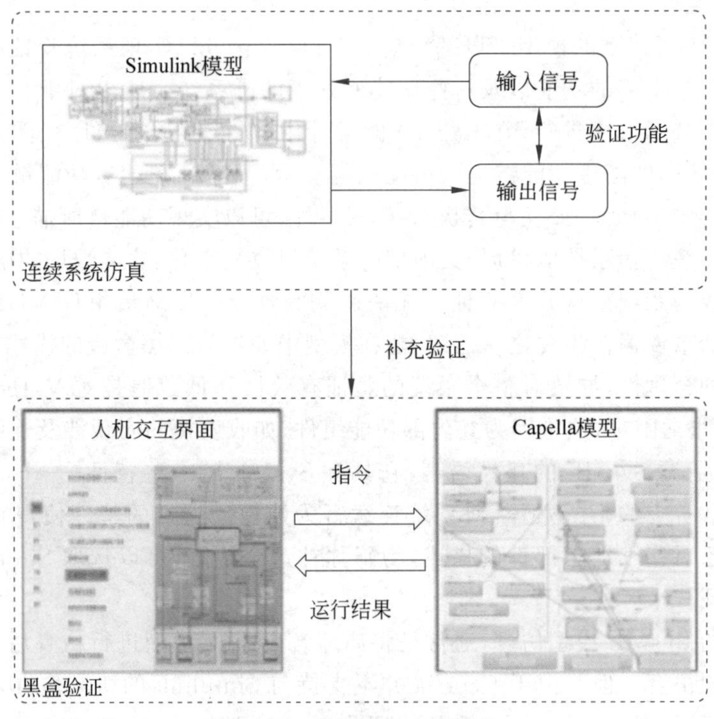

图 16.6 模型验证方案设计

设、物理架构模型实现等;而对于在 Capella 中无法描述的动态行为,在 Simulink 中进行建模验证;然后通过将模型与前端网页进行连接以控制模型验证的开启,并将验证结果反馈进行图形化显示。

习 题

1. 什么是巨系统?
2. 世界上最复杂的系统是什么?
3. 复杂系统的重要标志是什么?
4. 开放的复杂巨系统基本原则有哪些?
5. 什么是系统工程思想中的综合集成法?
6. 基于 SysML 的北斗接收机建模与仿真研究包括哪些内容?
7. 使用 MBSE 方法对一个具体项目进行分析设计。

参考文献

[1] 叶苏东. 项目管理：管理流程及方法[M]. 北京：清华大学出版社,2019.
[2] 王勇. 投资项目前期管理：基于项目可行性分析与评价[M]. 北京：电子工业出版社,2012.
[3] 戴大双. 项目融资/PPP[M]. 3 版. 北京：机械工业出版社,2018.
[4] 张海藩. 吕云翔. 软件工程[M]. 4 版. 北京：人民邮电出版社,2013.
[5] 刘宁. 工程经济学[M]. 北京：化学工业出版社,2017.
[6] Stephen A R,等. 公司理财[M]. 崔方南,等译. 12 版. 北京：机械工业出版社,2020.
[7] Alan A. 软件项目估算[M]. 徐丹霞,等译. 北京：人民邮电出版社,2019.
[8] 戴坚锋. 软件项目开发与实施[M]. 北京：电子工业出版社,2009.
[9] 起点文化. 财务必须知道的 115 个 Excel 函数[M]. 北京：电子工业出版社,2010.
[10] 何旋，李斯克. CFA 三级中文精讲[M]. 北京：机械工业出版社,2019.
[11] 孙东川,林福永. 系统工程引论[M]. 北京：清华大学出版社,2004.
[12] 汪应洛. 系统工程理论、方法与应用[M]. 2 版. 北京：高等教育出版社,2003.
[13] 汪应洛. 系统工程[M]. 3 版. 北京：机械工业出版社,2004.
[14] Michael J. 系统思考[M]. 高飞,李萌,译. 北京：中国人民大学出版社, 2005.
[15] George H. 系统工程[M]. 代振宇,王松,译. 北京：清华大学出版社, 2003.
[16] 陈学钏. 重大航天工程系统融合原理、模型及应用[D]. 哈尔滨：哈尔滨工业大学,2021.
[17] 刘芹. 钱学森航天系统工程思想研究[D]. 太原：太原科技大学,2020.
[18] 阚宝铎. 基于 SysML 的北斗接收机建模与仿真研究[D]. 成都：电子科技大学,2017.
[19] 陈怡龙. Web 环境下 SysML 系统建模平台的设计与实现[D]. 杭州：浙江大学,2019.
[20] 贾馥源. 基于 MBSE 的机载通信系统建模研究与验证[D]. 成都：电子科技大学,2020.
[21] 王雨田. 控制论、信息论、系统科学与哲学[M]. 2 版. 北京：中国人民大学出版社,1988.
[22] 冯国瑞. 系统论、信息论、控制论与马克思主义认识论[M]. 北京：北京大学出版社,1991.
[23] 钱学森,宋健. 工程控制论[M]. 北京：科学出版社,1981.
[24] 熊光楞,肖田云,张燕云. 连续系统仿真与离散事件系统仿真[M]. 北京：清华大学出版社,1991.
[25] 郭永清. 财务报表分析与股票估值[M]. 北京：机械工业出版社,2017.
[26] 李淑芹，孟宪林. 环境影响评价[M]. 2 版. 北京：化学工业出版社,2018.
[27] 张斌. 题解 PMBOK 指南[M]. 4 版. 北京：电子工业出版社,2009.
[28] 刘藻珍,魏华梁. 系统仿真[M]. 北京：北京理工大学出版社,1998.
[29] 宋承龄,王章德. 系统仿真[M]. 北京：国防工业出版社,1989.
[30] 钟志诚,郑飞. 工业机器人系统仿真应用教程[M]. 重庆：重庆大学出版社,2017.

图书资源支持

感谢您一直以来对清华版图书的支持和爱护。为了配合本书的使用，本书提供配套的资源，有需求的读者请扫描下方的“书圈”微信公众号二维码，在图书专区下载，也可以拨打电话或发送电子邮件咨询。

如果您在使用本书的过程中遇到了什么问题，或者有相关图书出版计划，也请您发邮件告诉我们，以便我们更好地为您服务。

我们的联系方式：

清华大学出版社计算机与信息分社网站：https://www.shuimushuhui.com/

地　　址：北京市海淀区双清路学研大厦 A 座 714

邮　　编：100084

电　　话：010-83470236　010-83470237

客服邮箱：2301891038@qq.com

QQ：2301891038（请写明您的单位和姓名）

资源下载：关注公众号“书圈”下载配套资源。

资源下载、样书申请

书圈

图书案例

清华计算机学堂

观看课程直播